“双一流”建设精品出版工程
电工电子实验精品系列

EDA设计与实践

CIRCUIT IMPLEMENTATION WITH ELECTRONIC DESIGN AUTOMATION SOFTWARE

张　敏　主　编
井　岩　常树旺　副主编
马秀娟　主　审

哈爾濱工業大學出版社
HARBIN INSTITUTE OF TECHNOLOGY PRESS

内容简介

本书采用介绍较复杂案例的方式，让设计者体验设计、实施和调试电子产品的开发方式，感受从软件设计到硬件实现的交互开发方法。书中采用多种工具以解决较为复杂的电子设计问题，重点强调不同内涵的综合应用能力，内容以多种 EDA 工具的使用为核心展开，案例设计逼近工程开发过程。本书精选的 8 个案例内容贴近工程实际，具有一定的方向代表性。

本书可作为高等院校电子信息工程、通信工程、工业自动化、计算机应用技术、电子对抗和仪器仪表等专业的高年级本科生或研究生的电子设计、EDA 技术课程和综合训练的教材及实验指导书，同时也可作为相关专业技术人员的参考书。

图书在版编目(CIP)数据

EDA 设计与实践/张敏主编. —哈尔滨：哈尔滨工业大学出版社，2021.1

ISBN 978 - 7 - 5603 - 9163 - 2

Ⅰ.①E… Ⅱ.①张… Ⅲ.①电子电路-电路设计-计算机辅助设计 Ⅳ.①TN702.2

中国版本图书馆 CIP 数据核字(2020)第 213868 号

策划编辑 王桂芝
责任编辑 佟雨繁 陈雪巍
出版发行 哈尔滨工业大学出版社
社 址 哈尔滨市南岗区复华四道街 10 号 邮编 150006
传 真 0451 - 86414749
网 址 http://hitpress.hit.edu.cn
印 刷 黑龙江艺德印刷有限责任公司
开 本 787 mm×1092 mm 1/16 印张 16.5 字数 410 千字
版 次 2021 年 1 月第 1 版 2021 年 1 月第 1 次印刷
书 号 ISBN 978 - 7 - 5603 - 9163 - 2
定 价 45.00 元

(如因印装质量问题影响阅读，我社负责调换)

前　言

本书是在我国高等教育质量不断提升、教育规模不断扩大的背景下编写的。本书的主要目的是培养研发人员对各种知识的综合应用能力，并且尝试解决学生在学习了很多知识后，仍然缺乏完成复杂电子设计的能力这一问题。

随着高等教育“新工科”和“双一流”建设的开展，中国制造的产业升级，企业对电类教育的要求越来越高，愈加需要具有复杂电子产品开发能力的创新人才。因此，编者根据多年实践教学经验和工程实际经验，精选了8个具有代表性的案例。通过这些案例将多种EDA软件、硬件、开发方法融会贯通，帮助学生掌握各种EDA开发工具、熟悉工程开发过程和开发环节，达到培养学生能够综合利用工程开发模式解决复杂电子设计问题的能力。

本书内容分为8章，每章可以独立进行学习，内容适合作为单片机、EDA、FPGA、电子设计、课程设计、研究生实践、创新培训教学使用，有助于提升学生对电子设计的认识，开阔学生的眼界。

本书由张敏担任主编，由井岩、常树旺担任副主编，具体编写分工如下：第2、3、5、7章由哈尔滨工业大学（威海）张敏编写，第1、4、6章由哈尔滨工业大学（威海）井岩编写，第8章由山东大学（威海）常树旺编写。

本书由马秀娟教授担任主审，马老师为本书提出了很多宝贵建议和修改意见。此外一些学生对案例进行了测试。在此我们表示深深的谢意！

限于编者水平，书中疏漏及不足之处在所难免，欢迎广大读者批评指正。

编　者

2020年10月

哈尔滨工业大学（威海）

目　录

第1章　电子古筝设计及实现

1.1　背景分析

古筝又名汉筝、秦筝、瑶筝、鸾筝，是一种中国的古老民族乐器，属于弹拨乐器。其结构由面板、雁柱（一些地区也称之为筝码）、琴弦、前岳山、弦钉、调音盒、琴足、后岳山、侧板、出音口、底板、穿弦孔组成，如图1.1所示。古筝是中国独特的、重要的民族乐器之一，它的音色优美，音域宽广，演奏技巧丰富，具有相当强的表现力，因此深受广大人民群众的喜爱。现在也出现了小古筝、便携式古筝、迷你古筝、半筝、新筝、十二平均律转调筝等。

图1.1　传统古筝

为使一些乐器爱好者随时随地享受演奏的乐趣，我们构想采用Arduino技术设计一款简易电子古筝。其体积轻盈便于携带，又可以随时拆装，既能满足乐器爱好者的需要，又能培养和锻炼大学生的创新实践能力。

Arduino是一款便捷灵活、方便上手的开源电子原型平台，由一个欧洲团队于2005年冬季开发，其成员包括Massimo Banzi、David Cuartielles、Tom Igoe、Gianluca Martino、David Mellis和Nicholas Zambetti等。Arduino无须复杂的底层代码，构建于开放原始码simple I/O界面版，具有使用类似Java、C语言的Processing/Wiring开发环境。其主要包含硬件和软件两个部分，硬件部分是可以用来做电路连接的各种型号Arduino电路板，软件部分是Arduino IDE编程环境，包含基于Wiring的编程语言和基于Processing的开发环境，具有极大的自由度和较高的可拓展性。伴随Arduino开源硬件和3D打印等科技的普及，开发者只要有创新的思路和想法，就可以根据需求利用各种各样的传感器来感知环境，通过控制灯光、发动机和其他装置来反馈、影响环境，从而实现自己的构想。

1.2 系统设计要求

1.2.1 电路设计要求

电子古筝的电路设计应包含以下几方面:

(1)如何发出1、2、3、4、5、6、7这七个音。

(2)如何驱动声音信号。

(3)如何控制音量和电源开关等功能。

(4)如何方便供电。

考虑到以上要求,本章拟采用Arduino实现无弦电子古筝,利用七个激光头发射激光作为七根激光琴弦,每根激光琴弦分别对应1、2、3、4、5、6、7这七个音调,由七个光敏电阻传感器模块接收各自的信号。当激光照射时,光敏电阻模块输出低电平;当激光断开时,光敏电阻模块会输出高电平。Arduino的端口接收不同光敏电阻产生的信号,并分别将产生的信号输出到喇叭,使喇叭发出不同音调,并通过电位器控制喇叭的音量。拨动激光弦可以进行简单演奏,电路设计框图如图1.2所示。

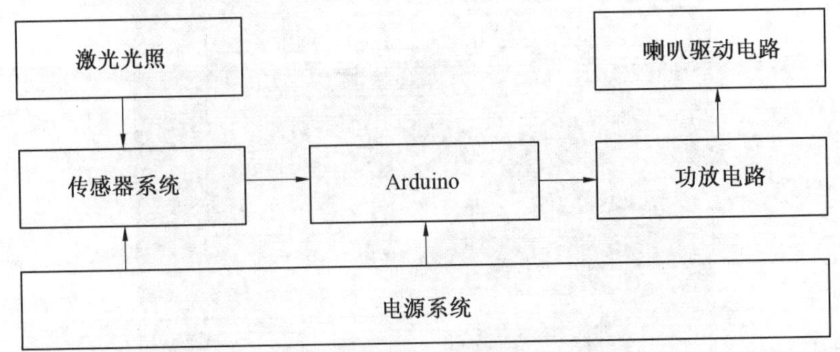

图1.2　电路设计框图

电子古筝利用激光技术和光学控制原理进行制作,以激光束取代了传统的琴弦,演奏者无需用手拨动实际琴弦,而是用手遮住一束光时相当于拨动一根琴弦,经过分光元件分出作为琴弦的分光束,由光电接收器将光信号转换成电信号输出至与琴弦相连的电子控制器,就可以演奏出不同的音阶和乐曲。电子古筝不用担心破坏琴弦或染上细菌,激光琴弦既可以发出光芒,同时又可以发出美妙的琴声,是一种理想的集观赏与娱乐为一体的乐器。

1.2.2 机械设计要求

电子古筝的机械结构设计应包含以下几点:

(1)机械结构要求外形逼近古筝实物,美观、精致,具有便于弹奏的实用特性,以及一定的机械强度和抗冲击性。

(2)古筝内部必须有足够的空间放置主板、激光头、光敏电阻、电位器和喇叭等器件。

(3)设计古筝外壳时要特别注意设计安放激光头和光敏电阻的位置等,可以考虑用3D打印技术或激光切割技术进行机械结构制作,还要考虑便携性要求,图纸设计要易于制造和安装。

1.2.3　系统设计要求

欲设计及实现满足以上要求的可以弹奏的电子古筝,系统设计要求如下:

(1)绘制机械图纸,利用木板加激光切割机制作古筝外壳。

(2)利用激光加光敏电阻制作七根琴弦,并设计和制作相关驱动电路。

(3)用 Arduino 作为主要器件,当拨动不同激光琴弦时,蜂鸣器或喇叭可以发出 1、2、3、4、5、6、7 这七个不同音调。

(4)电子古筝长不大于 65 cm、宽不大于 35 cm、高不大于 25 cm。

(5)采用外部供电。

电子古筝设计及实现主要包括两部分,即机械结构设计和电路设计,在电路设计中要注意激光琴弦信号的采集、处理和输出,系统设计框图如图 1.3 所示。

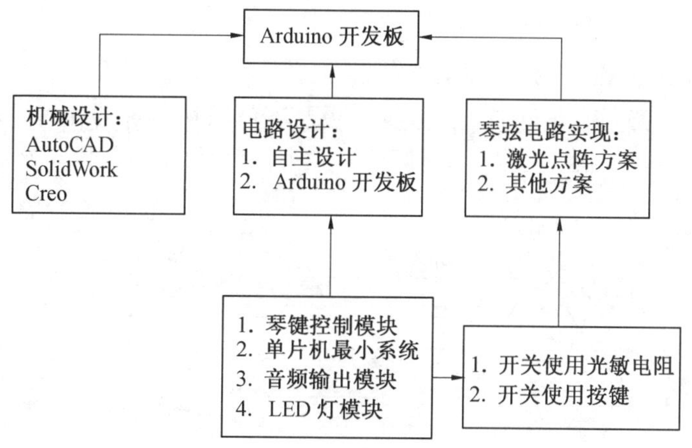

图 1.3　系统设计框图

在输入模块通过七个光敏电阻接收激光琴弦信息并将其转化为电压输入信号,信号输入端分别接在 Arduino 开发板的七个端口上,读取端口值。

其中不同的音调对应不同频率的方波,音调越高,则方波的频率越大,即周期越小,两者的数学关系表达式为

$$t=\frac{T}{2}=\frac{1}{2f} \tag{1.1}$$

式中,t 为方波高电平时长;T 为方波周期;f 为音调频率。

1.3　机械结构设计

1.3.1　电子古筝外壳设计

1. 电子古筝外壳设计方案论证

(1)激光切割技术。

激光切割技术是用聚焦镜将 CO_2 激光束聚焦在材料表面使材料熔化,同时用与激光

束同轴的压缩气体吹走被熔化的材料,并使激光束与材料沿一定轨迹做相对运动,从而形成一定形状切缝的技术。激光切割技术要求先画出 AutoCAD 的机械图,然后将所画机械图输入激光切割机之后进行切割,广泛应用于金属和非金属材料的加工中。激光切割的特点是材料损耗低,切割速度较快,可减少加工时间,降低加工成本,提高工件质量。

(2)3D 打印技术。

3D 打印技术是快速成型技术的一种,它是一种以数字模型文件为基础,运用粉末状金属或塑料等可黏合材料,通过逐层打印的方式来构造物体的技术。常常在模具制造、工业设计等领域被用于制造模型,后逐渐用于一些产品的直接制造。其设计过程是:先通过计算机建模软件建模,再将建成的三维模型"分区"成逐层的截面,即切片,从而指导打印机逐层打印。

上述两种技术对于电子古筝外壳设计来说都是可行的,但是激光切割技术有损耗少、成本低、工序简单、易于操作的特点,所以本设计采用激光切割技术加工并制作电子古筝外壳。

2. 方案设计

古筝外壳的规格:60 cm×30 cm×(20±3)cm。

根据古筝内部必须有足够的空间放置主板及电位器喇叭等器件的要求,构想古筝模型及安放器件示意图如图 1.4 所示,左侧插激光头,右侧放置面包板和光敏电阻模块。

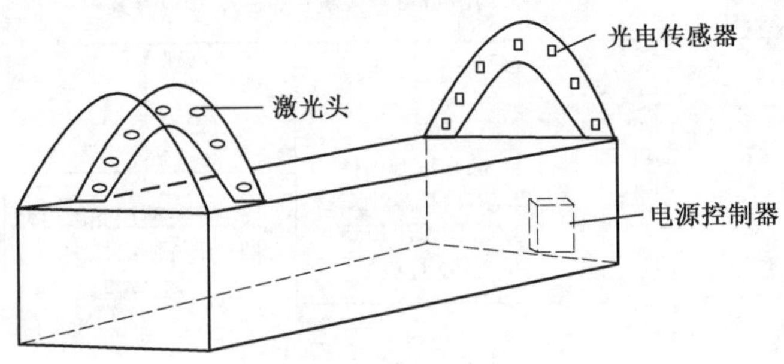

图 1.4　古筝手绘外形

根据器件参数使用 AutoCAD 设计古筝外壳模型图,由于古筝制作是采用激光切割机切割,所以需要把每块木板的视图设计出来。

1.3.2　利用 AutoCAD 实现电子古筝外壳设计

AutoCAD 软件是由美国欧特克有限公司(Autodesk)出品的一款自动计算机辅助设计软件,可以用于二维制图和基本的三维设计,无须懂得编程,即可通过它自动制图,因此在全球的土木建筑、装饰装潢、工程制图、电子工业和服装加工等领域得到广泛使用。AutoCAD 具有良好的用户界面,通过交互菜单或命令行方式便可以进行各种操作。它的多文档设计环境,让非计算机专业人员也能很快地学会使用,掌握它的各种应用和开发技巧,从而不断提高工作效率。AutoCAD 具有广泛的适应性,它可以在各种操作系统支持的微型计算机和工作站上运行。

AutoCAD 具体操作步骤如下。

(1)安装好 AutoCAD2011 后,启动程序,出现图 1.5 所示的启动界面。

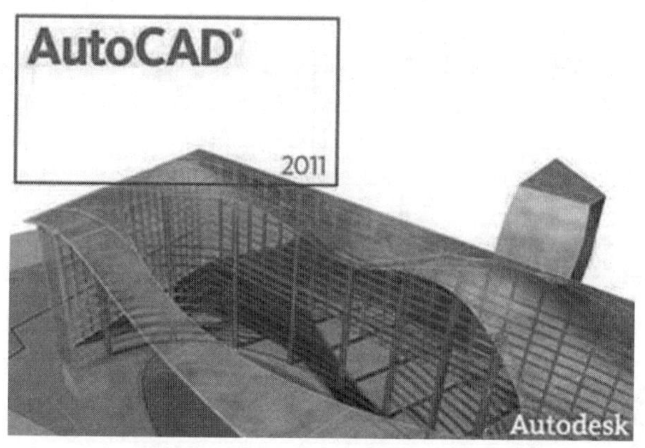

图1.5　启动界面

(2)打开程序后出现AutoCAD的工作界面,点击“文件”中的“新建”,如图1.6所示,就会出现一个新的工程,点击保存即可。

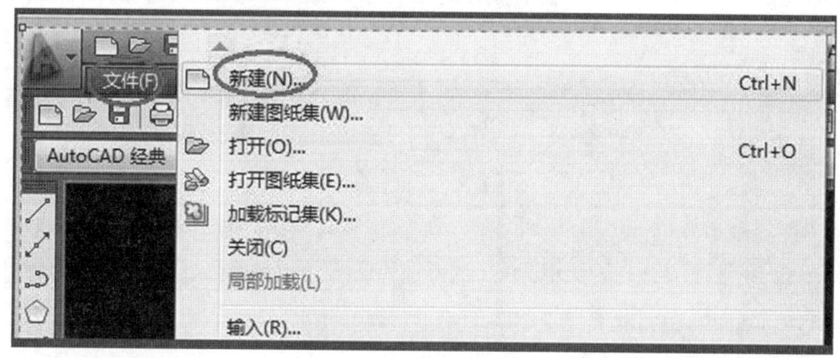

图1.6　新建文件

(3)新建图层。

在工作界面最上方的菜单栏,点击“格式”,弹出格式的相关选项,点击选择第一个“图层”(图1.7)。弹出图层会话框,这里可以新建图层(图1.8)、删除图层、修改图层中的线条颜色、宽度、线型、线宽等。表示新建图层;表示冻结图层;“×”表示删除图层;“√”表示置为当前图层。点击“新建图层”,弹出一个图层,这时自动进入图层的命名状态,如图1.9所示,输入图层的名称,如梁、柱、板、绘图、标注、基础等。然后点击颜色下面的白色方框更改喜欢的颜色,点击线宽下面的线条选择喜欢的线宽、线型。

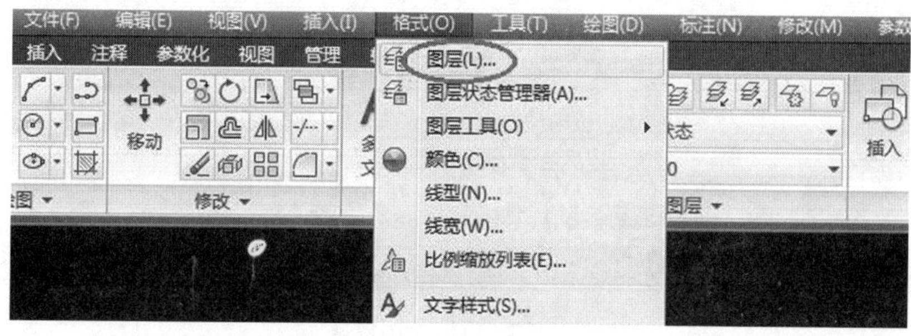

图1.7　选择图层

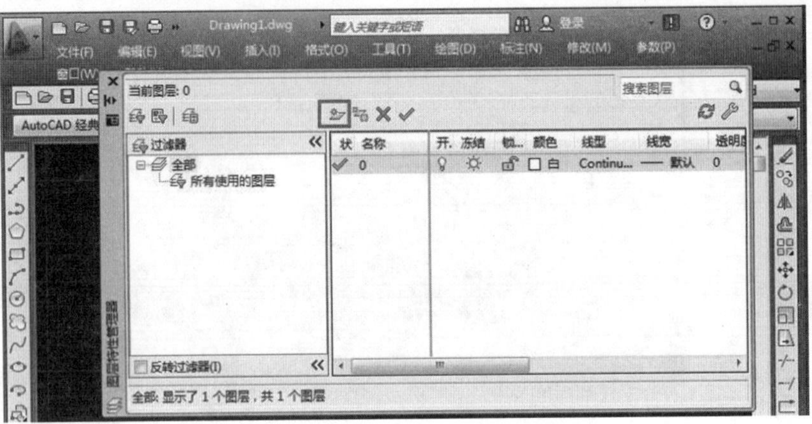

图 1.8　新建图层

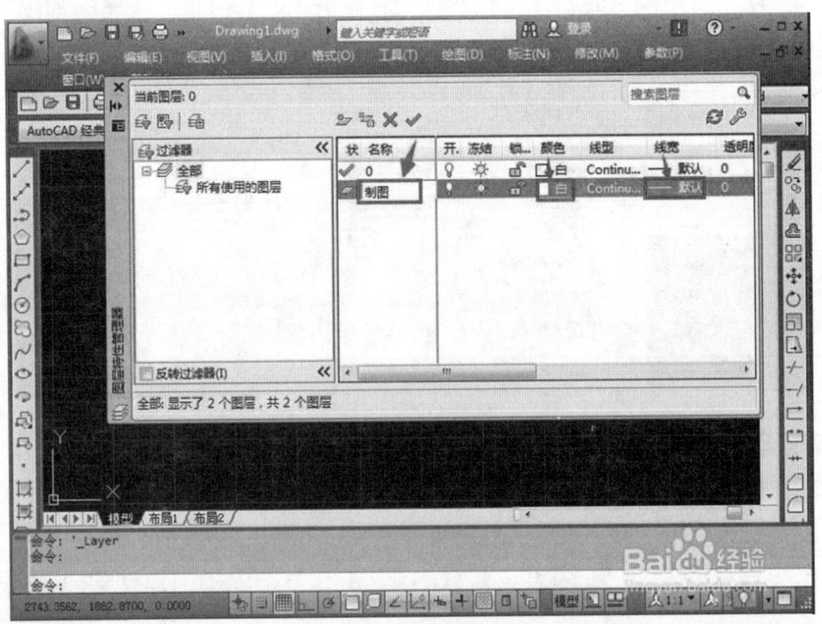

图 1.9　绘图命令

(4)设置完毕，点击左上角的“×”关掉新建图层界面，返回到 AutoCAD 绘图窗口，如图 1.10 所示。

图 1.10　返回绘图窗口

这时点击“图层”样式，可以找到我们的新建图层如图 1.11 所示，点击一下这个图层，就可将这个图层设置为当前图层，绘制的图都在这个图层上。

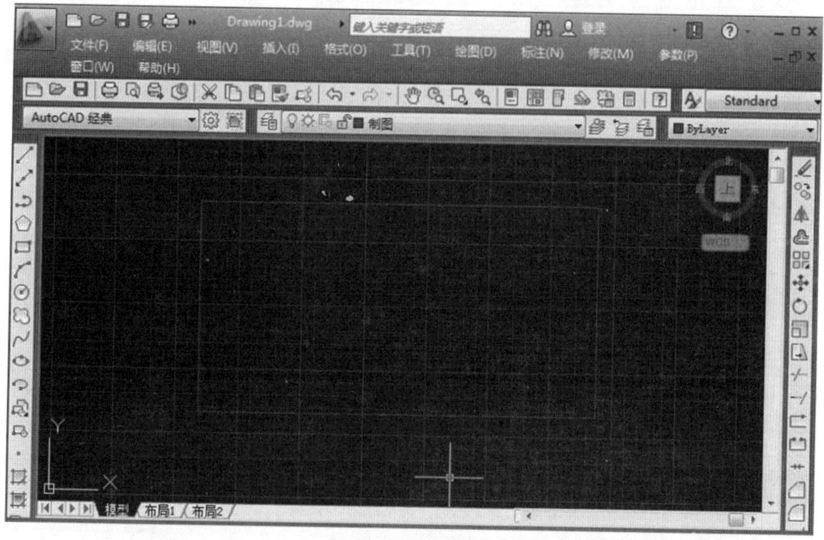

图 1.11　新建图层

(5)画直线。

点击“直线”，如图 1.12 所示，在图纸上选中第一个点，沿大致方向延伸，会出现角度和长度，此时，设置需要的角度和长度，点击“回车”即可。

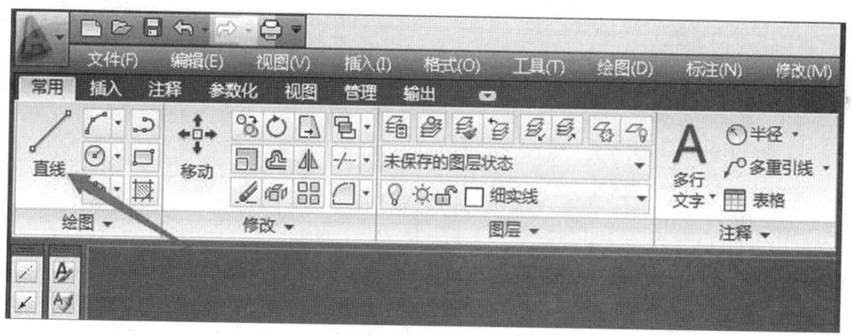

图 1.12　画直线

(6)画圆弧。

打开圆弧菜单，如图 1.13 所示，下拉框有多种画弧的方法，单击“起点，圆心，端点”。先指定起点，再指定弧的圆心，最后指定圆弧的另一个端点即可。

(7)画圆。

单击工具栏里的“圆”→确定圆心位置→输入 R 数值→“确定”，或单击“绘图”→“圆”→“圆心、半径”→确定圆心位置→输入 R 数值→“确定”。

结合以上所有步骤，即可完成电子古筝外壳的机械设计。

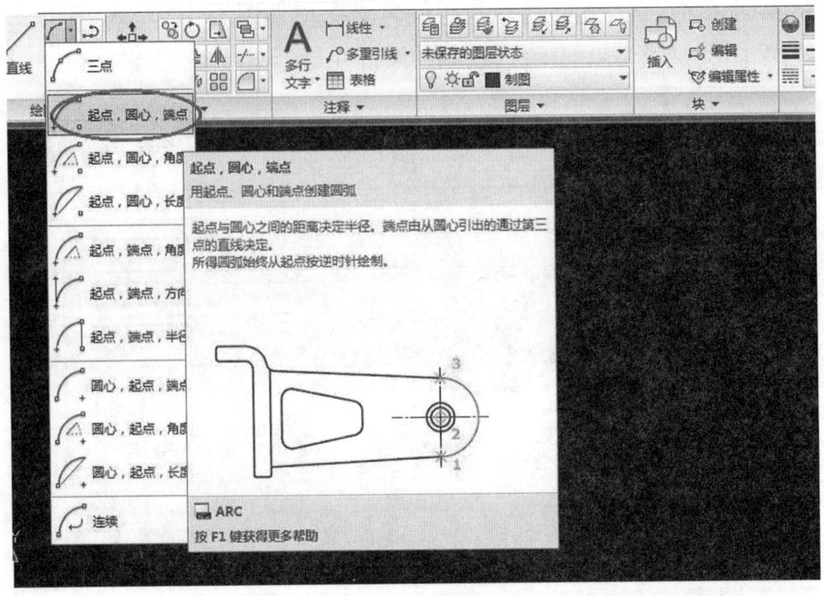

图 1.13　画圆弧

(8)电子古筝侧板设计图。

古筝一侧带孔，侧板圆孔处插激光头，长孔处插侧面和底面的木板，如图 1.14 所示。不带孔的一侧放置光敏电阻和面包板，如图 1.15 所示。

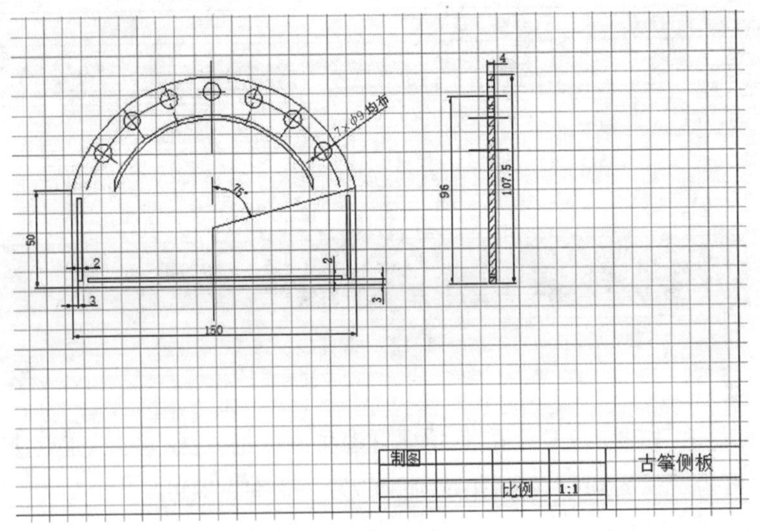

图 1.14　古筝侧板(带孔)

(9)古筝底板和前、后侧板设计图。

古筝底板和前、后侧板图如图 1.16、图 1.17 所示，以下所有板均切割两份。

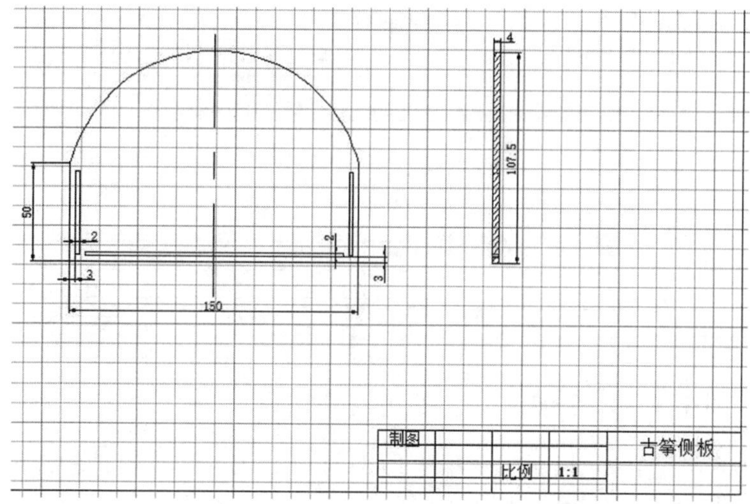

图1.15　古筝侧板(不带孔)

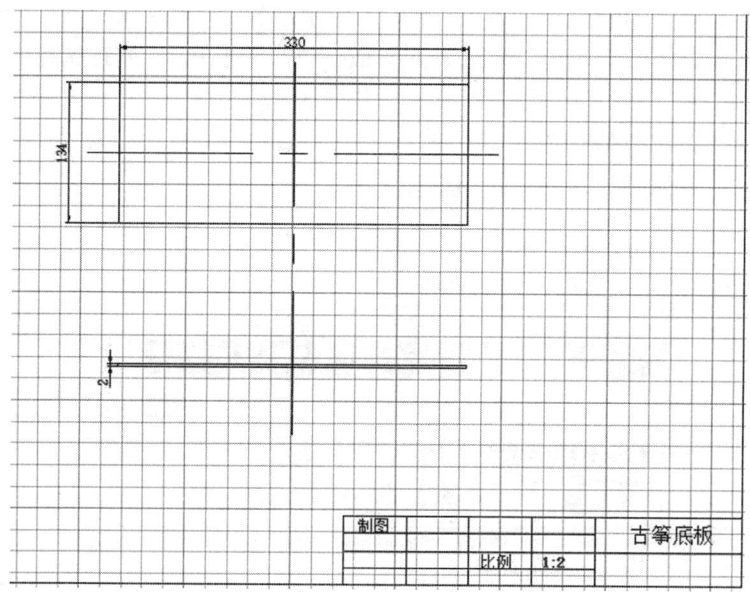

图1.16　古筝底板

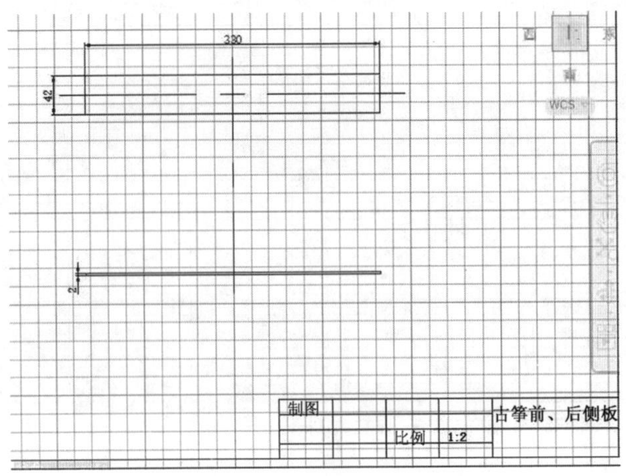

图 1.17　古筝前、后侧板

1.3.3　利用 Creo 实现电子古筝外壳设计

Creo 软件是美国 PTC 公司于 2010 年 10 月推出的 AutoCAD 设计软件包。Creo 软件是整合了 PTC 公司的三个软件，即 Pro/Engineer 的参数化技术、CoCreate 的直接建模技术和 ProductView 的三维可视化技术的新型 AutoCAD 设计软件包，是 PTC 公司闪电计划所推出的第一个产品。

Creo Parametric 适用于 Creo Elements/Pro（原 Pro/ENGINEER ®）中强大的三维参数化建模功能，扩展提供了更多无缝集成的三维 AutoCAD/CAID/CAM/CAE 功能。新的扩展功能将拥有更大的设计灵活性，并支持采用遗留数据。Creo 的 CAM 功能相比之前的 Pro/Engineer 添加了不少新的命令，操作界面也有很大变化，后处理构建器也正式变为 PTC 旗下产品。

1. Creo 软件的具体操作流程

(1) Creo 软件的初始界面如图 1.18 所示。

图 1.18　初始界面

(2)基本操作功能。

Creo 软件初始界面的最上面是菜单栏,包含各种功能操作。其左部偏下为文件夹或模型树一栏,可以帮助我们操作文件或者模型。中部便是我们操作的窗口,可用于新建建模任务。

在菜单栏中选中“新建”,会弹出图 1.19 所示界面。我们要绘制一个个的零件,所以先选择“零件”选项。名字根据任务选取,默认模板是欧美地区的模板,所以不建议勾选。模板选择 mmns_part_solid 即可。

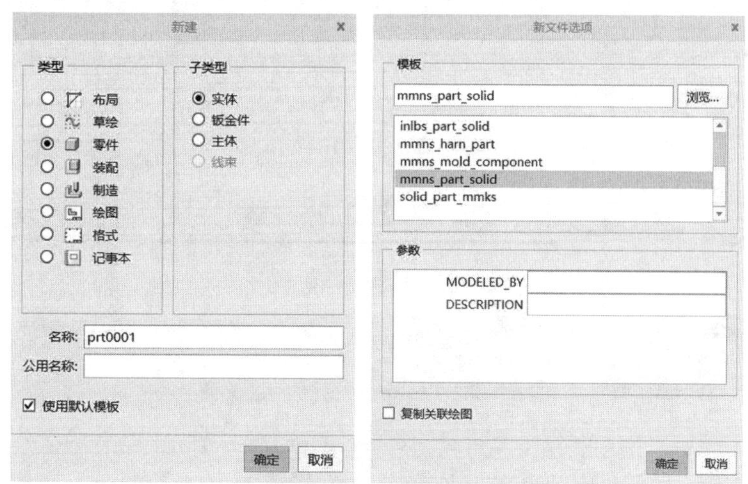

图 1.19　菜单栏选择

(3)草绘。

点动成线,线动成面,面动成体。可以基于平面进行立体操作。选中进行草绘的平面,点击“草绘”按钮,如图 1.20 所示。这时菜单栏变成“草绘模式”,便可以轻松画图,如图1.21所示。

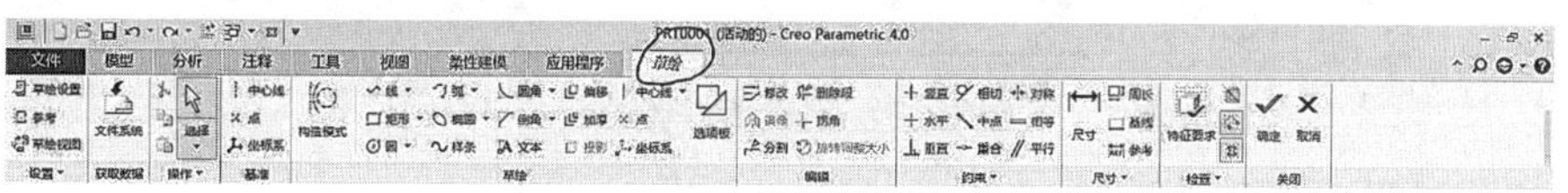

图 1.20　草绘平面

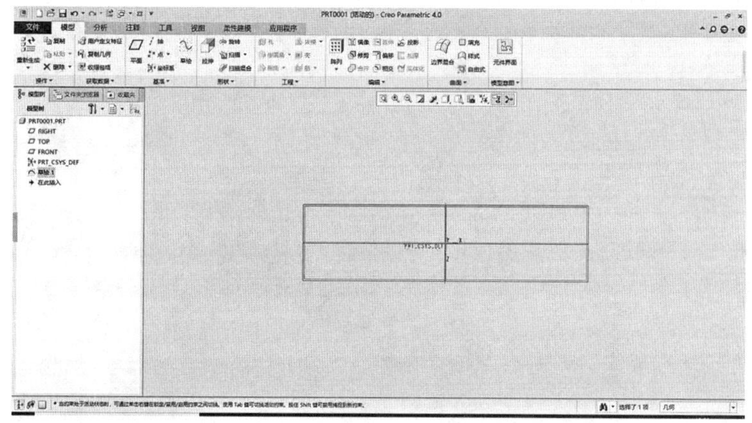

图 1.21　草绘图

画成后,左侧模型树多了草绘一层,把该草绘平面拉起来,如图 1.22 所示。这样就完成了一个长方体的绘制,如图 1.23 所示。

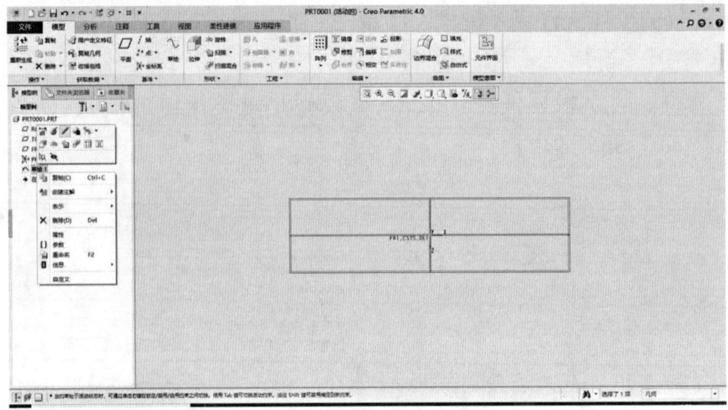

图 1.22　拉起草绘平面图

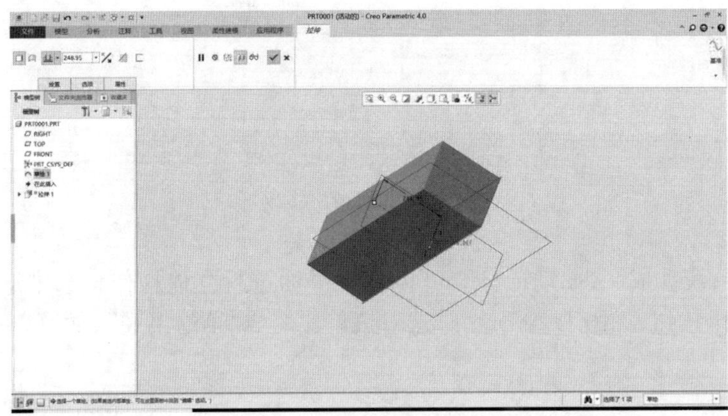

图 1.23　完成长方体绘制

2. 建模过程

(1)拉伸。反向的拉伸如图 1.24 所示,选择“剪裁”按钮,即可实现修剪。

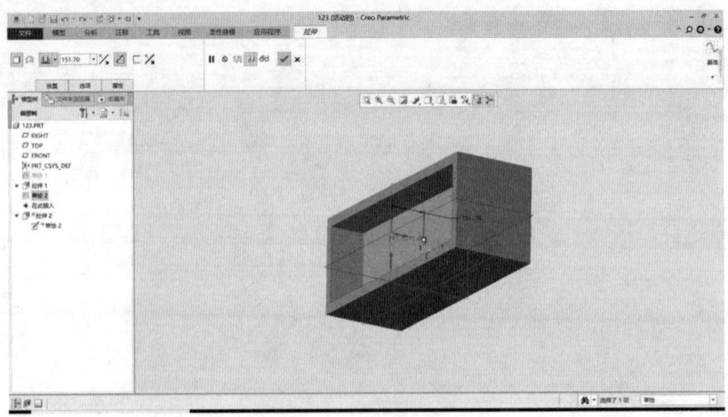

图 1.24　拉伸操作

(2)镜像。根据平面进行镜像操作,如图1.25所示,可以快速画出对称图形。

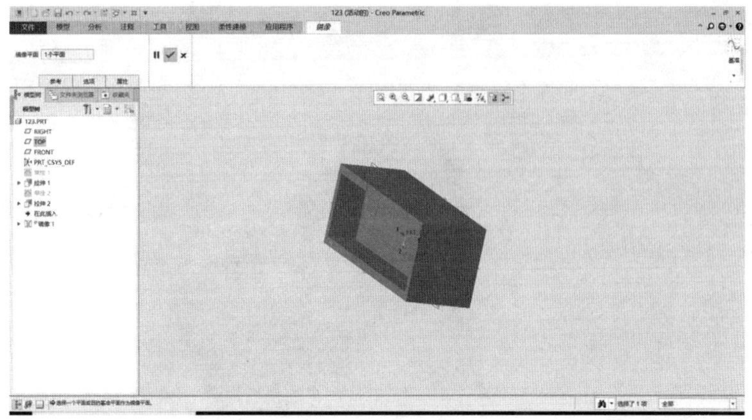

图1.25　镜像操作

(3)阵列。使用阵列可以实现相同图形的均匀布置,如图1.26所示。

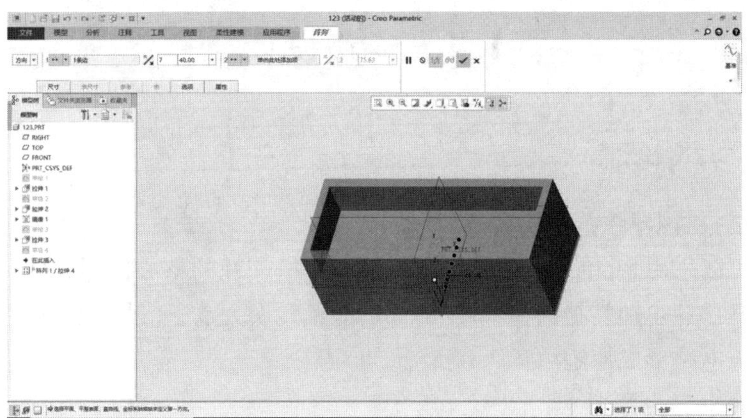

图1.26　阵列操作

(4)倒圆角。如图1.27所示,使用倒圆角可以使锐利的边角变得圆滑美观。

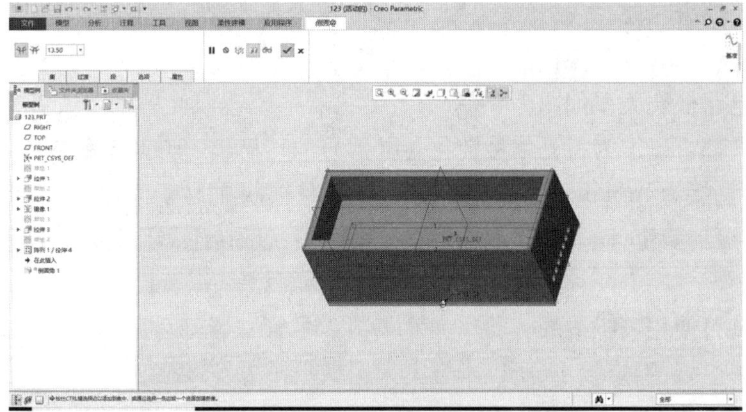

图1.27　倒圆角操作

(5)模型。最终完成的古筝外壳模型如图 1.28 所示。

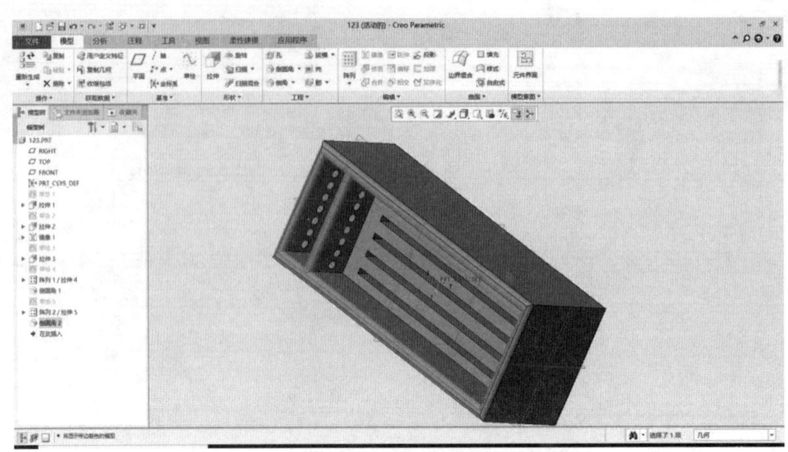

图 1.28　古筝外壳模型

1.4　电路设计

1.4.1　方案论证

1. 单片机+机械琴弦

该方案可以采用 51 单片机作为音调产生和人机交互的核心控制部件。机械琴弦产生振动,利用机械-电能转换器,将琴弦的振动能量转换为电子信号。51 单片机利用电子信号控制发声电路形成特定声音。

2. Arduino+激光琴弦

Arduino 开源平台技术利用光学遮挡原理可构建虚拟琴弦,本设计选用此方案实现电子古筝。Arduino 相较于 STC 单片机的优点在于:①程序简单;②自含发声函数 tone();③电路简单。综合考虑,本书尝试采用 Arduino 技术和开源开发方式,琴弦上采用激光不容易损坏,美观耐用,具有现代艺术和浪漫效果。

各部分电路模块关系如图 1.29 所示。传感器系统选取光敏电阻或者光敏电阻传感器模块。二者都可以作为将光信号转化为电信号的传感器,但是光敏传感器模块内含数模转换器,可直接为 Arduino 板输入高低电平,而且模块更易于固定,可以将激光直射进光敏传感器,更加稳定,误差较小。所以本方案采用光敏传感器作为传感器系统的主要组成部分之一。

发声系统可使用喇叭或蜂鸣器作为发声源。尽管二者都可以作为发声装置,但是喇叭的发声效果更好,噪声较小,所以本方案采用喇叭作为发声源。

功放电路采用 LM386 芯片。LM386 是一种音频集成功率放大器,具有自身功耗低、更新内链增益可调整、电源电压范围大、外接元件少和总谐波失真小等优点,广泛应用于录音机和收音机之中。本次制作直接采用 LM386 模块,该模块有 200 倍增益,其中包含 10 kΩ 的可调电阻用来调节声音大小。

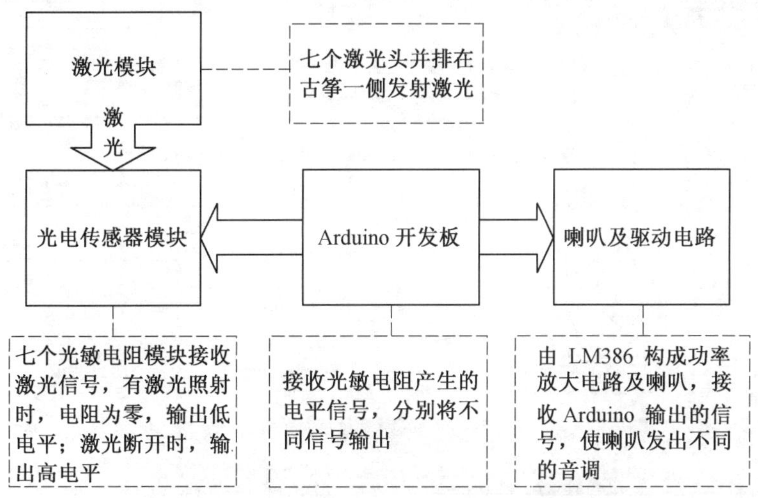

图 1.29　电路模块间关系

可选取面包板或者洞洞板用于构造电路。洞洞板是一种通用设计的电路板,通常其板上布满标准的 2.54 mm IC 间距圆形独立的焊盘,看起来整个板子上都是小孔,所以俗称为“洞洞板”,在其上构造电路需要进行焊接才能使用。在面包板上可用导线和所需器件构造电路。面包板上有很多小插孔,专门用于电子电路的无焊接实验。由于面包板上各种电子元器件可根据需要随意插入或拔出,免去了焊接的环节,节省了电路的组装时间,而且元件可以重复使用,非常适合电子电路的组装、调试和训练,所以我们使用面包板构造电路。

Arduino 供电电源可选择计算机主机上的 USB 口作为供电电源。激光以及光敏传感器模块则由 Arduino 板上 5 V 电压供电。

1.4.2　基于 Fritzing 的电子古筝电路系统设计

基于 Fritzing 的电子古筝电路系统设计基本步骤如下:

(1)安装 Fritzing 软件并启动程序,出现启动界面,如图 1.30 所示。启动后出现图 1.31所示 Fritzing 工作界面。

图 1.30　Fritzing 启动界面

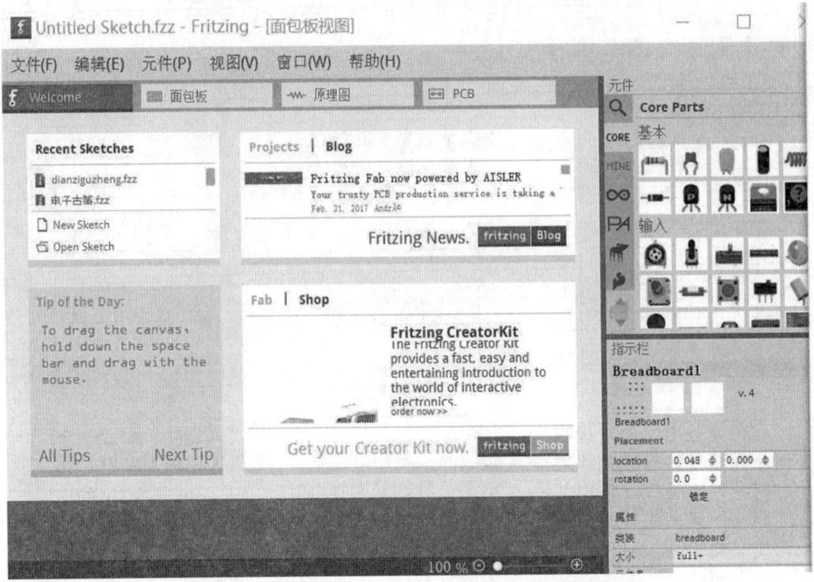

图 1.31　Fritzing 工作界面

(2)新建文件。

点击“File”菜单,选取“新建”,出现图 1.32 所示的界面,直接停留在面包板的界面上,即可开始制图。

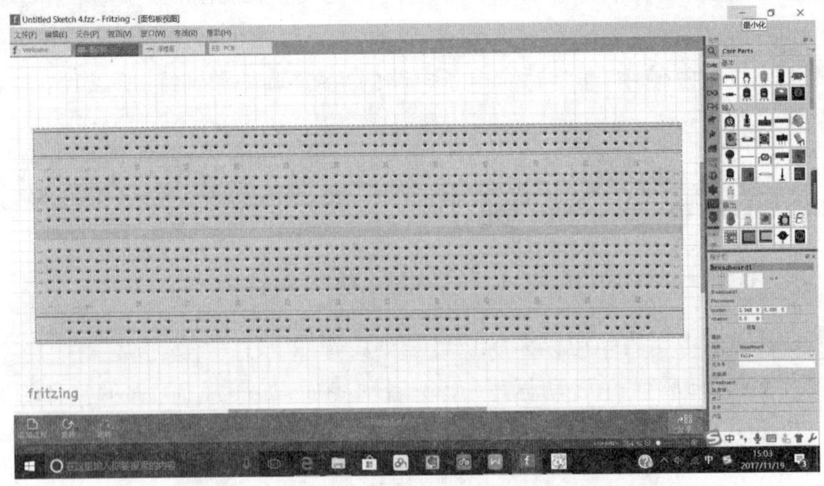

图 1.32　开始制图

(3)放置 Arduino 板。

为实现电子古筝电路连接图,在界面右侧元件部分选择 Arduino 元件,如图 1.33 所示。在“Arduino Boards”中选中”Arduino uno”板,将 Arduino 板拖至面包板页面,如图 1.34所示。

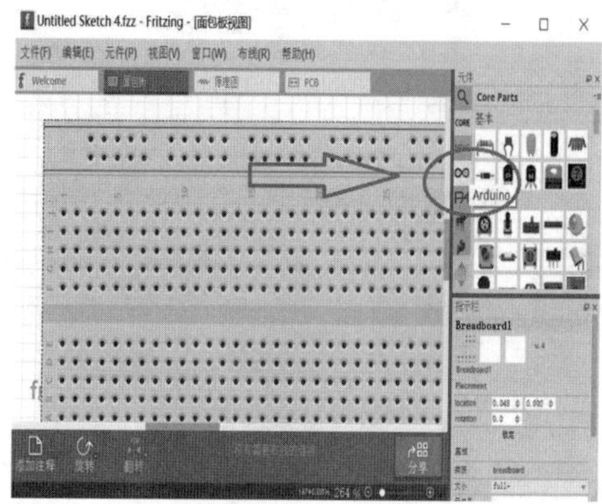

图1.33 选择Arduino元件

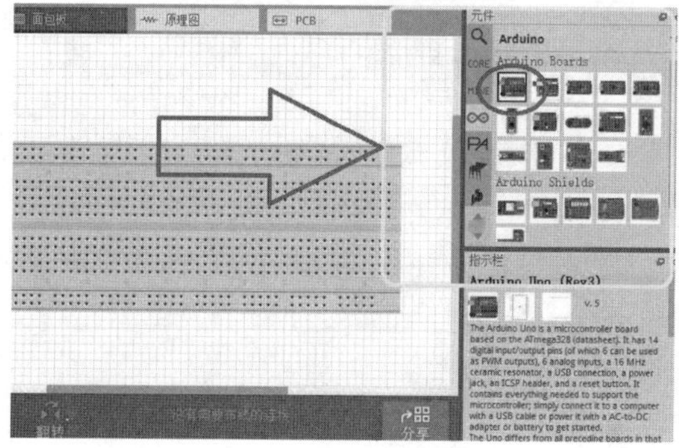

图1.34 放置Arduino板

(4)放置LM386芯片。

点击元件部分最上端“搜索”图标,在搜索部分搜索LM386,将LM386芯片拖至面包板如图1.35所示位置处。

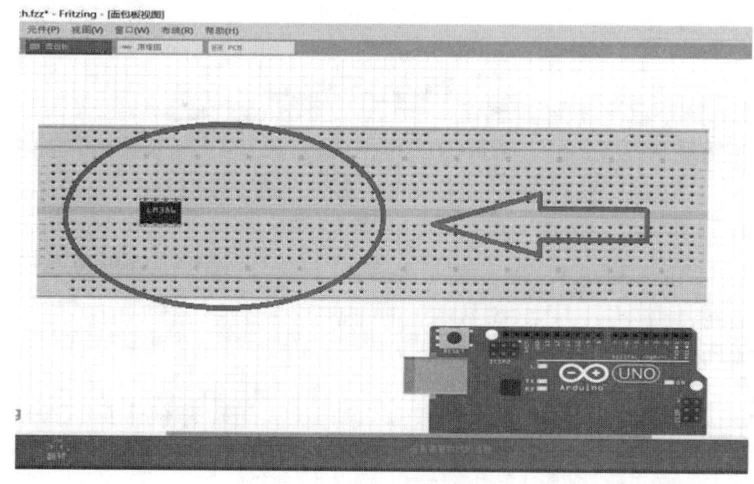

图1.35 放置LM386芯片

(5)放置电容。

按照上述方法可在元件部分搜索“capacity”(电容),找到所需容量大小的电容并将其拖至面包板上,如图 1.36 所示。

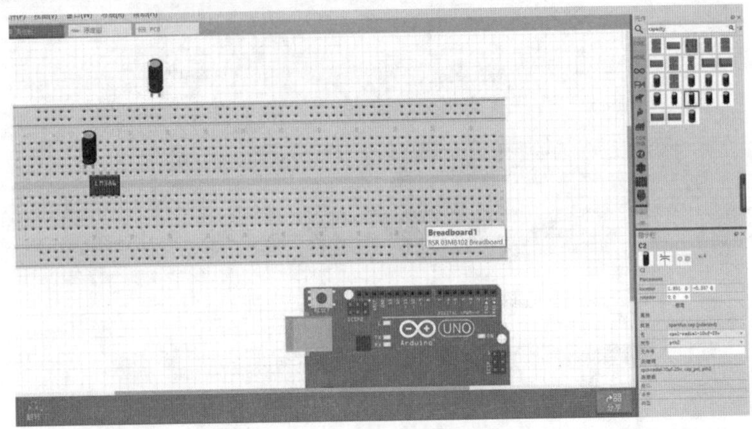

图 1.36　放置电容

(6)放置光敏电阻。

在 Core parts 的“输入”中找到图标 ,即为光敏电阻。将七个光敏电阻拖至面包板上,如图 1.37 所示。

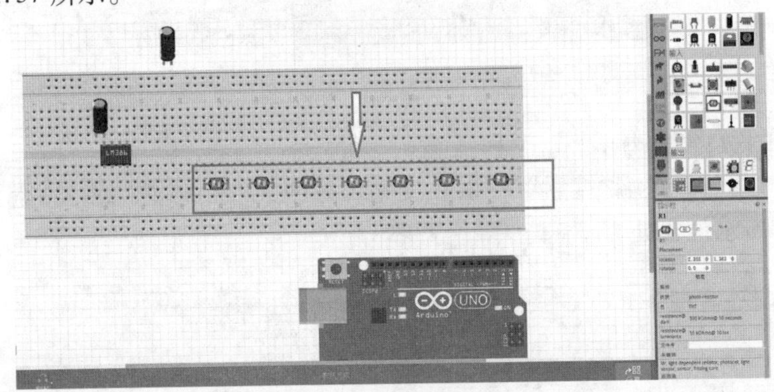

图 1.37　放置光敏电阻

(7)放置电位器。

在“search”部分搜索“potentiometer”(电位器),选中 10 kΩ 的电位器并拖至面包板上,如图 1.38所示。

(8)放置喇叭。

在“search”部分搜索“speaker”(喇叭),选中图标 并拖至面包板上,如图 1.39 所示。

(9)连线。

将所有元件放置在面包板上,按照原理图进行连线得到整体连线图,如图 1.40 所示。

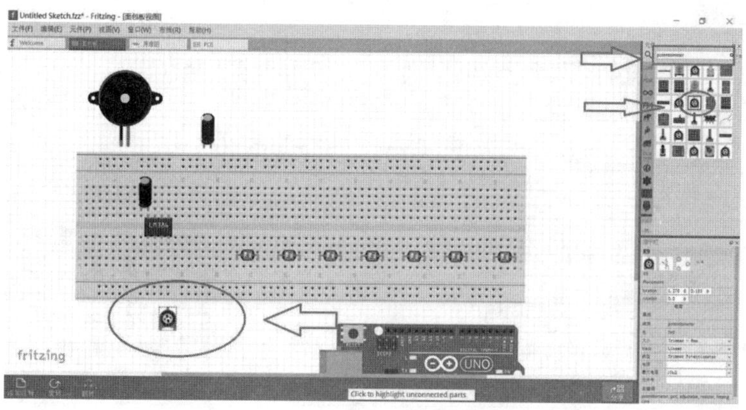

图1.38　放置电位器

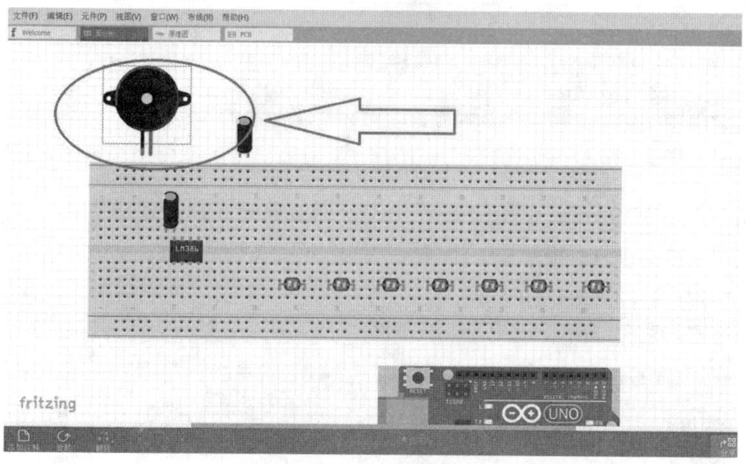

图1.39　放置喇叭

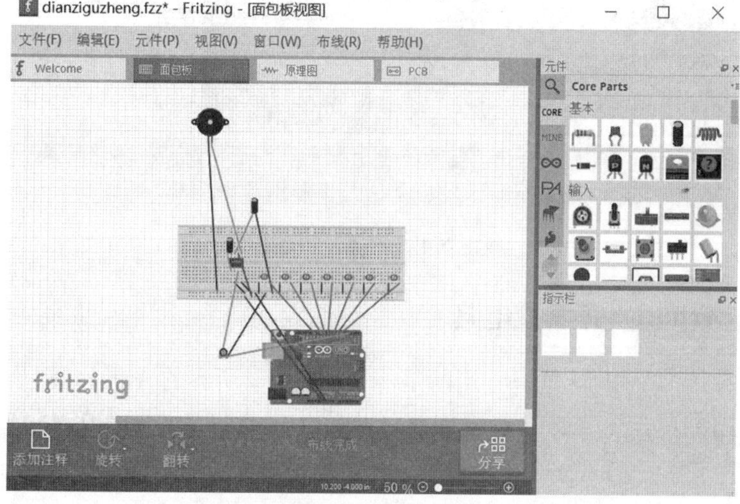

图1.40　整体连线图

(10)保存。

布线完成后,在“文件”菜单下选择“保存”,如图 1.41 所示。

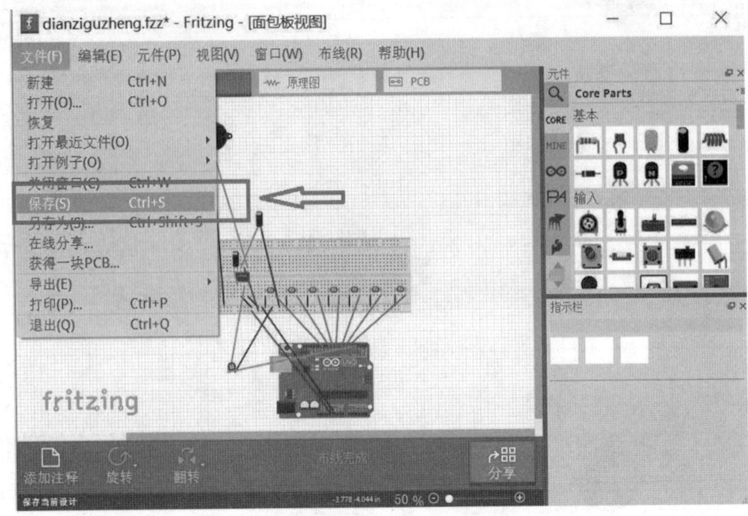

图 1.41　保存

(11)生成 PCB 图。

生成 PCB 图如图 1.42 所示。

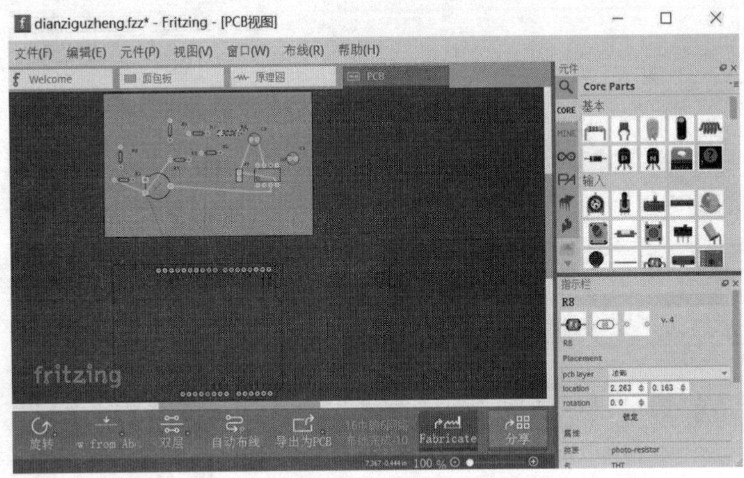

图 1.42　生成 PCB 图

1.4.3　Arduino 开发板电路

Arduino 有很多个版本,这里选用的是 Arduino Uno,所有的 Arduino 都基于一片 Atmel 的 8 位 AVR 精简指令集(RISC)微处理器。Arduino Uno 开发板如图 1.43 所示。

(1)微处理器:ATmega328,8 位微处理器,片内包含 32 KB Flash(0.5 KB 由 BootLoader 使用)、2 KB SRAM 和 1 KB EEPROM,运行时钟频率为 16 MHz。

(2)USB 接口:与计算机连接,用于从计算机中下载程序,同时给 Uno 单板供电。

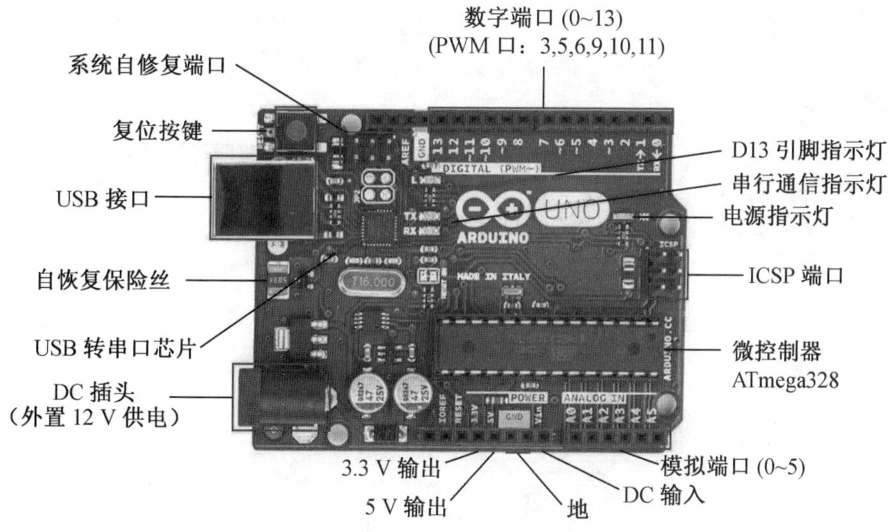

图 1.43　Arduino Uno 开发板

(3)外接电源:当 Uno 脱离计算机独立运行时,由 DC 插头外接电源给装置供电。

(4)电源引脚和地:可输出 5 V、3.3 V,也可以通过 Vin 给整个装置供电。

(5)模拟端口:6 个模拟输入,提供 10 bit 的解析度(0 ~ 1 023)。

(6)数字端口:14 个数字输入/输出引脚,可以由程序自己定义为输入或者输出;其中 0、1 两个引脚是串口复用引脚;3、5、6、9、10、11 六个引脚可提供 8 位(0 ~ 255)的 PWM 输出;13 引脚与板上 LED 相连,当输出高电平时,LED 点亮。七个按键分别接在七个端口上,读取端口值如果为高电平,则蜂鸣器发出对应频率的声音,发出声音的时间由按键按下的时间决定。不同的音调对应不同频率的方波,音调越高,则方波的频率越大,即周期越小。蜂鸣器也占用一个端口作为其输入端口。

Arduino Uno 内部结构框图如图 1.44 所示。

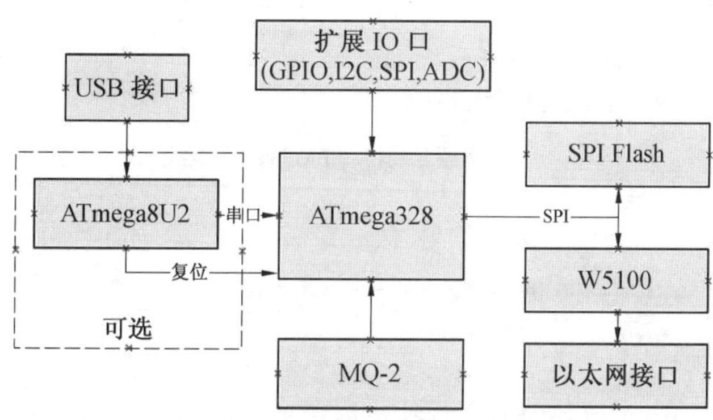

图 1.44　Arduino Uno 内部结构框图

1.4.4　外围电路

1. 输出电路

由 LM386 组成的喇叭驱动外部及内部电路如图 1.45 所示，驱动电路输出接喇叭的正极，音频驱动模块原理图如图 1.46 所示。

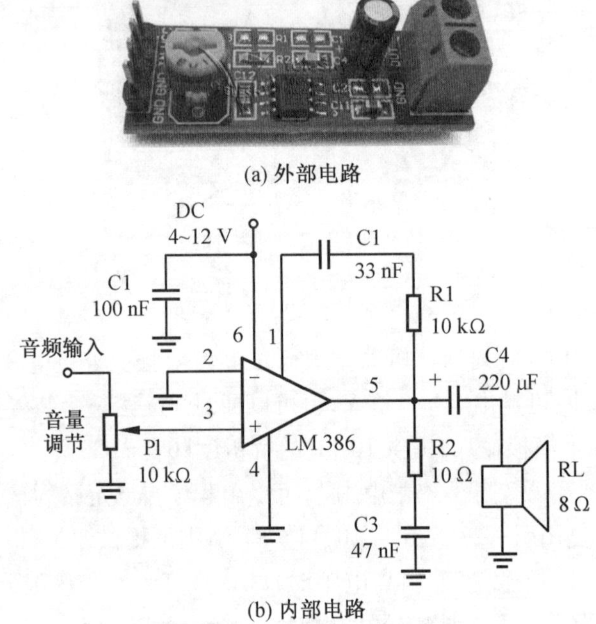

(a) 外部电路

(b) 内部电路

图 1.45　喇叭驱动外部及内部电路

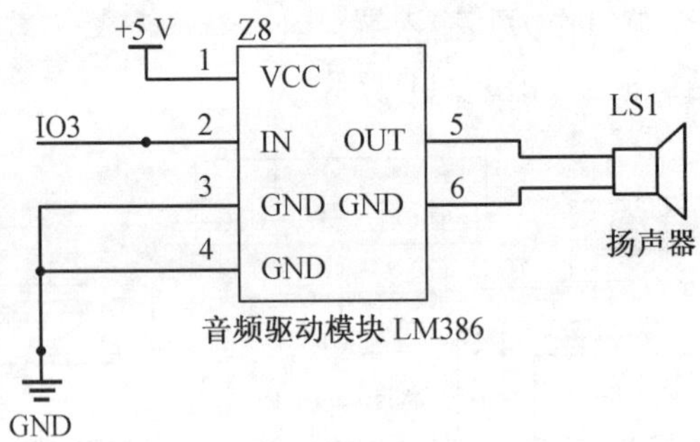

图 1.46　音频驱动模块原理图

2. 光敏电阻模块

七个光敏电阻模块正极接+5 V 电源，负极接地，输出接 Arduino 端口，光敏电阻模块及内部电路分别如图 1.47 和图 1.48 所示。

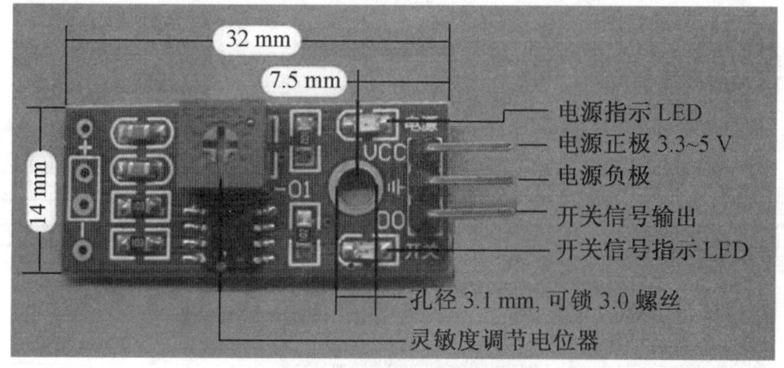

图 1.47　光敏电阻模块图

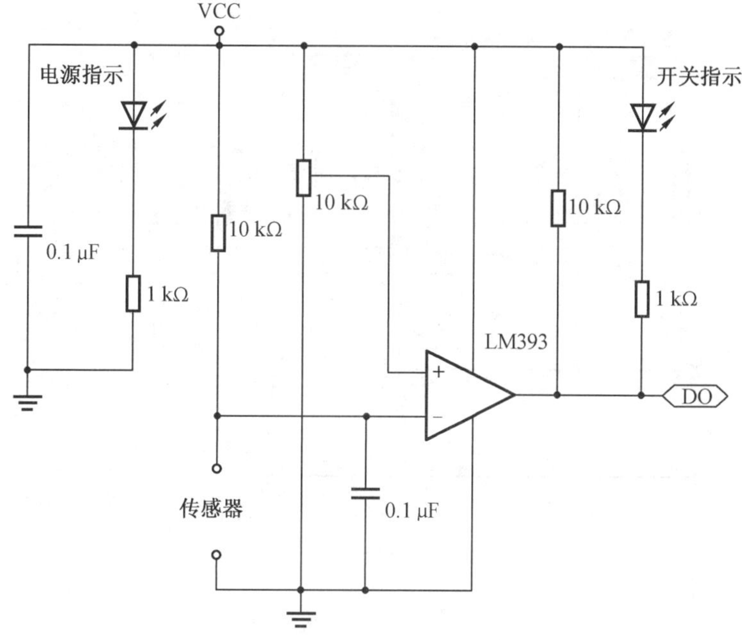

图 1.48　光敏电阻模块内部电路

1.4.5　基于 Proteus 的光敏电阻电路仿真

Proteus 软件是英国 Lab Center Electronics 公司出版的 EDA 工具软件(该软件中国总代理为广州风标电子技术有限公司)。它不仅具有其他 EDA 工具软件的仿真功能,还能仿真单片机及外围器件,其处理器模型支持 8051、HC11、PIC10/12/16/18/24/30/DSPIC33、AVR、ARM、8086 和 MSP430 等。故选用该软件进行光敏电阻电路仿真,如图 1.49 所示,并将 Arduino IDE 产生的 hex 文件导入。

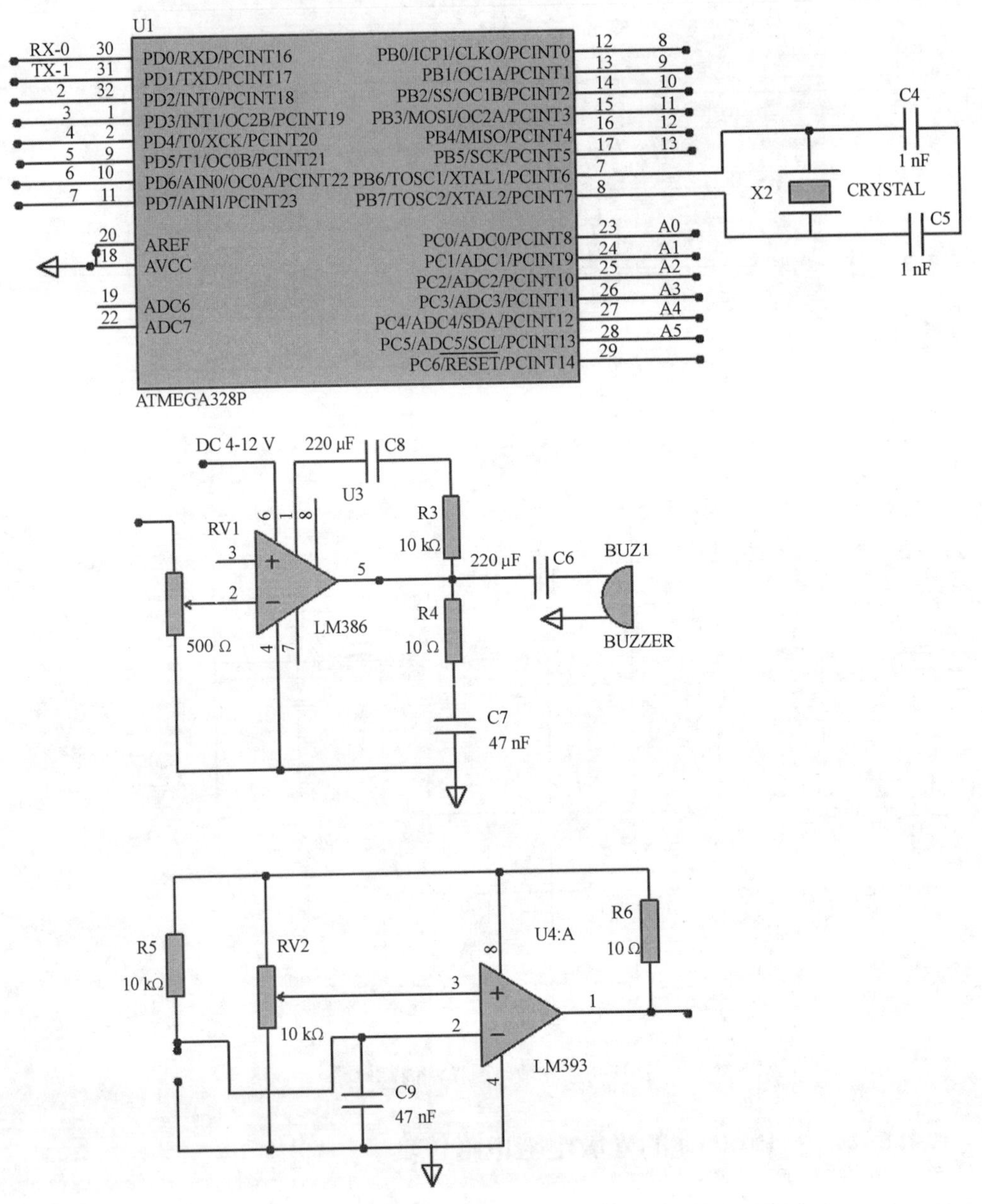

图 1.49　光敏电阻电路仿真图

1.5　软件设计

1.5.1　Arduino IDE 编程开发

Arduino IDE 软件可以在 Windows、Macintosh OS X、Linux 三大主流操作系统上运行，而其他大多数控制器只能在 Windows 上开发。Arduino IDE 具有以下优点。

(1)简单清晰。Arduino IDE 基于 processing IDE 开发,对于初学者来说,极易掌握,同时有着足够的灵活性。Arduino 语言基于 wiring 语言开发,是对 avr-gcc 库的二次封装,不需要太多的单片机基础和编程基础,简单学习后就可以快速进行开发。

(2)开放性。Arduino 的硬件原理图、电路图、IDE 软件及核心库文件都是开源的,在开源协议范围内可以任意修改原始设计及相应代码。

(3)发展迅速。Arduino 不仅是全球最流行的开源硬件,也是一个优秀的硬件开发平台,更是硬件开发的趋势。Arduino 简单的开发方式使得开发者更关注创意与实现,更快地完成自己的项目开发,大大节约了学习成本,缩短了开发周期。

(4)兼容其他软件。可以快速使用 Arduino 与 Adobe Flash、Processing、Max/MSP、Pure Data、SuperCollider 等软件结合,做出互动作品。

程序流程图如图 1.50 所示。

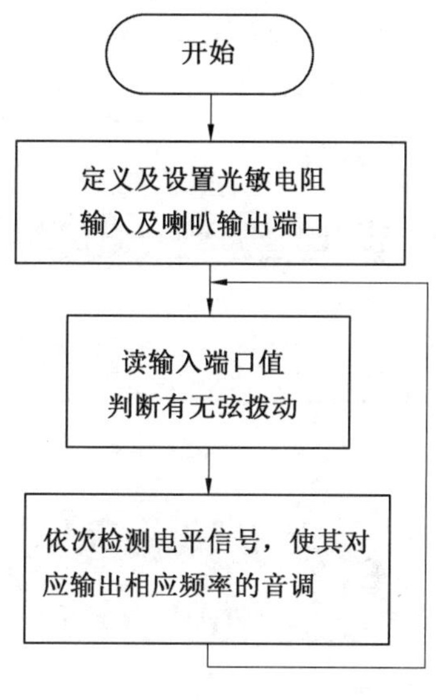

图 1.50　程序流程图

1.5.2　Arduino IDE 使用简介

1. 启动 Arduino IDE 开发工具

安装 Arduino IDE 成功后,双击程序运行,出现图 1.51 所示的运行界面,表示 Arduino IDE 已正确安装,并且正在启动运行。

2. 新建工程

成功启动 Arduino IDE 后点击“文件”→“新建”,新建工程文件,出现代码编辑开发界面。

3. 代码编辑

在代码编辑开发界面进行程序的开发与编辑,对于程序执行过程中只执行一次的代码,例如初始化操作等写在 setup( )方法中,而对于周期性循环重复执行的代码则写在 loop( )方法中。

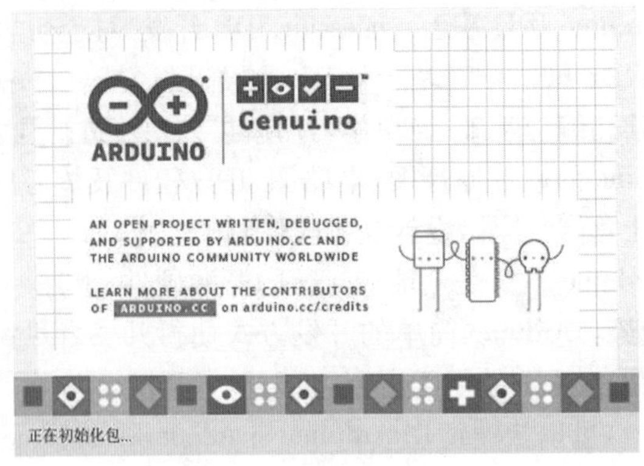

图 1.51　Arduino IDE 运行界面

4. 编译与上传

如图 1.52 所示，当程序代码编写完成后，点击编译验证按钮编译程序，同时检测程序有无语法错误。检测无误后，点击上传按钮上传编译完成的机器代码到 Arduino 开发板中，进行实物检测。

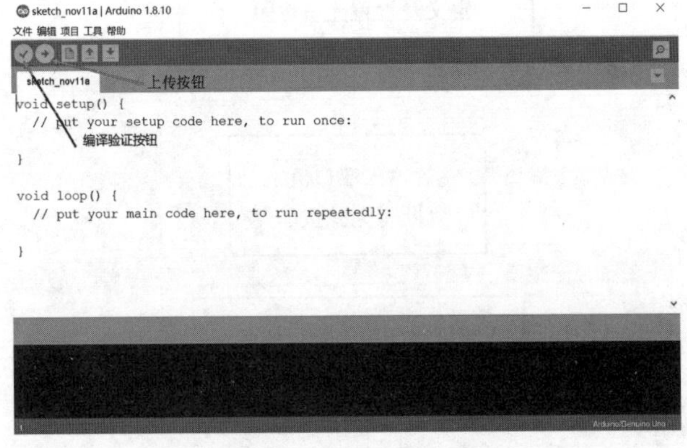

图 1.52　编译与上传按钮

本设计利用 Arduino 内部函数和 pwm 输出引脚实现喇叭发声；光敏电阻在光照下电阻几乎为 0，无光照时电阻很大，对光的感知受灵敏度影响。

七个激光弦分别对应七个音调，当激光照射时，光敏电阻模块输出低电平，当激光断开时，输出高电平。Arduino 的端口接收不同光敏电阻产生的信号分别产生输出信号到喇叭，使其发出不同音调，并由电位器控制喇叭的音量。拨动激光弦可进行简单演奏。

Arduino 的 2 ~ 13 端口接收的是数字信号，A0 到 A5 是模拟信号，因为琴弦是否拨动仅需要 0 和 1 就可以表示，因此我们选择使用数字信号端口。

根据读取的每个端口的状态变量，若为高电平，则证明此根琴弦被拨动，此时调用 arduino 库函数 digitalWrite( ) 设定输出端口为高电平，使喇叭发声，随后利用库函数 delayMicroseconds( ) 进行延时操作，通过每个音的高低音延时时间不同，间接控制音高音调。

要想驱动蜂鸣器发出不同的音调，周期等于频率的倒数，可以通过频率知道这段时间，也可以通过调用延时函数或者定时器实现。同样，发声的持续时间也可以通过延时函数实现,所以让蜂鸣器唱歌最关键的就是知道要延长多少时间。

频率与周期的关系为

$$f=\frac{1}{T} \tag{1.2}$$

式中,f 为频率;T 为周期。

根据式(1.2)可由频率计算出周期。因此我们先找出每个音符相对应的频率(根据音符-频率对照表),根据公式转换为相应的时间(取半周期),之后通过延时函数编程实现。其中,经过计算后的音符频率对照表见表 1.1。

表 1.1　音符-频率对照表

音符	频率/Hz	周期/μs
低 1 Do	262	3 830
低 2 Re	294	3 401
低 3 Mi	330	3 030
低 4 Fa	349	2 865
低 5 So	392	2 551
低 6 La	440	2 272
低 7 Si	494	2 024

如我们要让蜂鸣器发出 Do 音,查表可知,其周期为 3 830 μs,即半周期为 1 915 μs,所使用代码如下所示:

```
if(valC == HIGH){
  /*发出 C 音*/
  digitalWrite(BuzzerPin, HIGH);
  delayMicroseconds(1915);
  digitalWrite(BuzzerPin, LOW);
  delayMicroseconds(1915);
}
```

若要蜂鸣器发出其他音调的声音,依此类推即可。

1.5.3　音乐盒功能

为实现音乐盒功能,我们将使用以下代码:

```
int inputPinS = 11;
```

将 arduino 的 11 号端口连接上按钮,在按下按钮时调用 play()函数播放音乐,具体实现如下:

```
if(valS == HIGH){
    play();
    }
```

play( )函数中包括一个 int 数组用于存储音乐的音调,结尾为 0 代表结束:

```
//生日快乐歌
double SONG[ ] =
{212,212,190,212,159,169,212,212,190,212,142,159,212,
212,106,126,159,169,190,119,119,126,159,142,159,0};
```

之后使用一个 while 循环遍历 SONG 数组,依次播放每个音调,最后就成功地播放了一首歌曲。

```
int i=0;
while(SONG[i]! =0){
    digitalWrite(BuzzerPin, HIGH);
    delayMicroseconds(1.0/SONG[i] * 1000000/2);
    digitalWrite(BuzzerPin, LOW);
    delayMicroseconds(1.0/SONG[i] * 1000000/2);
    i++;
}
```

其中 SONG 数组的每个元素代表该音调的频率,可使用 1.0/SONG[i] * 1000000/2 这个计算式计算每个音调的半周期。当遇到 0 时结束播放。

1.6　系统实现

1. 电路焊接

先将几块分离的木板通过热熔胶固定拼接,不封顶。根据表 1.2 所列的电子古筝元器件清单和表 1.3 所列的配套器材准备好器材。在面包板上结合 Arduino 开发板按照上述电路图连接好电路后,将组合好的电路放置于电子古筝底板。七个激光头正极、负极分别相连,通过焊锡分别焊在一起并连在 Arduino 板的地及 5 V 电源上,激光头透过侧板的七个 9 mm 的小孔,七个光敏电阻模块通过胶固定于另一侧板上,使得激光头的光照正好照射到光敏电阻模块的光敏电阻上。喇叭接在 LM386 模块的输出端并安置在古筝木板侧面预留的 4 cm 孔上,使声音得以外放,插电调试,电路正常后封顶。

表 1.2　电子古筝元器件清单

编号	注释	描述	数量
1	10 μF	直插电解电容	1
2	9 mm/5 V	一线激光	7
3	3.2 cm×1.4 cm	光电感应器	7
4	8 Ω/0.5 W	喇叭	1
5	200 倍增益/(5~12) V/1.3 cm×1.1 cm	驱动模块	1

表1.3　配套器材

编号	注释	描述	数量
1	导线	XX cm	若干
2	面包板	8.5 cm×1.5 cm	1
3	Arduino 开发板	系统供电	1

2. 电路调试

(1)检查激光管是否点亮。

(2)检查光敏电阻是否能够接收光信号。

(3)检查扬声器是否能够发声。

(4)检查拨弦是否能产生声音。

3. 系统组装

(1)激光头的安装如图1.53所示。

(2)光敏传感器的安装如图1.54所示。

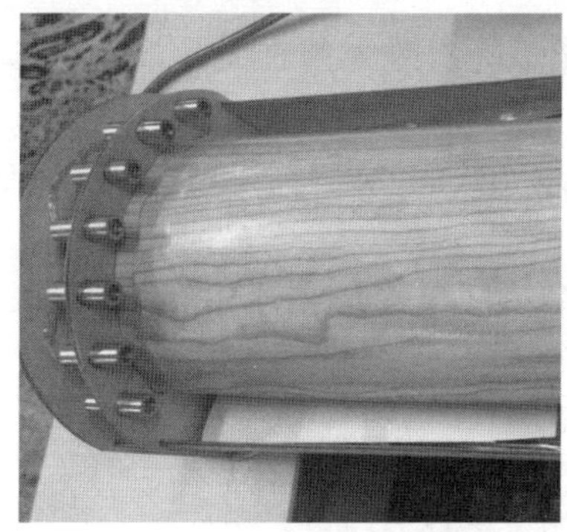

图1.53　激光头的安装

图1.54　光敏传感器的安装

(3)整体组装如图1.55所示。

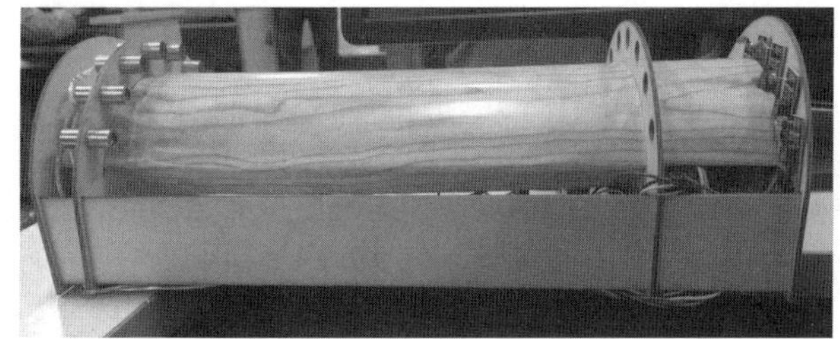

图1.55　整体组装图

(4)实物效果图。

电子古筝实物效果如图1.56所示,从上到下依次拨动每根琴弦发出1、2、3、4、5、6、7音,并可实现简单演奏。

4. 系统调试

分别弹奏do、re、mi、fa、so、la、xi,听七个音准是否正确,调节LM386模块上的电位调节器,可以听到不同大小的音量。通过弹奏一段音乐来检验电子古筝是否能正常使用。古筝只能在光线较暗的环境下演奏,调节光敏电阻的灵敏度可实现在不同光照环境下的演奏。

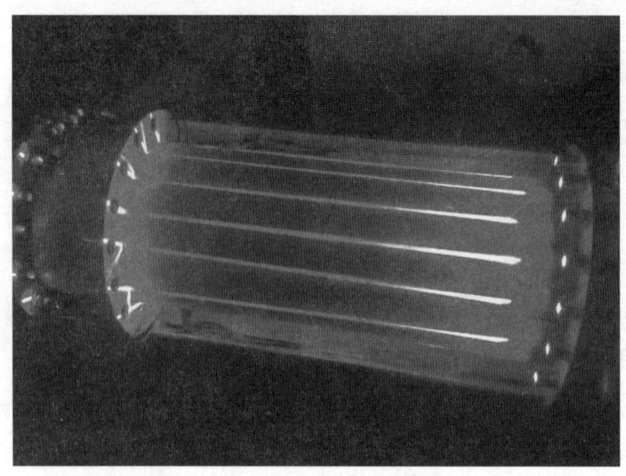

图 1.56　电子古筝实物效果图

5. 测试问题及分析

弹奏过程中不能正常发音,分析原因如下。

(1)激光头没有固定好,出现松动,使得激光不能直线入射在光敏电阻上,遮光后无反应。

(2)光敏电阻模块部分没有遮光,使得遮住激光头的光照后,光敏电阻上依然可以感受到光照,所以不能发音。

(3)激光光照之间有干扰现象,使得一个光敏电阻可能接受到几个不同激光的光照,所以只遮住一个光照不能使光敏电阻反应。

(4)喇叭的连接不稳定使得不能发音。

为了解决上述问题,我们做了如下调试。

(1)在激光头固定部分用胶带固定,使激光头不能轻易动。

(2)用买来的壁纸封住开口,加上原本设计的木板,为光敏电阻模块部分提供完全无光照的环境。

(3)将每个光敏电阻模块用木板隔开。

(4)调试喇叭的连接并且固定杜邦线,使得连接稳定。

6. 其他问题

(1)用 AutoCAD 设计古筝外壳的时候,由于没有考虑到板与板拼接需要预留板子的厚度,导致组装过程不顺利,尝试过用 502 胶来黏合,结果并不理想,最后用热熔胶才成功组装。

(2)在试音过程中,多次测试后发现 la 音的频率不对,按照在网上查找的资料,重新编入程序中,然后再度调试成功。

(3)同样,在调试过程中发现激光头不易正好对准光敏电阻模块,每次开机过后都需要重新调试。曾考虑用 502 胶将激光头固定在卡洞上,在小组讨论的过程中,由于实际实现上的困难性,此想法被小组淘汰。后来选择用黏性较好的透明胶带从多角度固定激光头,虽仍不时会发生光线偏差,但整体效果比之前好了很多。

7. 功能拓展

可以编写一段乐曲程序下载到开发板中,并设计电路开关实现按钮按下时,古筝自动播放乐曲。

本章小结

此次电子古筝的设计采用新型的 Arduino 平台,从软件使用到硬件设计再到实物制作,用到了 Altium designer、AutoCAD、Arduino 等软件,使用激光切割机制作古筝模型,最终设计出一个迷你的电子古筝。它具有一定的创新性与娱乐性。现在可以利用 Arduino 来发出 C 调的七个音,可以用来弹奏简单的歌曲,如小星星、两只老虎。以后可以考虑在现有基础上,开发出更多的音阶,以满足人们对于乐器的正常需求。

在电路设计和古筝模型制作中遇到了很多的问题,如思考不全面、模型型号不合适、材料硬度不适宜等问题,但最终一步步得到了解决。

当然设计还存在很多不足,如光敏电阻的灵敏度问题,后续可以通过更精确的测量确定古筝在不同的光照环境下光敏电阻发挥作用所对应的灵敏度,也可在古筝两侧设计外壳进行遮挡,实现在各种环境下的演奏。

参考文献

[1] 王欣. 中国古代乐器[M]. 北京:中国商业出版社,2015.
[2] 宋莹. 思维导图:从入门到精通[M]. 2 版. 北京:北京大学出版社,2018.
[3] 李永华,王思野. Arduino 案例实战:卷 I [M]. 北京:清华大学出版社,2017.
[4] 吴兰臻,郑海昕. 基于 Arduino 的趣味电子制作[M]. 北京:科学出版社,2019.
[5] 天工在线. AutoCAD 2019:从入门到精通 CAD 视频教程(实战案例版)[M]. 北京:水利水电出版社,2019.
[6] 北京兆迪科技有限公司. SolidWorks 产品设计[M]. 北京:机械工业出版社,2019.
[7] 黄维. 逆向设计一体化教程[M]. 北京:机械工业出版社,2019.
[8] 马场清太郎,何希才. 运算放大器应用电路设计[M]. 北京:科学出版社,2019.
[9] MONK S. Fritzing for inventors[M]. New York:McGraw-Hill,2015.
[10] 张志良,邵瑛. 80C51 单片机仿真设计实例教程:基于 Keil C 和 Proteus[M]. 北京:清华大学出版社,2015.
[11] 谭浩强. C 语言程序设计[M]. 5 版. 北京:清华大学出版社,2019.

第2章　计算器的设计与实现

2.1　背景分析

计算器是进行计算时所用的器具或辅助计算的实物,它作为一种快速通用的计算工具方便用户的使用。人们从数学产生之日起,便不断寻求能方便进行和加速计算的工具。因此,计算和计算工具是息息相关的。中国古代的数学是一种计算数学,当时人们创造了许多独特的计算工具及与工具有关的计算方法。早在公元前5世纪,中国人已开始用算筹作为计算工具,并在公元前3世纪得到普遍的采用,一直沿用了两千年。后来,人们发明了算盘取代算筹,并在15世纪得到普遍采用。算盘是在算筹基础上发明的,并把算法口诀化从而加快了计算速度,不但比算筹更加方便实用,还对人类有较强的数学教育功能,因此沿用至今并流传到海外,成为一种国际性的计算工具。近代的科学发展促进了计算工具的发展,在1671年,人们发明了一种能做四则运算的桌面型机械手摇计算器,是长1 m的大盒子。随着电力技术的发展,电力机械计算器慢慢取代了以人工为动力的计算器,之后又被真空管、晶体管、集成电路逻辑线路等器件依序取代。目前大部分计算器是掌上型微电子设备,拥有集成电路芯片,可以实现简单的四则运算、复杂的数学表达式运算、进制之间的相互转换、多媒体播放等功能。如今,电子计算器由于其功能多、价格便宜、携带方便、稳定性好,在人们的生活中有着相当广泛的应用。电子计算器已不止是一种计算工具,它已渗入了人类的活动领域,并改变着整个社会的面貌,使人类社会迈入一个新的阶段。

2.2　系统设计要求

2.2.1　电路设计要求

(1)具有开、关机功能。

(2)具有复位功能。

(3)具有数字0~9、加、减、乘、除、=、清除、括号等按键的输入功能。

(4)能够正确进行设置的各种运算。

(5)显示数字和运算符。

(6)能够进行超长进位等复杂运算。

2.2.2　机械设计要求

(1)外壳能够保护内部电路。

(2)方便显示和人机交互功能。

(3)方便程序下载和调试。

(4)方便更换电池、外壳 3D 打印等需求。

2.2.3　系统设计要求

计算器一般指电子计算器,它是一种小型的手持电子计算器具。一种是常见的办公文具之一的普通计算器,主要用于完成简单的算术运算和少量逻辑操作,并显示其结果,通常被用于商业交易中或供学生计算所用。另一种是科学计算器,它相较于普通的计算器具有更加强大的功能,能实现对数、反对数、三角函数、反三角函数等科学计算。本项目计算器的设计与实现依据图 2.1 所示的设计流程图来完成。

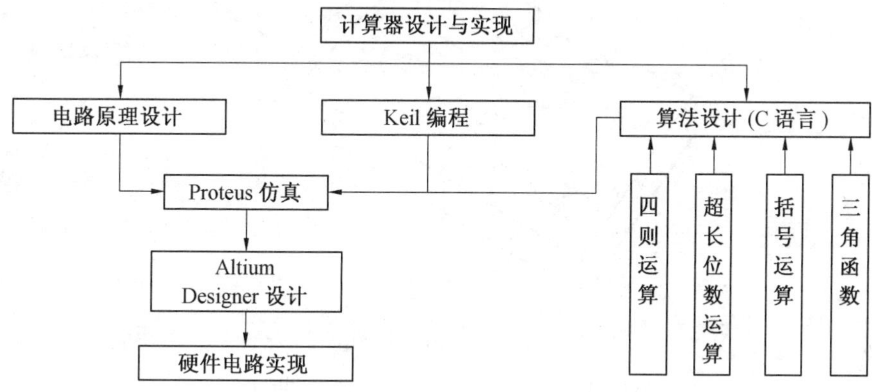

图 2.1　设计流程

1. 任务功能

本项目计划设计一个基于单片机液晶显示的科学计算器,其核心控制器采用 IAP15F2K61S2 单片机,利用 OLED 显示屏显示输入过程与运算结果,外接 4×4 键盘,用来模拟数字 0 ~9 及加、减、乘、除、退格、清零、括号、三角函数以及对数函数按键。软件用 C 语言编写,采用模块化设计,使计算器能进行加、减、乘、除、三角函数等多种运算,并能进行先乘除后加减的优先级运算。

2. 参数描述

(1)使得该计算器能够进行加、减、乘、除、三角函数等多种运算,并能进行先乘除后加减的优先级运算。

(2)大概确定计算器实物的尺寸(8 cm×10 cm×5 cm)。

(3)7.4 V 锂电池的功能是实现单片机供电。

(4)外壳的功能是装载整个计算器及电池。

2.3　机械结构设计

采用基于 Windows 开发的三维 CAD 系统软件 SolidWorks 进行计算器外壳设计,其有功能强大、易学易用和技术创新三大特点。SolidWorks 软件能够提供不同的设计方案,减少设计过程中的错误以及提高产品质量,这使得它成为领先的、主流的三维 CAD 解决方案。

首先根据计算器的设计尺寸绘制出大概的外壳草图,如图 2.2 所示;然后将外壳分为键盘、屏幕、后壳和电池盖四个部分,在 SolidWorks 软件中分别进行绘制。

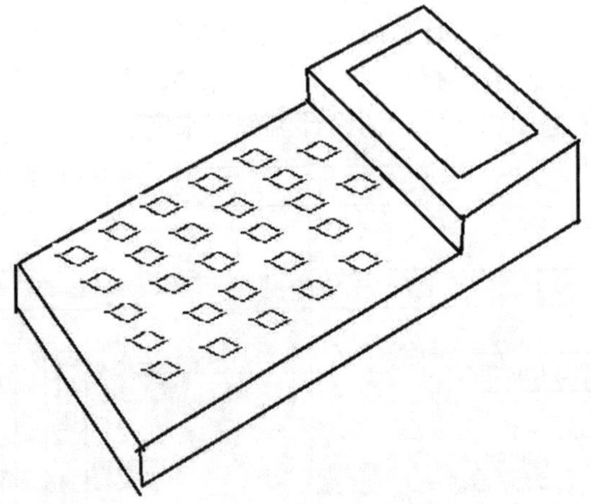

图 2.2　外壳草图

下面以电池盖为例介绍使用 SolidWorks 软件绘制元件的方法:

(1)首先打开 SolidWorks2016,初始化界面如图 2.3 所示。

图 2.3　初始化界面

(2)点击“新建文档”,选择“零件”,点击“确定”。

(3)点击左上角“草图”,进入草图绘制界面,选择上视基准面,先绘制一个中心矩形,并根据外壳尺寸进行标注,标注完成的界面如图2.4所示。

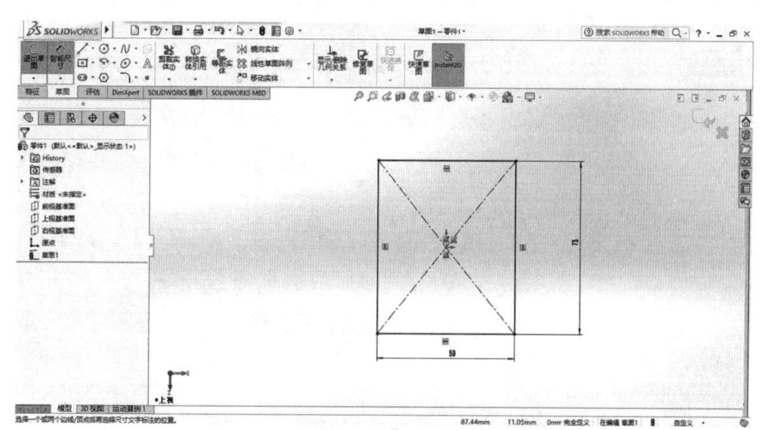

图2.4　标注完成界面

(4)点击右上角“保存”后,点击左上角“特征”,拉伸凸台则可对此草图进行拉伸,选择合适高度后点击“确定”则可得到一个长方体,如图2.5所示。

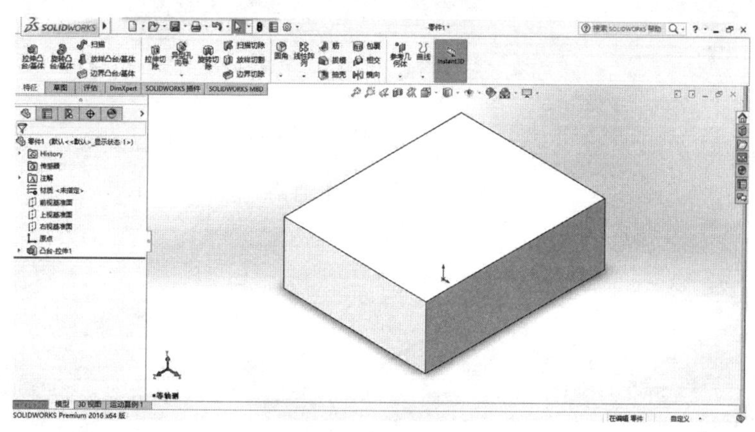

图2.5　拉伸所得长方体

(5)仿照前面的步骤,可以对凸台上表面选择后进入草图绘制,标定尺寸后进行拉伸切除,则可得到图2.6所示的中空盖子。

(6)绘制内部需要的插孔,先拉伸出一个凸台,再切去中间的圆柱,并加上合适的倒角,这样就得到了最终的电池盖,如图2.7所示。

键盘、屏幕和后壳这三个部分最终的软件绘制结果如图2.8所示。

最后进行3D打印,得到实物。

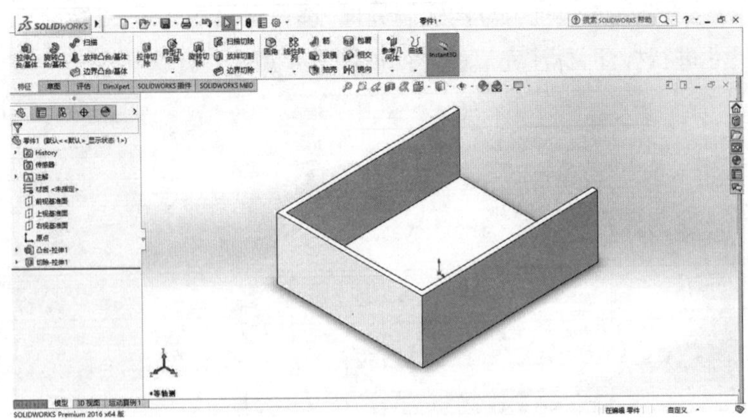

图 2.6　中空的盖子

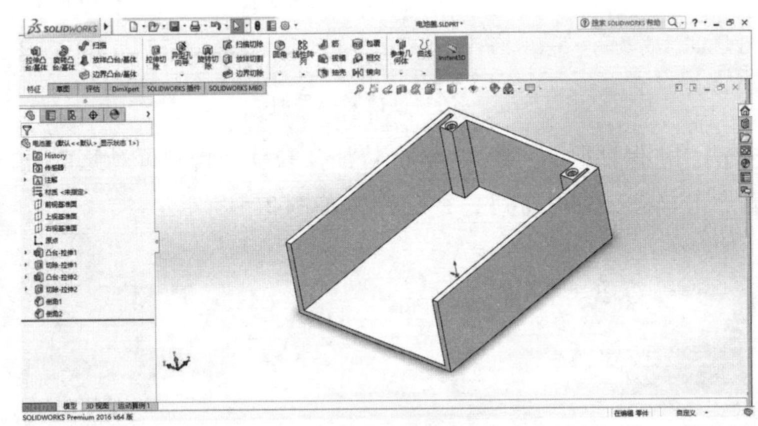

图 2.7　最终的电池盖

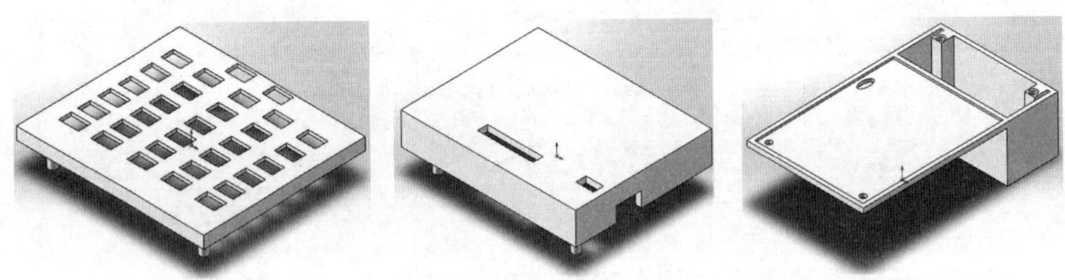

图 2.8　SolidWorks 绘制的键盘、屏幕和后壳

2.4　电路设计

2.4.1　方案论证

计算器电路设计的整体结构框图如图 2.9 所示，包括核心控制器件 IAP15F2K60S2 单片机、时钟模块、复位及冷启动模块、USB 转串口下载模块、电源模块、按键模块和

OLED 显示模块。

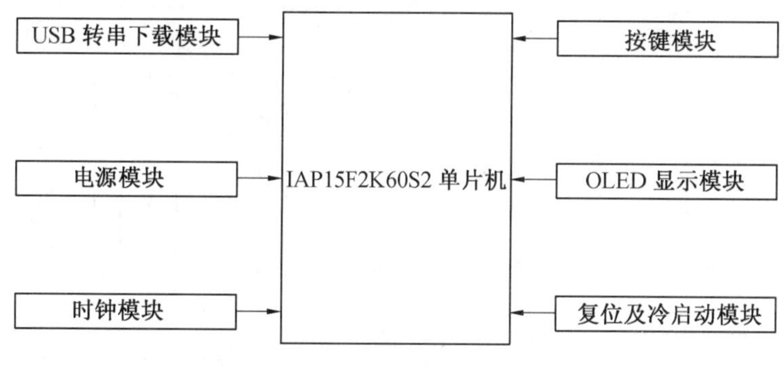

图 2.9　整体结构框图

2.4.2　时钟模块

在 IAP15F2K60S2 单片机内部有一振荡电路,只要在单片机的 XTAL1 和 XTAL2 引脚外接晶振,就可以改变自激振荡器在单片机内部产生的时钟脉冲信号。

时钟模块如图 2.10 所示,在单片机的 XTAL1 和 XTAL2 两个引脚间接一个晶振及两只电容就构成了时钟电路,它为单片机的工作提供时间基准。

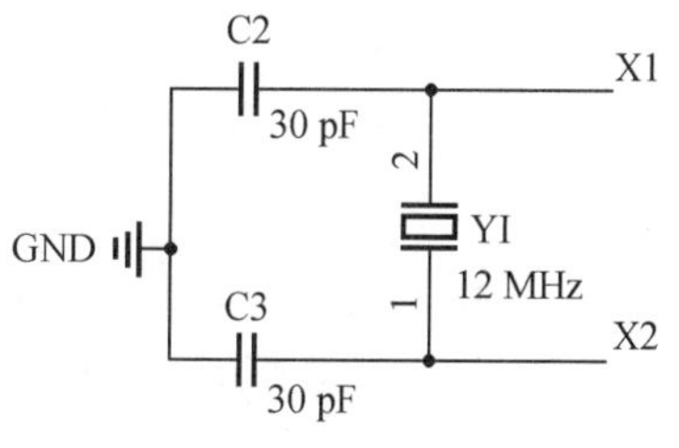

图 2.10　时钟模块

电路中的器件参数可以通过计算和实验确定,也可以参考一些典型电路参数。其中,电容器 C2 和 C3 对晶振器频率有微调作用,通常取值范围为 20 pF ~ 40 pF;石英晶体选择 12 MHz 和 11.059 6 MHz都可以,其结果只是机器周期时间不同。

2.4.3　复位及冷启动模块

单片机需要复位以后才能正常工作,复位的目的就是使单片机处于一个基准点,在这个基准点,程序将会从 C51 的 main 函数的第一条语句开始执行。

本设计中采用图 2.11 所示的上电复位电路来实现,在 RST 复位引脚通过一个电容 C1 接到电源 VCC,再通过一个电阻 R1 接地。上电复位是指在给系统上电时,复位电路通过电容 C1 加到 RST 复位引脚一个短暂的高电平信号,这样在电阻 R1 上就形成一定电压,对于单片机来说,这个电压就是复位电压,经过若干毫秒以后,电解电容 C1 被充满电,这时电阻 R1 就没有电流流过,电阻两端也就没有电压,单片机的复位引脚电压恢复为 0,复位工作结束,单片机开始工作。由于这个复位信号会随着 VCC 对电容的充电过程而回落,所以 RST 引脚复位的高电平维持时间取决于电容的充电时间。为了保证系统安全可靠的复位,RST 引脚的高电平信号必须维持足够长的时间。并且复位引脚 RST 通过一个斯密特触发器与复位电路相连,斯密特触发器用来抑制噪声。

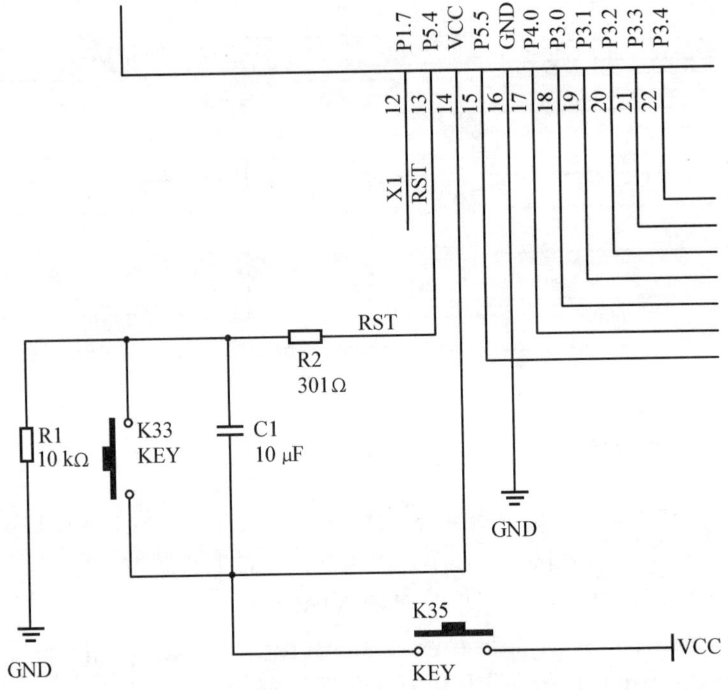

图 2.11　复位及冷启动模块

2.4.4　USB 转串口下载模块

本设计使用 CH340 通过 USB 串口下载程序，单片机端的 USB 接口选择的是 USB-micro接口，下载程序可选用普通安卓数据传输线，设计 USB 转串口下载与通信电路如图 2.12 所示。

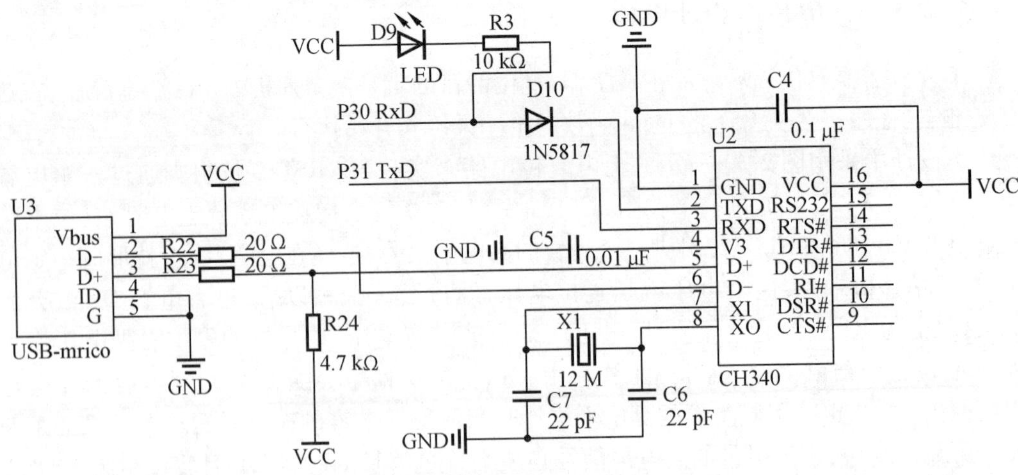

图 2.12　USB 转串口下载模块

2.4.5　电源模块

IAP15F2K60S2 的工作电压为 4.8 ~5.5 V,在程序的下载调试过程中使用 USB 通过计算机供电,待程序调试完成后可使用电池供电。鉴于市面上难以买到 5 V 的电池,考虑 IM78/IM79 系列三端稳压电源所需的外围元件少,电路内部还有过流、过热及调整管的保护电路,使用起来可靠、方便,而且价格便宜,设计电源模块电路如图 2.13 所示。稳压芯片采用的是集成稳压器 LM7805,C10 和 C11 分别为输入端和输出端滤波电容。正常工作时,电源模块输入电压范围为 7.4 ~36 V,而输出稳定为 5 V,本设计将输入为 7.4 V 的输入电压转换成 5 V 的输出电压。

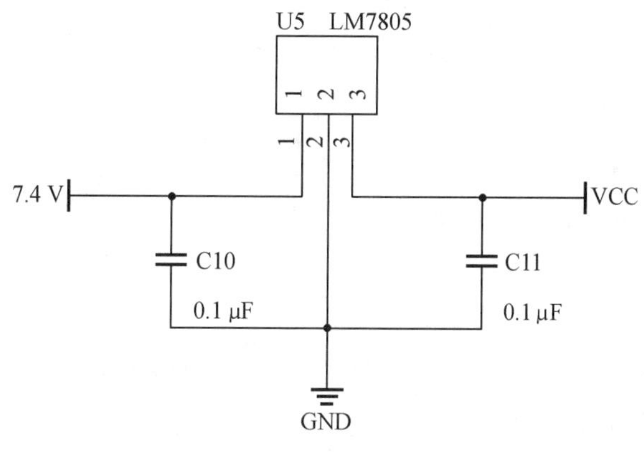

图 2.13　电源模块

2.4.6　按键模块

1. 设计方案

键盘的选择有两种方案:一种是使用触摸式的电容按键,这种键盘的好处是用户操作更轻松,触摸即可,而且外观上更加美观,但是需要用驱动芯片驱动,并且每个按键需要占一定的面积;另一种是使用 4×4 矩阵键盘,这种键盘的好处是用单片机 I/O 口直接驱动,同时每个按键占的面积更小。

当计算器按键较多时,选择电容按键容易产生误触,所以最终选用两个 4×4 矩阵键盘用以实现 0 ~9 数字、加、减、乘、除等的输入。4×4 矩阵键盘为扫描式键盘,通过行和列来确定按键的位置,所需单片机的 I/O 口不多,按键模块的电路如图 2.14 所示。

2. 按键模块 Multisim 仿真

基于控制计算器实物体积考虑,按键较多时,选择电容按键容易产生误触,所以最终选用一个 5×4 矩阵键盘用以实现 0 ~9 数字、加、减、乘、除、sin、cos、tan 等的输入。

5×4 矩阵键盘为扫描式键盘,通过行和列来确定按键的位置,这样所需的 I/O 口也大大减少,按键模块的 Multisim 仿真电路图如图 2.15 所示。

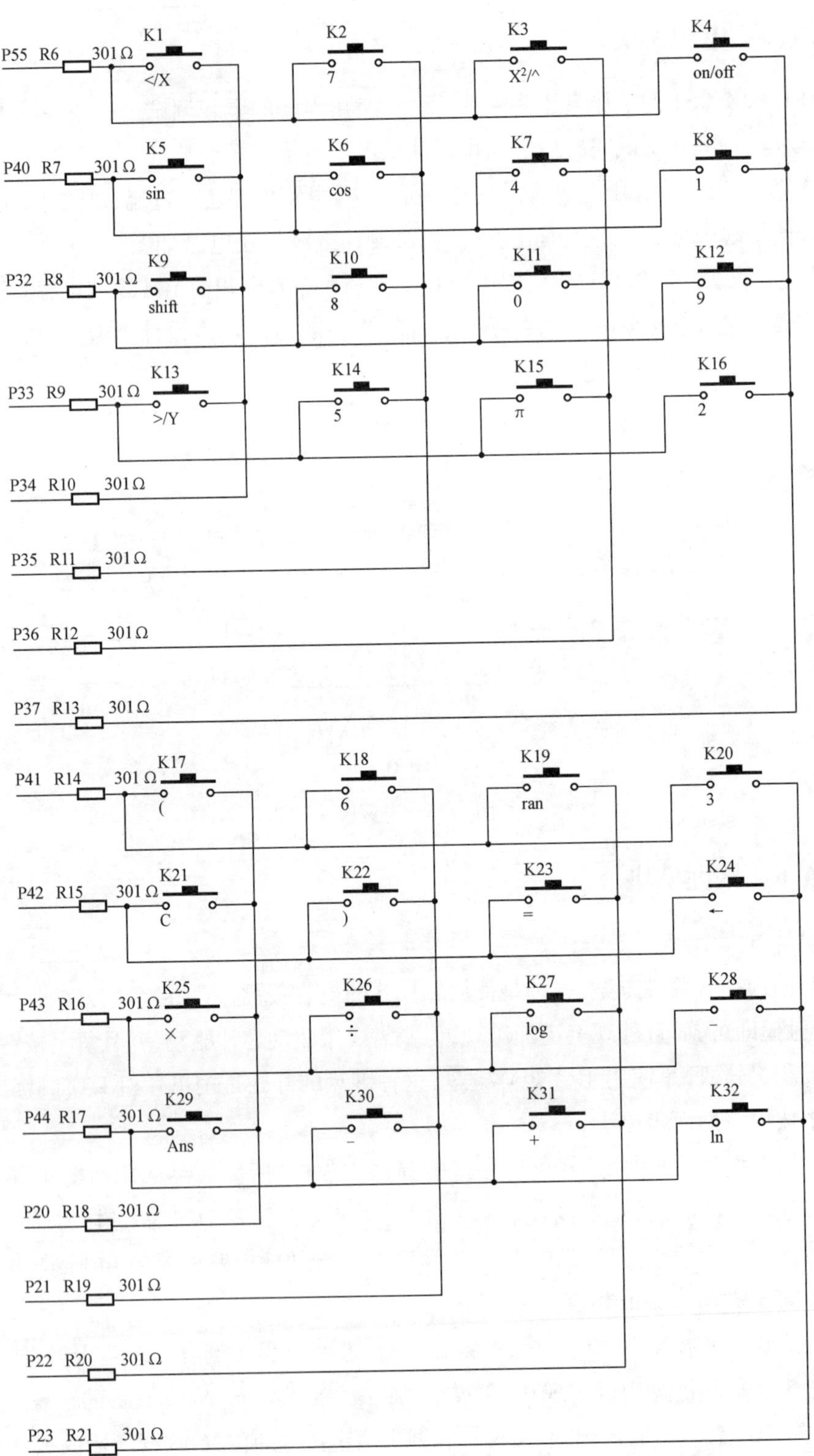
P55 R6 301 Ω
K1
</X
K2
7
K3
X^2/^
K4
on/off
P40 R7 301 Ω
K5
sin
K6
cos
K7
4
K8
1
P32 R8 301 Ω
K9
shift
K10
8
K11
0
K12
9
P33 R9 301 Ω
K13
>/Y
K14
5
K15
π
K16
2
P34 R10 301 Ω
P35 R11 301 Ω
P36 R12 301 Ω
P37 R13 301 Ω
P41 R14 301 Ω
K17
(
K18
6
K19
ran
K20
3
P42 R15 301 Ω
K21
C
K22
)
K23
=
K24
←
P43 R16 301 Ω
K25
×
K26
÷
K27
log
K28
−
P44 R17 301 Ω
K29
Ans
K30
−
K31
+
K32
ln
P20 R18 301 Ω
P21 R19 301 Ω
P22 R20 301 Ω
P23 R21 301 Ω

图 2.14　按键模块

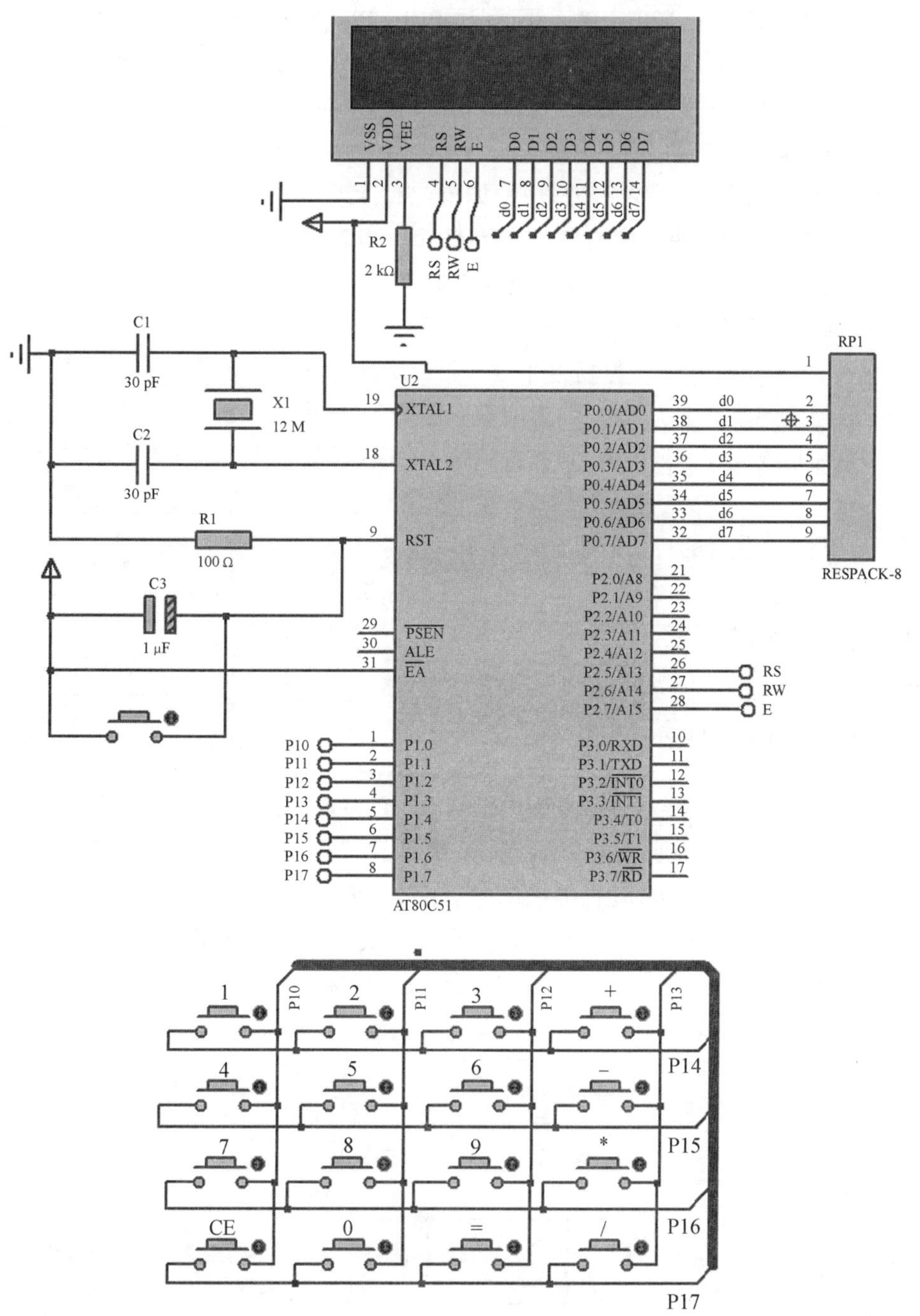

图 2.15　按键 Multisim 仿真电路

3. 工作原理

(1)行线 P14 ~ P17 和 P20 为输入线,列线 P10 ~ P13 为输入线。一开始单片机将行线全部输出低电平,此时读入列线数据,若列线全为高电平则没有键按下,当列线出现低电平时,调用延时程序来去除按键抖动。

(2)延时完成后再判断是否有低电平,如果此时读入列线数据还是有低电平,则说明确实有键按下。最后一步确定键值。当判断确实有键按下之后,行线轮流输出低电平,根据读入列线的数据可以确定键值。

(3)单片机将行输出设置为高电平,列输出设置为低电平,此时读取列线的数据全为低电平,说明没有键按下;当某一列出现高电平时,获取这一列的值,转换行列输入,再次重复上述步骤。

(4)从步骤(3)获取的行列值组合起来可以获得一个坐标值,如果我们的键盘布局已经确定,那么可通过坐标访问到准确的键。之后转到相应的键功能处理子程序就可以达到目的。工作原理流程图如图 2.16 所示。

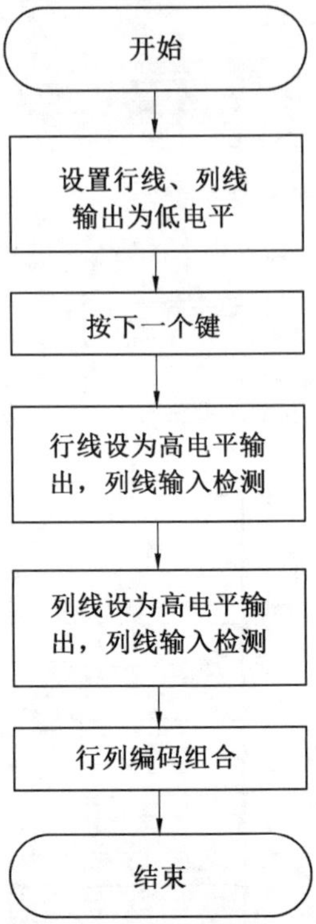

开始
设置行线、列线
输出为低电平
按下一个键
行线设为高电平输
出，列线输入检测
列线设为高电平输
出，列线输入检测
行列编码组合
结束

图 2.16　工作原理流程图

2.4.7　OLED 显示模块

本设计中采用的液晶屏具体型号为中景园电子的 0.96 寸 OLED 显示屏,是一种字符型液晶显示模块,专门用于显示字母、数字和符号的点阵式 LCD。它有多种接口方式,OLED 裸屏接口包括 6800 和 8080 两种并行接口方式、3 线或 4 线的串行 SPI 接口方式和 IIC 接口方式(只需要 2 根线就可以控制 OLED),这五种接口是通过屏上的 BS0 ~ BS2 来配置的。设计中选择的是 IIC 接口方式。IAP15F2K60S2 单片机和 OLED 的连接如图 2.17 所示。

GND
1
P1
VCC
P11
P10
1
2
3
4
5
6
7
Header 7

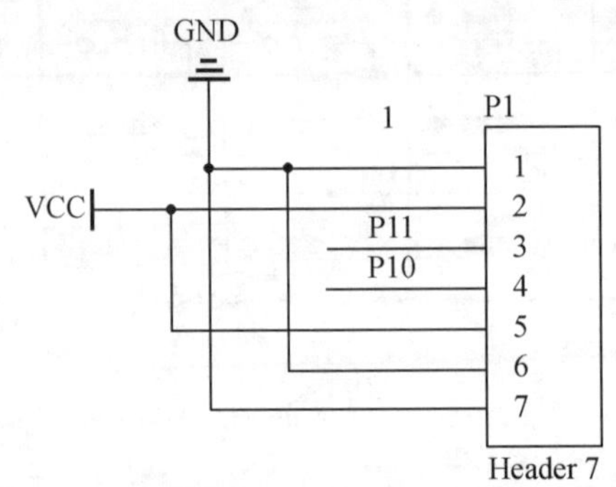

图 2.17　IAP15F2K60S2 单片机和 OLED 的连接

2.4.8 计算器PCB设计

本设计采用Altium Designer对PCB图进行绘制。除了元器件的选择和电路设计外，良好的PCB布线在电磁兼容性中也是一个十分重要的因素。由于PCB是系统的固有成分,在PCB布线中增强电磁兼容性不会给产品的最终完成带来任何附加费用。为了更好地满足使用需求,绘制PCB时尽量选择手动布线,最终的PCB图如图2.18所示。

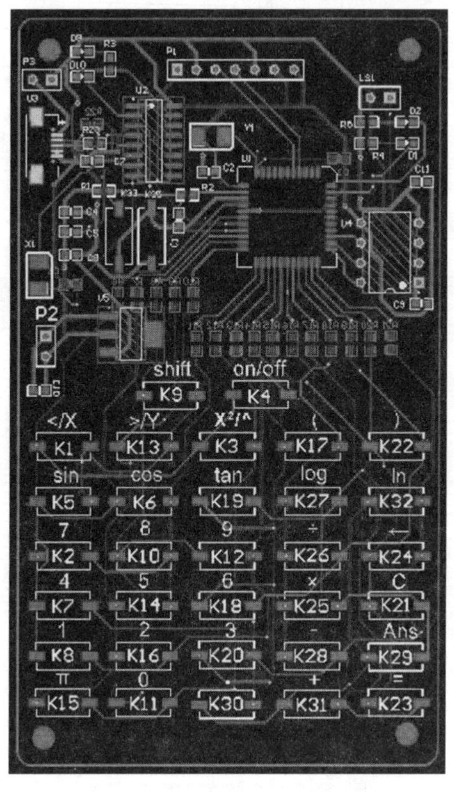

图2.18 计算器PCB图

2.5 软件设计

2.5.1 主程序

系统主程序流程图如图2.19所示,首先进行I/O口以及OLED的初始化工作,然后循环进行按键扫描,得到扫描的键值;对键值进行判断,若键值代表功能性按键,则对应进入其功能函数,若键值代表算式部分内容,则将其加入算式数组,然后刷新显示;最后延迟70 ms,开始下一次循环。

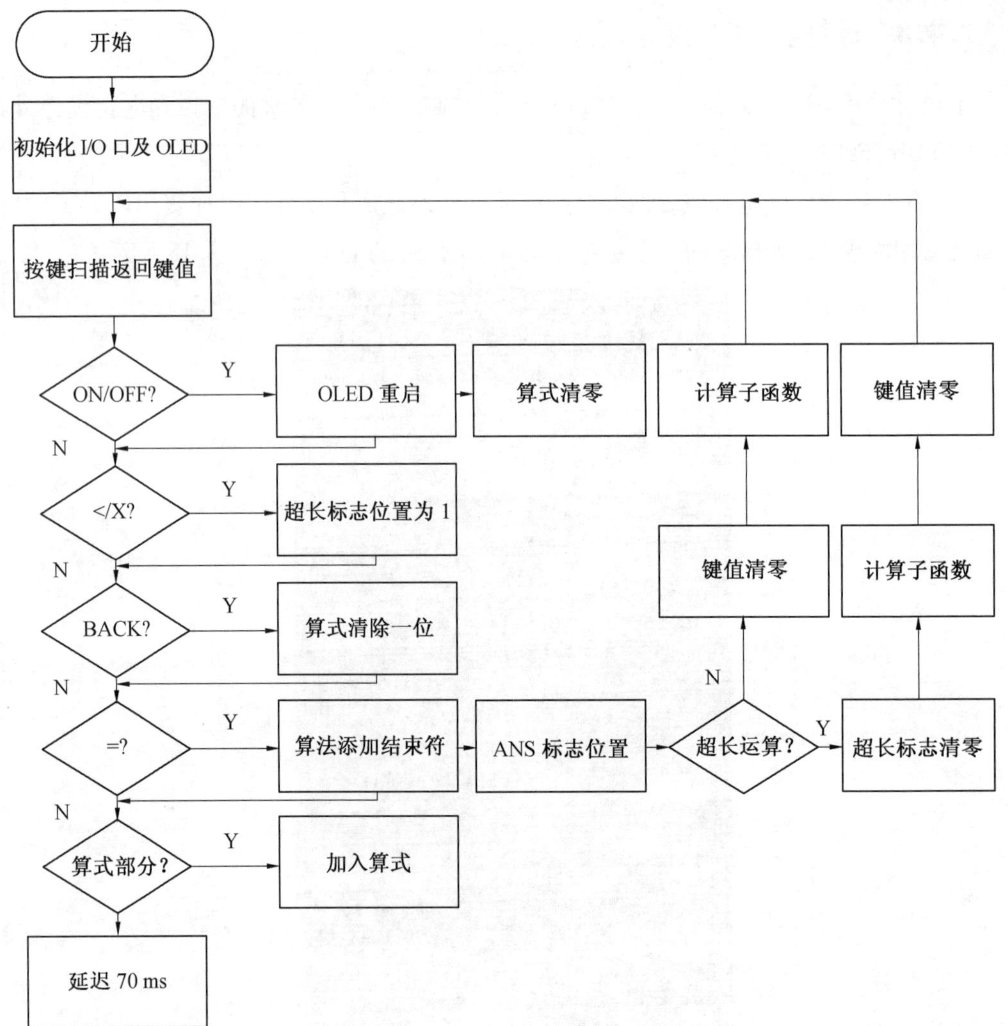

图 2.19　系统主程序流程图

2.5.2　按键扫描子程序

1. 原理概括

扫描按键时首先将第一行的 I/O 口置低电平,同时分别检测四列的 I/O 口,若全为高电平,则表示没有键被按下;若有其中一列为低,则可直接判断是该行该列的按键被按下。同理,可依次检测第二列、第三列、第四列的按键情况。

2. 程序实现

```
//描述: 键盘扫描
short keycheck()                              /* 反转法键盘扫描 */
{
    short temp1,temp2,temp,a=0xff;
```

```
    P1=0xf0;                          /*行为高电平,列为低电平*/
    LCD_Delay_ms(20);                 /* 延时 */
    temp1=P1;                         /* 读列值 */
    P1=0xff;
    LCD_Delay_ms(20);                 /* 延时 */
    P1=0x0f;                          /* 输入列值,行置低电平,列置高电平 */
    LCD_Delay_ms(20);                 /* 延时 */
    temp2=P1;                         /* 读行值 */
    P1=0xff;                          /*还原为初始化,行列均输入高电平*/
    temp=(temp1&0xf0)|(temp2&0xf);    /*将两次读入数据组合,改为0xff也可*/
    switch(temp)                      /* 通过读入数据组合判断按键位置 */
    {
        case 0x77:a=0x0d;break;       // 按键/
        case 0x7b:a=0x0e; break;      // 按键=
        case 0x7d:a=0; break;         // 按键 0
        case 0x7e:a=0x0f; break;      // 按键 CE
        case 0xb7:a=0x0c;break;       // 按键*
        case 0xbb:a=0x9;break;        // 按键 9
        case 0xbd:a=0x8;break;        // 按键 8
        case 0xbe:a=0x7;break;        // 按键 7
        case 0xd7:a=0x0b;break;       // 按键-
        case 0xdb:a=0x6;break;        // 按键 6
        case 0xdd:a=0x5;break;        // 按键 5
        case 0xde:a=0x4;break;        // 按键 4
        case 0xe7:a=0x0a; break;      // 按键+
        case 0xeb:a=3;break;          // 按键 3
        case 0xed:a=2;break;          // 按键 2
        case 0xee:a=1;break;          // 按键 1
        case 0x67:a=0x0f; break;      // 按键 ln
        case 0x6b:a=0x1a;break;       // 按键 tan
        case 0x6d:a=0x1b;break;       // 按键 cos
        case 0x6e:a=0x1c;break;       // 按键 sin
        default:a=0xff;
    }
    return a;                         /* 返回按键值 */
}
```

一个 4×4 矩阵键盘占用 8 个 I/O 口就可以实现对 16 个按键的检测,2 个 4×4 矩阵键盘需要 16 个 I/O 口。扫描按键时首先将检测第一个 4×4 矩阵键盘,然后检测第二个 4×4

矩阵键盘,2 个 4×4 矩阵键盘共有 32 个按键。设计中的 32 个按键依次编号 1 ~ 32 表示键值,当调用按键扫描程序并检测到其中一个按键被按下时,返回该按键表示的键值。

按键扫描子程序流程图如图 2.20 所示。

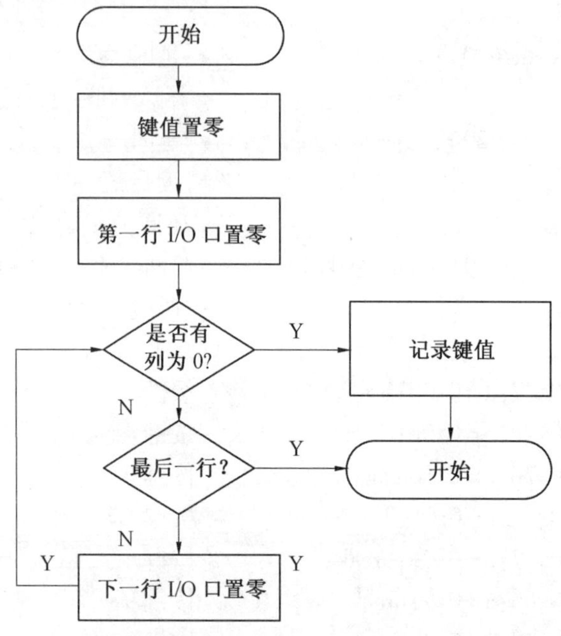

图 2.20　按键扫描子程序流程图

2.5.3　算式计算子程序

算式计算子程序的任务是处理输入的算式,得到结果并存入数组中。该子程序的处理顺序是:首先将算式中的三角函数与对数函数算出,然后计算算式中的括号部分,最后进行加减乘除的运算,得出的结果存入数组并进行显示。其流程图如图 2.21 所示。

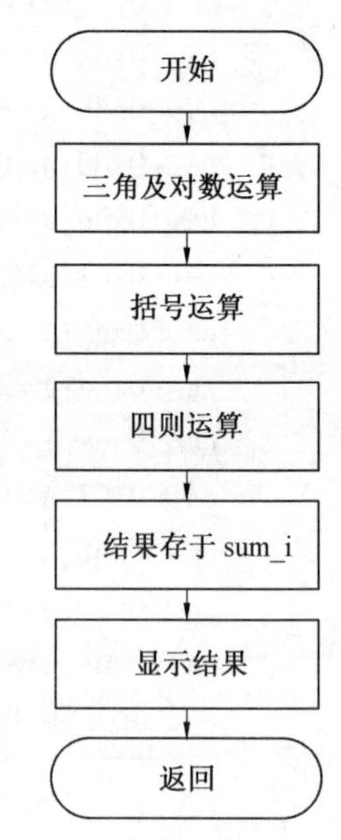

图 2.21　算式计算子程序流程图

2.5.4　算式及结果显示子程序

根据传统计算器,每当用户按下某一按键时,如数字键、加减乘除键、三角函数键及对数函数键,在屏幕上应实时显示用户所按下键的字符,可以帮助用户判断自己的输入是否正确。为了实现实时显示运算式,给点阵定义坐标:以屏幕左上角的第一个点作为原点,向右为 x 轴,数值从 0 到 127;向下为 y 轴,数值从 0 到 7。所有的输入以字符的形式存到一个字符型数组中,并实时显示当前按下键的字符。调用显示函数时需要确定该字符显示的坐标以及显示的内容。

对于只需显示单字符的按键,定义一个变量 t,用以存放当前按键表示的内容,从“x,y”为“0,0”开始显示,每显示一个字符,x 自加 8,为一个字符所占的宽度,同时从显示函数返回 t,用以存放到运算式的数组中。对于需要显示多个字符的按键,如 sin、cos、tan、log 及 ln 等,显示时调用字符串显示函数,不需要通过变量 t,直接显示固定的字符串,同时也需要从显示函数返回 t,而 t 中存放的则是代表用于它们的一个字符,如 s 表示 sin、c 表示 cos 等。

2.5.5　四则运算子程序

四则运算子程序主要根据先三角,后括号,再乘除,最后加减的顺序进行运算,如图 2.22 所示。

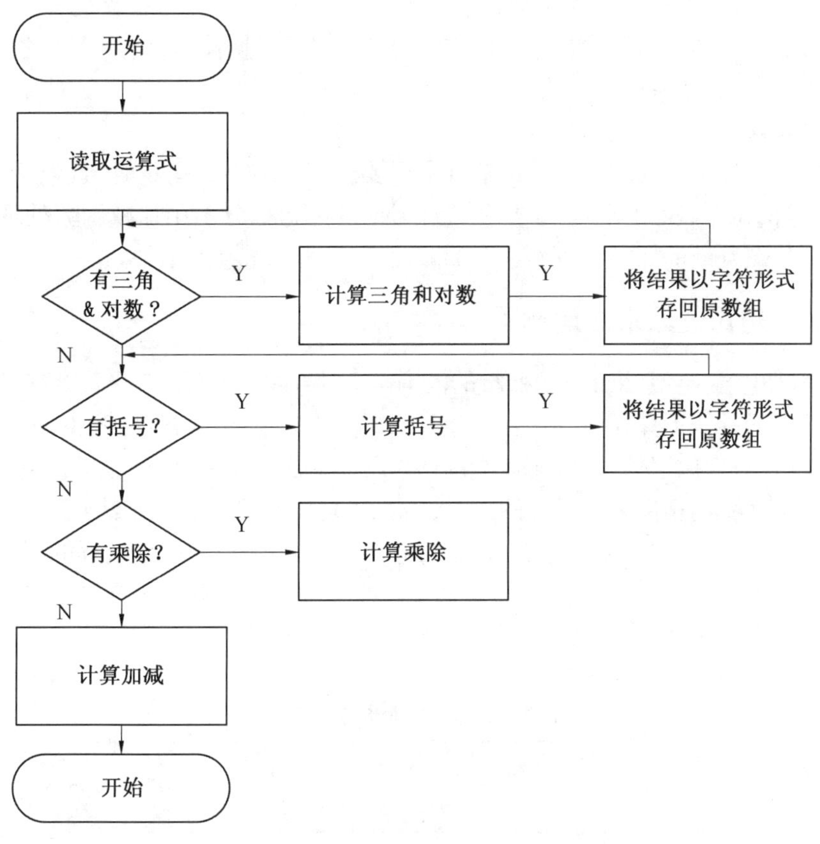

图 2.22　四则运算子程序

1. 三角函数运算

当运算式输入完成并按下“=”键后,程序开始对运算式进行处理。首先是判断运算式中有无三角函数,即用一个 for 循环判断存放运算式的数组 express[ ] 中有无“s”“c”“t”“g”和“n”,若有,则需要记录三角函数的起止位置,然后判断是五种情况中的哪一种。以“cos(60)”为例,首先判断是余弦函数,然后调用函数将括号内的“6”“0”从字符转换成数字“60”。由于头文件 math. h 中包含的三角函数是弧度制,而本设计使用的是角度制,所以需要将角度转换成弧度,然后可调用 C 语言自带的三角函数进行运算,运算结果为

0. 50000。随后判断原式“cos(60)”，实际 express[ ]存放的是“c(60)”，共占了 5 位，所以将运算结果中的前 5 位“0. 500”转换成字符型并存回 express[ ]，方便进行后续的运算。若第一步判断时没发现有三角函数及对数函数，则直接进行下一步处理。

2. 括号运算

当三角函数和对数函数都处理完成或未检测到时，程序开始对括号进行处理，首先判断 express[ ]中有无“(”，若有，则记录最里层“(”和“)”的位置，然后将括号里的内容存放到另一个数组中进行加减乘除处理，并将处理完成后的结果以与三角函数一样的方式存回 express[ ]中。若未检测到“(”，则直接进行下一步处理。

3. 乘除运算

做乘除处理时，算式中已经只有数字和“+”“-”“×”“/”了，所以首先从左到右检测乘号或除号的位置，并将其左边的字符转换成数字，然后根据检测到的运算符进行乘除运算，并将结果返回到加减运算函数。

4. 加减运算

当三角函数和括号处理完成后或括号中需要进行加减乘除运算时，首先从左到右检测“+”和“-”的位置，检测到第一个加号或减号时将左边部分调用加减函数处理，然后将返回的结果根据判断的加号或减号进行加减运算，可得到最终的结果。

2.5.6　超长位数乘法运算子程序

在计算机中，长整型(long int)变量的范围是-2 147 483 648 至 2 147 483 647，因此若用长整型变量做乘法运算，乘积最多不能超过 10 位数，即便用双精度型(double)变量，也仅能保证 16 位有效数字的精度，而在本设计采用的 8 位单片机中更是如此。

在某些需要更高精度乘法运算的场合，需要用别的办法来实现乘法运算。比较容易想到的是做多位数乘法时列竖式进行计算的方法，只要写出模拟这一过程的程序，就能实现任意大整数的乘法运算。经过查阅资料，找到一种更易于编程的方法，即“列表法”。以 8 765×234 为例，把乘数与被乘数列出，见表 2.1。把表 2.1 中的数按斜线分组，再将每组数累加起来所得的和记在表格下方，见表 2.2。

表 2.1　超长位数运算步骤一

8	7	6	5	×
16	14	12	10	2
24	21	18	15	3
32	28	24	20	4

表 2.2　超长位数运算步骤二

16	14	12	10		
	24	21	18	15	
		32	28	24	20
16	38	65	56	39	20

然后从最低位的20开始,保留个位数字“0”,把个位以外的数“2”进到前一位;把次低位的39加上低位进上来的2得41,保留个位数字“1”,把“4”进到前一位;依此类推,直至最高位的16,16加上低位进上来的4得20,保留“0”,把2进到最高位,得乘积答数2 051 010,见表2.3。

表2.3　超长位数运算步骤三

	16	38	65	56	39	20
2	16+4=20	38+7=45	65+6=71	56+4=60	39+2=41	
留2	留0进2	留5进4	留1进7	留0进6	留1进4	留0进2
2	0	5	1	0	1	0

根据以上思路就可以编写C程序了,再经分析可得:

(1)一个m位的整数与一个n位的整数相乘,乘积为$m+n-1$位或$m+n$位。

(2)程序中,用三个字符数组分别存储乘数、被乘数与乘积。由第(1)点分析知,存放乘积的字符数组的长度应不小于存放乘数与被乘数的两个数组的长度之和。

(3)可以把步骤二“计算填表”、步骤三“累加进位”放在一起完成,可以节省存储表2.2所需的空间。

(4)程序的关键部分是两层循环,内层循环累计一组数的和,外层循环处理保留的数字与进位。

鉴于本设计选用的OLED屏同时只能显示64个字符,故最大可实现31位乘32位的运算,并将结果完整显示。由于运算式中只有一个“×”号,故首先判断express[ ]中“×”的位置,然后将“×”左右两边的部分分别存到两个字符型数组中,然后根据上述方法得到计算结果并存到第三个数组中,最后将整个数组输出到屏幕显示。

2.6　系统实现

2.6.1　电路焊接

通过Altium Designer导出PCB中包含的元件并加以整理,得到计算器元件清单,见表2.4。购买元件时应尽量在同一个店铺购买,另外要注意元件的封装、型号与PCB图中是否一致,根据此清单在做好的PCB板上焊接电路。

本设计中大多数元件为贴片式,在焊接时会有一些难度,在焊接单片机及多引脚芯片时可以用点焊方法,对于电阻电容等要结合网上视频多加练习,也要结合实际多购买一些元件。焊接时可先把单片机、USB转串下载模块、时钟模块、复位及冷启动模块焊接好,然后连接计算机看是否可以下载程序,之后再进行其他模块的焊接,这样可以提高效率,降低PCB板的废板率。

表 2.4　计算器元件清单

元件名称	封装	数量
0.01 μF 电容	0603C	1
0.1 μF 电容	0603C	5
10 μF 电容	0603C	1
22 pF 电容	0603C	2
30 pF 电容	0603C	2
发光二极管	0603D	3
1N5817 二极管	0603D	1
按键	KEY_3＊6	34
七孔插排	HDR1X7	1
双孔插排	HDR1X2	3
10 Ω 电阻	0603R	4
300 Ω 电阻	0603R	17
20 Ω 电阻	0603R	2
4.7 Ω 电阻	0603R	1
STC15F2K60S2 芯片	LQFP44	1
CH340 芯片	SOP16	1
LM7805 芯片	SOT223_N	1
YF017 芯片	SOP8	1
12 MHz 晶振	5.0×3.2	2
MICRO-USB	MK5P	1

2.6.2　系统测试

本设计中可以通过 USB 下载线把计算机和计算器 USB 口连接，然后对之前的代码进行编译，生成 HEX 文件，通过加载到 stc-isp-15xx-v6.86G.exe 软件，下载到单片机上。

下载程序后，测试计算器进行带括号的四则运算、含有三角函数的运算、对数运算以及超长运算的准确性，分别如图 2.23～2.26 所示。

图 2.23　带括号的四则运算测试图

图 2.24　含有三角函数的运算测试图

图 2.25　对数运算测试图

图 2.26　超长运算测试图

2.6.3　整体组装

将本项目设计的计算器电路系统和外壳整体组装,如图 2.27 所示。

图 2.27　计算器组装图

2.6.4　项目展望

硬件在 PCB 板设计上留有语音芯片及扬声器的位置,可以选择合适的语音芯片来增加语音播报功能。

对于超长位数乘法运算位数的限制主要来自于结果的显示,由于屏幕一次性只能显示 64 位,故限制了两个乘数位数之和只能小于等于 63 位。若在显示模块上进行改进,实现滚动显示或是翻页功能,则可大大增加运算数的位数。

本章小结

单片机和计算器都是大学生日常生活与学习中十分常见且常用的器具,本章介绍的是计算器的设计与实现,采用的单片机是 8 位的 51 单片机 IAP15F2K61S2,工作电压为 4.8 ~5.5 V,可以通过 USB 直接供电,也可以通过 LM7805 芯片稳压到 5 V 使用,外接两个4×4矩阵键盘,用来模拟 0 ~9 及加、减、乘、除、退格、清零、括号、三角函数以及对数函数按键。OLED 显示屏直接与单片机相连,用于实时显示输入的运算式及运算结果。本章使用 Altium Designer 14 绘制原理图和 PCB 图。

软件上主要分为键盘扫描子程序、OLED 显示子程序、四则运算子程序及超长位数运算子程序四部分。在 Keil C51 平台上使用 C 语言编写程序,使用 STC-ISP(V4.85)进行下载,并不断调试。调试完成后实现了带三角函数及对数函数的四则运算,以及最高 31 位乘 32 位的超长位数乘法运算,解决了 8 位单片机运算数值范围小的问题,增加了该计算器的实用性。

此次设计过程能够加深学生对 Altium Designer 的理解,帮助学生学会制定计划和实现计划,使他们不仅巩固了以前所学过的知识,而且掌握了一种系统的研究方法,可以进行一些简单的编程。这一过程让学生把所学的理论与实践结合起来,提高了他们的实际动手能力和独立思考能力。

参考文献

[1] 王中伟. 卡西欧 fx-5800P 计算器道路施工放样程序:从入门到精通[M]. 广州:华南理工大学出版社,2014.

[2] 林立. 单片机原理及应用:基于 Proteus 和 Keil C[M]. 4 版. 北京:电子工业出版社,2018.

[3] CAD/CAM/CAE 技术联盟. Altium Designer 18 电路设计与仿真:从入门到精通[M]. 北京:清华大学出版社,2018.

[4] 赵罘,杨晓晋. SolidWorks 2019 中文版机械设计:从入门到精通[M]. 北京:人民邮电出版社,2019.

[5] MARK C. Chu-Carroll. 数学极客:探索数字、逻辑、计算之美[M]. 北京:机械工业出版社,2018.

[6] 传智播客. 数据结构与算法:C 语言版[M]. 北京:清华大学出版社,2016.
[7] KERNIGHAN B W, RITCHIE D M. C 程序设计语言:[M]. 2 版. 北京:机械工业出版社,2004.
[8] 任彭枞. 产品开发管理方法・流程・工具[M]. 北京:中华工商联合出版社,2018.
[9] 刘敬慧. 电子产品装配与调试基本技能[M]. 北京:机械工业出版社,2019.

第3章　EDA 口袋实验板设计与实现

3.1　背景分析

20 世纪 60 年代中期,从计算机辅助设计(CAD)、计算机辅助制造(CAM)、计算机辅助测试(CAT)和计算机辅助工程(CAE)的概念发展出来了电子设计自动化(Electronic Design Automation,EDA)。EDA 技术就是以计算机为工具,设计者在 EDA 软件平台上,用硬件描述语言完成设计文件,然后由计算机自动地完成逻辑编译、化简、分割、综合、优化、布局、布线和仿真,直至对特定目标芯片的适配编译、逻辑映射和编程下载等工作。目前,EDA 在教学、科研、产品设计与制造等方面都发挥着巨大的作用。在教学方面,几乎所有理工科高校中的电子信息类专业都开设了 EDA 课程,旨在通过相关课程让学生了解 EDA 的基本概念和基本原理,学会 HDL 语言编写规范,掌握逻辑综合的理论和算法,能使用 EDA 工具进行电子电路课程的实验验证并从事简单系统的设计。

然而在实际教学中,多数学校还是以课堂上进行电路和逻辑的理论分析为主,由于没有实际演示效果,学生不易理解和掌握有关知识点。而该类课程所用到的实验资源和实训设备,如实验箱和实训桌,存在成本较高(数千元甚至上万元)、操作不够灵活等问题,一般条件不够好的学校都没有能力配备使用。在使用这些设备的学校中也普遍存在设备损坏严重、使用率不高等现象。更主要的是,这种实验箱和实训桌开发创新的功能不够强,基本上只能按部就班地进行操作,不利于培养学生的创新思维能力,而且对学生的专业能力和动手能力培养的效果也不是很好,更谈不上让学生根据自己的兴趣做实验。

“口袋实验板”顾名思义是指利用开发板设计的具有小巧和灵活特点的实验板。开发板(Demoboard)是用来进行嵌入式系统开发的电路板,包括中央处理器、存储器、输入设备、输出设备、数据通路/总线和外部资源接口等一系列硬件组件。在一般的嵌入式系统开发过程中,硬件一般被分成两个平台:一个是开发平台(Host);一个是目标平台(Target),即开发板。常见的开发板有单片机、ARM、FPGA、CPLD、DSP、MIPS、PPC 等。

本章基于 Altera 设计具有一定功能的口袋实验板,学生可以不受时间和地点的限制,在课余时间根据自己的兴趣爱好做自己感兴趣的设计或课题。这样不仅能够让学生将课堂上所学到的理论与实践结合在一起,加深学生对知识的理解,还能够培养学生的创新思维能力与应变能力,毕竟“纸上得来终觉浅”,当代大学生更加需要的是“绝知此事要躬行”。大学生不应拘泥于书本上的内容,更加需要的是实践能力,要注重理论与实践的结合,只有多多动手做一些课题设计,动手实践创新能力才能得到较快提高。

3.2　系统设计要求

3.2.1　电路设计要求

(1)方便用户能通过屏幕和按键看到实验现象。

(2)用户能够给设计电路加入激励信号。

(3)应便于携带。

(4)能够实现常用的基本中规模逻辑电路。

3.2.2　机械设计要求

要求 EDA 口袋实验板体积大小适当,便于放在口袋中。便于在宿舍、教室等非实验室环境中使用电路,并能够对电路供电。结构设计采用上部输出显示,下部用户输入的上下结构 PCB 布局。

3.2.3　系统设计要求

为了方便学生课外学习使用,系统应具有按键、蜂鸣器、LED、OLED 屏等外设,使学生能够在课外进行数字逻辑的实验,需要的设计流程如图 3.1 所示。

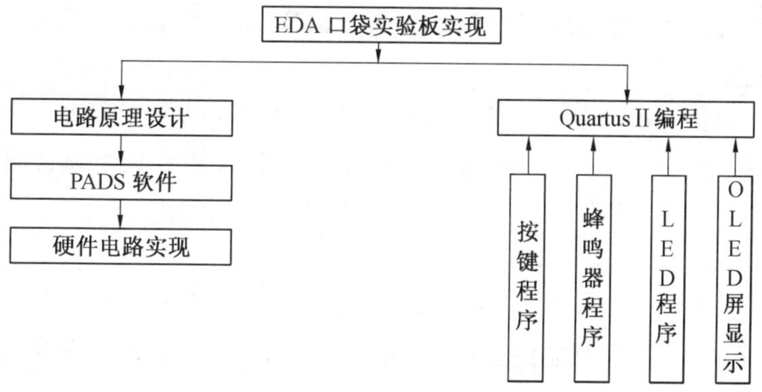

图 3.1　设计流程

1. 任务功能

具备按键输入功能、LED 结果输出功能、声音输出功能,能够进行屏幕显示,提供屏幕接口显示程序。

2. 参数描述

(1)超过 3 个按键。

(2)体积尺寸为 6 cm×5 cm×2 cm。

(3)安卓 USB 电缆 5 V 供电。

3. 方案选择

可编程逻辑器件 PLD(Programmable Logic Device)是作为一种通用集成电路产生的，其逻辑功能可按照对器件编程来确定。

PLD 产品主要有可编程逻辑阵列(Programmable Logic Array,PLA)、可编程阵列逻辑(Programmable Array Logic,PAL)和通用阵列逻辑(Generic Array Logic,GAL)、可擦除的可编程逻辑器件(Erasable Programmable Logic Device, EPLD)、复杂的可编程逻辑器件(Complex Programmable Logic Device, CPLD)和现场可编程门阵列(Field Programmable Gate Array,FPGA)等几种类型。其中,PLA、PAL 和 GAL 称为低密度 PLD,EPLD、CPLD 和 FPGA 称为高密度 PLD。CPLD、FPGA 是从 PAL 和 GAL 器件发展出来的。

CPLD 主要是由可编程逻辑宏单元(Logic Macro Cell,LMC)围绕中心的可编程互联矩阵单元组成,其中 LMC 逻辑结构较复杂,并具有复杂的 I/O 单元互联结构,可由用户根据需要生成特定的电路结构,完成一定的功能。较常用的有 Xilinx 公司的 EPLD 和 Altera 公司的 CPLD。

FPGA 通常包含三类可编程资源:可编程逻辑功能块、可编程 I/O 块和可编程内部互联。可编程逻辑功能块是实现用户功能的基本单元,它们通常排列成一个阵列,散布于整个芯片;可编程 I/O 块完成芯片上逻辑与外部封装脚的接口,常围绕着阵列排列于芯片四周;可编程内部互联包括各种长度的连线线段和一些可编程连接开关,它们将各个可编程逻辑块或 I/O 块连接起来。FPGA 在可编程逻辑块的规模、内部互联线的结构和采用的可编程元件上存在较大的差异,较常用的有 Altera、Xilinx 和 Actel 公司的 FPGA。FPGA 一般用于逻辑仿真。

换句话说,FPGA 适合于触发器丰富的结构,而 CPLD 适合于触发器有限而乘积项丰富的结构;在编程上,FPGA 比 CPLD 具有更大的灵活性。CPLD 通过修改具有固定内部连线电路的逻辑功能来编程,FPGA 主要通过改变内部连线的布线来编程。FPGA 可在逻辑门下编程,而 CPLD 是在逻辑块下编程。FPGA 的集成度比 CPLD 高,具有更复杂的布线结构和逻辑实现。CPLD 比 FPGA 使用起来更方便。CPLD 的编程采用 E2PROM 或 FASTFLASH 技术,无需外部存储器芯片,使用简单,而 FPGA 的编程信息需存放在外部存储器上,使用方法复杂。CPLD 的速度比 FPGA 快,并且具有较大的时间可预测性。这是由于 FPGA 是逻辑门级编程,并且 CLB 之间采用分布式互联,而 CPLD 是逻辑块级编程,并且其逻辑块之间的互联是集总式的。在编程方式上,CPLD 主要是基于 E2PROM 或 FLASH 存储器编程,优点是系统断电时编程信息也不丢失;FPGA 大部分是基于 SRAM 编程,编程信息在系统断电时丢失,每次上电时,从器件外部将编程数据重新写入 SRAM 中。

3.3 机械结构设计

本章利用 CAD 系统软件 Solidworks 进行 EDA 口袋实验板外壳设计。

1. 结构设计

(1)在 Altium Designer 软件中画出 PCB 板后,绘制出电路板三维图,如图 3.2 所示。

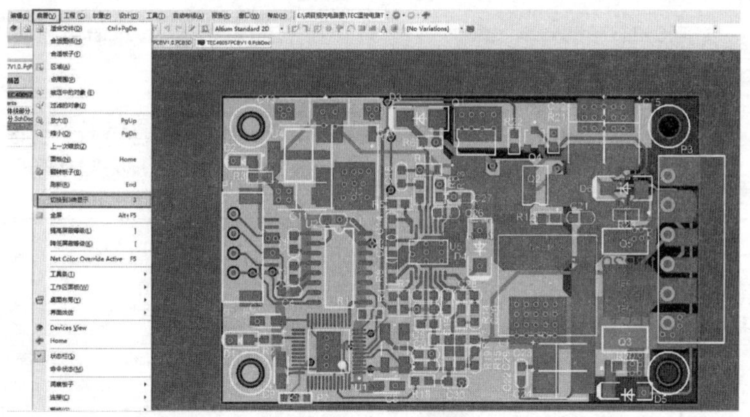

图 3.2　Altium Designer 软件下的电路板三维图

(2)找到元件对应的 3D 封装,Altium Designer 软件下的 3D 视图如图 3.3 所示。

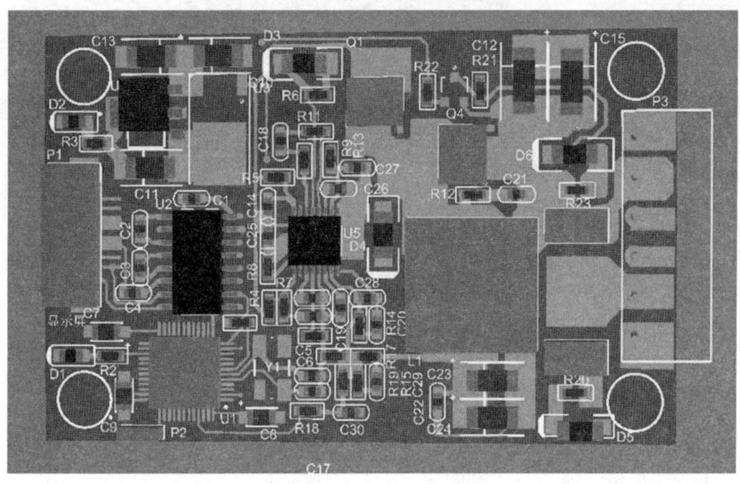

图 3.3　Altium Designer 软件下的 3D 视图

(3)图 3.3 文件的后缀都是“. PCB3D”。在 Altium Designer 中将文件格式转换成后缀为“. step”的文件,将封装图导入 Solidworks。

(4)在设置的导出路径里会有“. step”文件,如图 3.4 所示。

(5)用 Solidworks 打开文件,如图 3.5 所示。

最后,在 PCB 板导出的 3D 封装图基础上,再添加材质为亚克力的机体即可。需要注意的是烧录接口和机壳外形应符合人体工程学。

图 3.4　转换完成的“.step”的文件

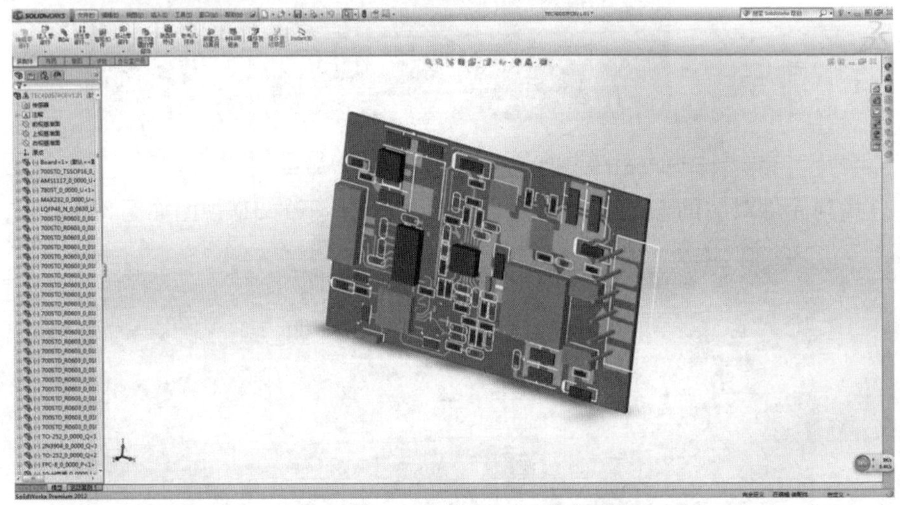

图 3.5　Solidworks 中结构视图

3.4　电路设计

3.4.1　方案论证

EDA 口袋实验板整体设计框图如图 3.6 所示，包括硬件电路图及功能设计部分和原理图及 PCB 设计部分。可编程逻辑器件比较典型的是世界三大权威公司 Altera、Lattice 和 Xilinx 的产品，这里采用 Altera 公司的 MAX II 系列 EPM570T144C5N 芯片，144 个引脚，采用 TQFP 封装；有源晶振为外部时钟 30 MHz；下载调试接口为 JTAG；引出 88 个独立的 I/O 接口。方案采用四个独立的 LED 和电源指示 LED 以及一块分辨率为 128×64 的 OLED。Altera 口袋实验板采用 Altera 公司的 MAX II 系列主流 CPLD；I/O 扩展能力强：引出 88 个 I/O 端口，都是独立的 I/O，不存在端口复用的问题，方便用户测试和扩展应用；为保持电源电压稳定，采用 AMS1117 系列稳压芯片。当电源开关打开时，会有一个电源指示 LED 点亮；可开展实验项目包括组合逻辑电路设计、时序逻辑电路设计、触发器功能实现、贪吃蛇、自动售货机设计、LCD显示控制等实验项目。

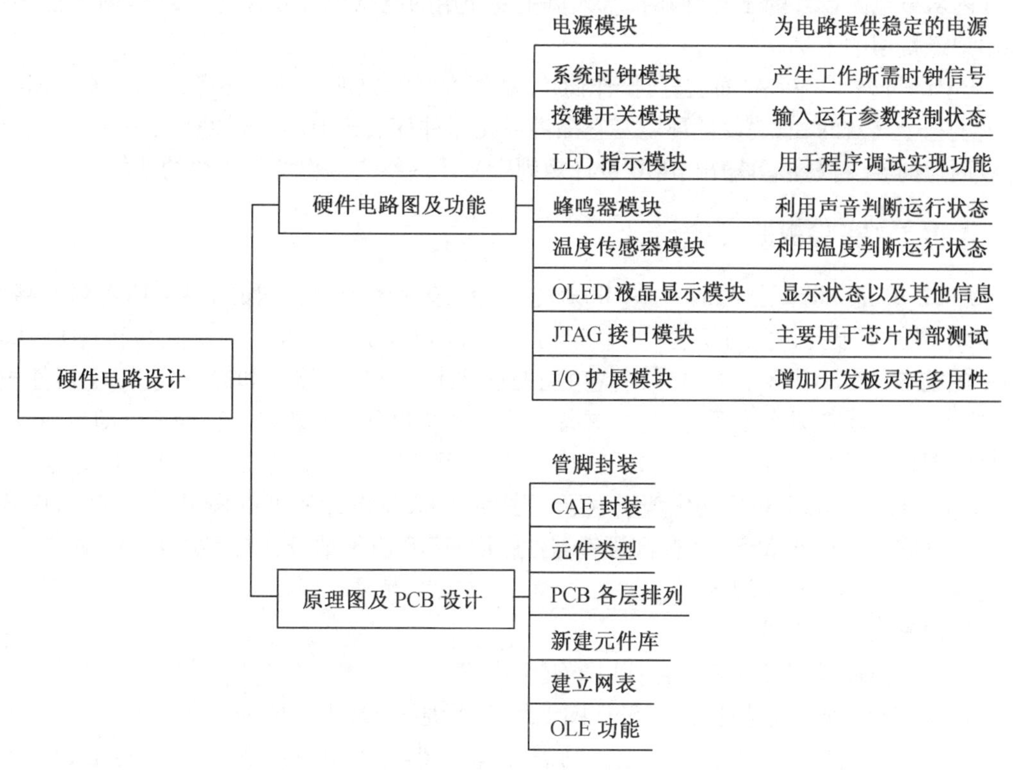

图3.6　整体设计框图

3.4.2　硬件设计

硬件设计主要分为两大部分：一部分是原理图设计，另一部分是PCB设计。这里采用PADS Logic实现实验板中原理图设计，采用PADS Layout实现PCB设计。

本章设计的Altera口袋实验板以EPM570T144C5N作为主控制芯片，包含JTAG接口、DC005B插座、OLED液晶显示器和按键开关等元器件，通过软硬件结合实现按键扫描、OLED液晶显示、LED显示、I/O口扩展等功能。一方面，它能作为学生EDA实验的工具；另一方面，它也是综合型EDA系统设计的基础，可扩展许多其他的功能。

Mentor Graphics公司的PADS Layout、Router环境作为业界主流的PCB设计平台，以其强大的交互式布局布线功能和易学易用等特点，在通信、半导体、消费电子、医疗电子等当前最活跃的工业领域得到了广泛应用。PADS Layout/Router支持完整的PCB设计流程，涵盖了从原理图网表导入，规则驱动下的交互式布局布线，DRC/DFC/DFM校验与分析，直到最后的生产文件（Gerber）、装配文件及材料清单（BOM）输出等全方位的功能需求，确保高效率地完成设计任务。

PADS 软件是 Mentor Graphics 公司的电路原理图和 PCB 设计工具软件。目前该软件是国内从事电路设计的工程师和技术人员主要使用的电路设计软件之一,是 PCB 设计高端用户最常用的工具软件。

PADS logic 是一个界面友好、操作简单、功能齐全的原理图设计环境,为 PADS Layout 提供了一个高效的、前端设计环境。它提供了元器件库管理、层次式原理图设计、原理图符号创建向导、材料清单输出、PCB 设计规则定义及网络表输出等全方位的功能。

3.4.3 实验板原理图设计

EPM570 是 Altera 公司的一款 CPLD 芯片,该芯片属于该公司的 MAX II 系列产品。MAX II 器件基于突破性的新型 CPLD 架构,可保障业界所有 CPLD 系列中单个 I/O 引脚的最低成本和最小功耗。通过采用低功耗处理技术,MAX II 器件和前一代 MAX 器件相比,成本减半,功耗只有十分之一,并具备四倍的密度和两倍的性能。这种上电即用、非易失性的器件适系列适用于通用的低密度逻辑应用环境。除了传统的 CPLD 设计领域,MAX II 器件还将成本和功耗优势引入了高密度领域,使设计者可以采用 MAX II 器件替代高成本或高功耗的 ASSP 和标准逻辑器件。EPM570 由于本身共有 570 个 LEs 而得名,其他还有 EPM240、EPM2210 等。

1. 原理图设计流程

通常电路原理图设计流程包括以下五个步骤。

(1)设置原理图设计环境:如设计图纸尺寸、标题栏、最小单位等。

(2)放置元件:用户根据实际电路的需要,从元器件库里取出所需元器件,放置到工作平面上,并对元器件的位置进行调整、修改。

(3)原理图布线:将工作平面上的器件用具有电气意义的导线连接。

(4)编辑和调整:为了保证原理图的美观和正确,需对元件位置不断进行调整,直到使整个布局清晰,一目了然。

(5)检查原理图与生成网络表:选择 Tools 下的“Layout Netlist”,然后选择“OK”即可生成检查结果及生成网络表。

2. 各模块设计

设计的口袋实验板核心芯片为 EPM570T144C5N。EPM570T144C5N 系统框图如图 3.7 所示,它包含以下模块:电源模块、系统时钟模块、按键开关模块、LED 指示模块、蜂鸣器模块、温度传感器模块、OLED 液晶显示模块、JTAG 接口模块、I/O 扩展模块。

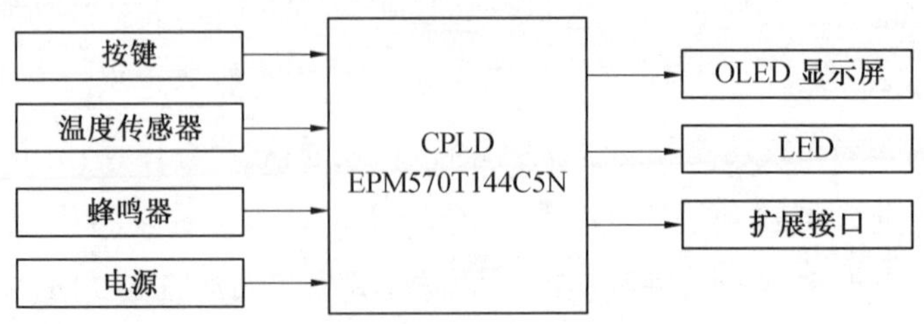

图 3.7 EPM570T144C5N 系统框图

(1)电源模块。

电源(VCC)是整个实验板正常工作的动力源泉。EPM570T144C5N 芯片所需电压为+3.3 V,而输入的电压为+5 V,所以需要进行电压转换。AMS1117 是一系列工作在10 mA负载电流下,最大输入电压为 12 V 的低输出电压控制器。在本设计中采用AMS1117-3.3 电源转换芯片,将 5 V 输入电压转换成 CPLD 所需的 3.3 V 稳定电压。实验板的电源模块如图 3.8 所示。

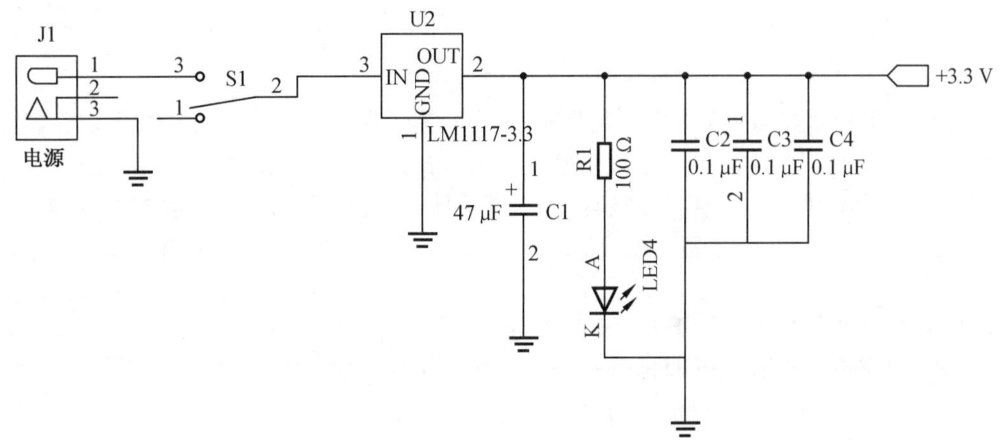

图 3.8　实验板的电源模块

该电源插座使用的是 DC005B 插座,LED4 为电源指示灯,当接通电源按下开关时,LED 灯亮表示电源电路供电正常,否则电源电路出错。当遇到问题时,就可以一目了然地看出是否是电源没有接好,而不用拿万用表来测试电源是否接入正常,为判断提供了极大的方便。

电路中接有滤波电容,使整个电路设计非常合理,输出非常稳定,可以保障电路的正常工作。电源滤波的作用就是减少电源干扰,而电源干扰可以分为两类:普通模式和共通模式。普通模式是指两组输入电源线之间的杂讯,这种杂讯通常是在关机和开机时产生,而共通模式是指因为器材接地不良,又或是广播无线电、洗衣机、日光节能灯、镇流器等引发的干扰。我们常在直流电源电路中加一 RC 电路来抑制纹波,电源滤波器的作用就是抑制交流电源上的干扰。同时也对电源进行了滤波,减少传导干扰与辐射干扰,使电源和器件的工作更加安全、稳定。

常用的滤波电路分为源滤波和无源滤波两类。有源滤波的主要形式是有源 RC 滤波,也被称作电子滤波器。无源滤波的主要形式有电容滤波、电感滤波和复式滤波。无源滤波器又称为 LC 滤波器,单调谐滤波器、双调谐滤波器、高通滤波器都属于无源滤波器。

在本设计中,DC 电源采用电容滤波电路,其中滤波电容采用高成本的贴片铝电解电容,电容并联联结,增强了滤波的性能和效果。

(2)系统时钟模块。

时钟电路用于产生 CPLD 工作所需的时钟信号,对于数字电路来说最重要的是时钟源部分,应该特别注意保证信号完整性,在 EPM570T144C5N 开发板上设计的系统时针模块如图 3.9 所示。

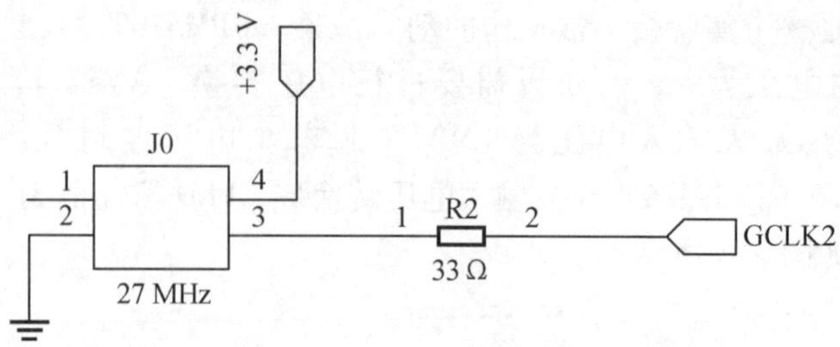

图 3.9　系统时钟模块

CPLD 本身就如同一个复杂的同步时序电路，为了保证同步工作方式的实现，电路应在唯一的时钟信号控制下严格地按时序进行工作。无论是用离散逻辑、可编程逻辑，还是用全定制硅器件实现的任何数字设计，为了成功地操作，可靠的时钟都是非常关键的。

时钟可分为四种类型：全局时钟、门控时钟、多级逻辑时钟和波动式时钟。EPM570T144C5N 口袋实验开发板使用的是全局时钟电路，全局时钟是最简单、可靠的时钟，只要有可能就应尽量在设计中采用全局时钟。

晶振大小为 27 MHz，在时钟电路设计中选择的是串联一个电阻，目的在于减小反射波，避免反射波叠加引起过冲，还可以减少谐波。

(3)按键开关模块。

键盘是使用者与 EPM570T144C5N 实验板进行人机交互的重要途径，用于向系统输入运行参数和控制系统的运行状态。键盘电路形式分为直接编码输入键盘和矩阵键盘。前者接口电路简单，一般应用于需要少量按键的控制系统；后者因占用 I/O 引脚数少，常被按键较多的控制系统所采用。本实验板用于学生实验，为了减少键盘电路占用 I/O 引脚数目，将键盘电路设计为 1×4 矩阵键盘形式，实验板的按键开关模块如图 3.10 所示。当按键未按下时，相应的 I/O 引脚为高电平；当有按键按下时，相应的 I/O 引脚为低电平。

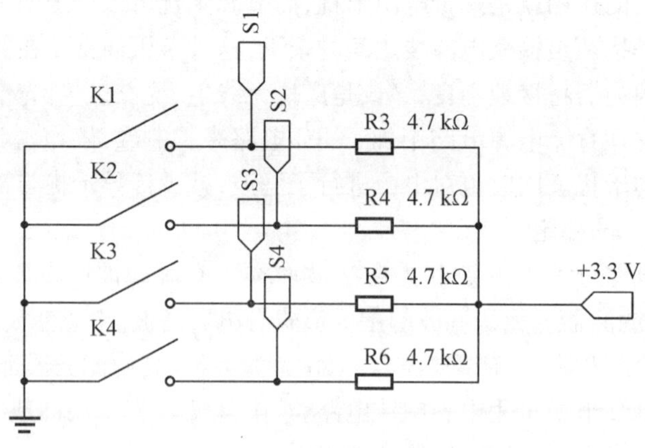

图 3.10　按键开关模块

(4)LED 指示模块。

本设计采用四个黄色的发光二极管,主要用于程序的调试,来实现一些简单的功能。LED 指示模块如图 3.11 所示,采用输出方式驱动 LED,四只发光二极管的正极通过限流排阻连接到 I/O 口,二极管的负极直接与地相连。当 I/O 引脚为高电平时,相应的发光二极管点亮;当 I/O 引脚为低电平时,相应的发光二极管熄灭。

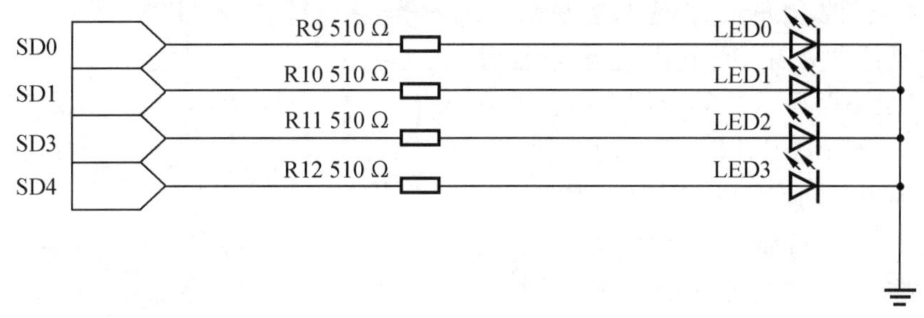

图 3.11　LED 指示模块

(5)蜂鸣器模块。

蜂鸣器分为有源蜂鸣器和无源蜂鸣器。注意:这里的“源”不是指电源,而是指震荡源。也就是说,有源蜂鸣器内部带震荡源,所以只要一通电就会鸣叫,而无源蜂鸣器内部不带震荡源,所以用直流信号无法令其鸣叫,必须用 2 ~5 kHz 的方波去驱动它。有源蜂鸣器往往比无源蜂鸣器价格高,就是因为里面多一个震荡电路。

无源蜂鸣器的优点是:价格便宜和声音频率可控,可以做出“多来米发索拉西”的效果。并且在一些特例中,无源蜂鸣器可以和 LED 复用一个控制口。有源蜂鸣器的优点是:程序控制方便。

蜂鸣器模块如图 3.12 所示,信号由 SGSEL1 引脚加入三极管进行放大,推动型号为 HY5030B 的贴片蜂鸣器发出声音。该部分只用 3 个元件,三极管型号为 8550,蜂鸣器为无源蜂鸣器。其额定电压为 3 V,工作电压为 2 ~4 V。

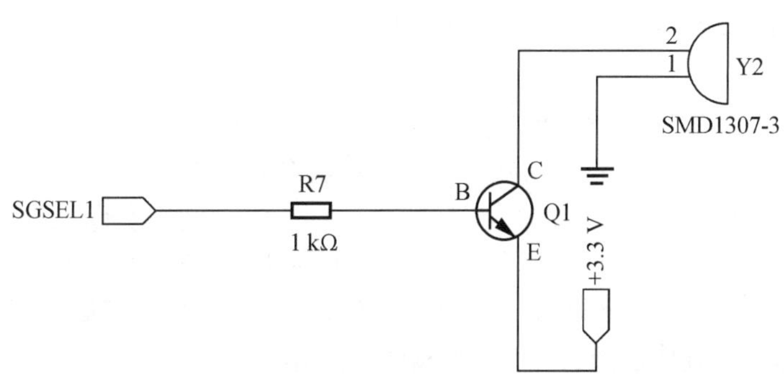

图 3.12　蜂鸣器模块

(6)温度传感器模块。

温度传感器模块如图 3.13 所示,实验板所用的温度传感器为 DS18B20。它是一种常用的温度传感器,具有体积小、硬件开销低、抗干扰能力强和精度高的特点。此外,DS18B20 在与微处理器连接时仅需要一条线即可实现微处理器与 DS18B20 的双向通信。测温范围为-55 ~ +125 ℃,测量结果以 9 ~12 位数字量方式串行传送。

(7) OLED 液晶显示模块。

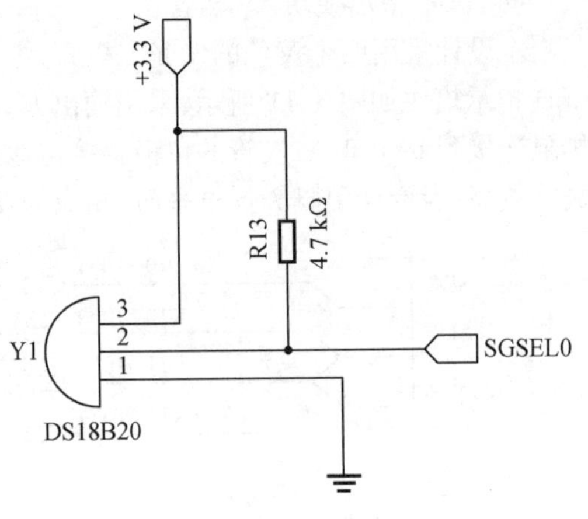

图 3.13　温度传感器模块

OLED 又称为有机电激光显示、有机发光半导体,是指有机半导体材料和发光材料在电场驱动下,通过载流子注入和复合导致发光的现象。OLED 是一种利用多层有机薄膜结构产生电自发光的器件,它很容易制作,而且只需要低驱动电压,这些主要特征使 OLED 在满足平面显示器的应用上显得非常突出。OLED 显示屏比 LCD 更轻薄、亮度高、功耗低、响应快、清晰度高、柔性好、发光效率高,能满足消费者对显示技术的新需求。全球越来越多的显示器厂家纷纷向这一领域投入研发,大大推动了 OLED 的产业化进程。OLED 器件由基板、阴极、阳极、空穴注入层(HIL)、电子注入层(EIL)、空穴传输层(HTL)、电子传输层(ETL)、电子阻挡层(EBL)、空穴阻挡层(HBL)、发光层(EML)等部分构成。OLED 种类从器件结构上分为单层器件、双层器件、三层器件、多层器件;从驱动方式上分为主动式(有源驱动)和被动式(无源驱动),从材料上分为(根据有机物的种类划分)小分子和高分子。

显示器件是实验板中普遍使用的输出器件,较常用的是 LED 数码管和 LCD 液晶显示器。前者仅能单一数据输出,后者还能显示多变的颜色和图像,这里采用图 3.14所示的 OLED 液晶显示模块。

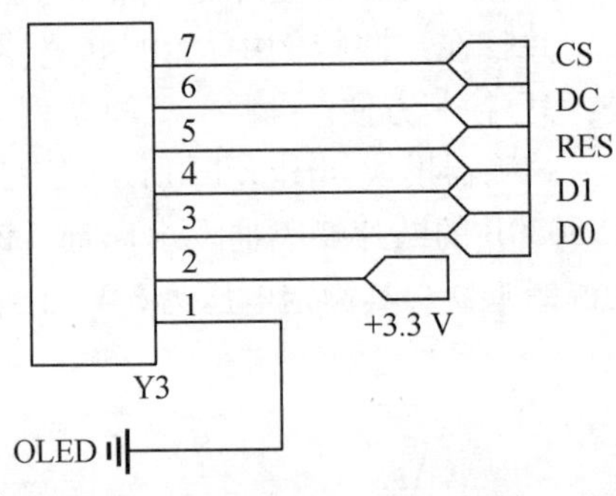

图 3.14　OLED 液晶显示模块

OLED 液晶显示屏采用 4 线 SPI 通信方式,驱动芯片为 SSD1306。该模块具有以下特点:

①模块有单色和双色两种可选,单色为纯白色,而双色为黄蓝双色。

②尺寸小,显示尺寸为 0.96 寸,而模块的尺寸仅为 27 mm×26 mm。

③高分辨率,该模块的分辨率为 128×64。

④多种接口方式,该模块提供了 5 种接口,包括 6800 和 8080 两种并行接口方式、3 线或 4 线的串行 SPI 接口方式、IIC 接口方式(只需要 2 根线就可以控制 OLED)。

⑤不需要高压,直接连接 3.3 V 电源就可以工作。

⑥SSD1306 中嵌入了对比度控制器、显示 RAM 和晶振,因此减少了外部器件和功耗。

⑦有 256 级亮度控制。

⑧适用于多数人机交互应用场景,例如:移动电话的屏显、MP3 播放器和计算器等。

SSD1306 驱动芯片对应的 SPI 接口如图 3.15 所示,由图可以得到其对应的引脚如下:

①GND:电源地。

②VCC:2.2 ~5.5 V,兼容 3.3 V 和 5 V 控制芯片的 I/O 电平。

③D0:SCK 时钟(高电平 2.2 ~5.5 V)。

④D1:MOSI 数据(高电平 2.2 ~5.5 V)。

⑤RESET:复位(高电平 2.2 ~5.5 V)。

⑥D/C:数据/命令(高电平 2.2 ~5.5 V)。

⑦CS:片选命令,低电平有效。

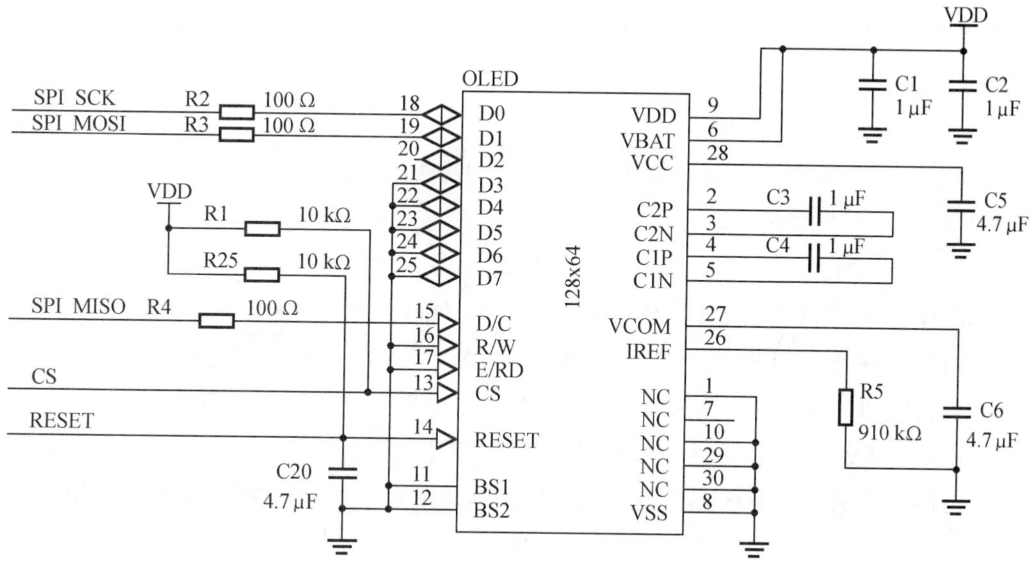

图 3.15　SSD1306 驱动芯片对应的 SPI 接口

在 4 线 SPI 模式下,每个数据长度均为 8 位,在时钟 SCK 的上升沿,数据从输入端移入 SSD1306,并且是高位在前。D/C 线还是用作命令/数据的标志线。在 4 线 SPI 模式下写操作的 OLED 时序如图 3.16 所示。

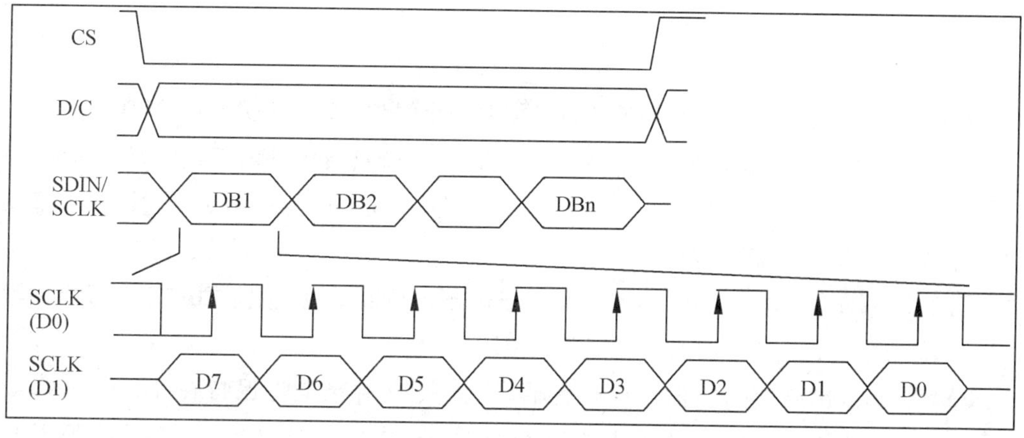

图 3.16　OLED 时序图

(8)JTAG 接口模块。

JTAG 是一种国际标准测试协议,主要用于芯片内部测试。JTAG 的基本原理是在器件内部定义一个 TAP,通过专用的 JTAG 测试工具对内部节点进行测试。JTAG 测试允许多个器件通过 JTAG 接口串联在一起,形成一个 JTAG 链,能实现对各个器件分别测试。如今,JTAG 接口还常用于实现 ISP,对 FLASH 等器件进行编程。JTAG 编程方式是在线编程,传统生产流程中先对芯片进行预编程再装到板上的方式因此而改变,简化的流程为先固定器件到电路板上,再用 JTAG 编程,从而加快工程进度。JTAG 接口可对开发板上的所有器件进行编程。

标准的 JTAG 接口是 4 线,TMS、TCK、TDI 和 TDO 分别为模式选择、时钟、数据输入和数据输出线。JTAG 接口模块如图 3.17 所示,其引脚定义如下。

①TCK——测试时钟输入。

②TDI——测试数据输入,数据通过 TDI 输入 JTAG 口。

③TDO——测试数据输出,数据通过 TDO 从 JTAG 口输出。

④TMS——测试模式选择,TMS 用来设置 JTAG 口处于某种特定的测试模式。

⑤可选引脚 TRST——测试复位,输入引脚,低电平有效。

⑥含有 JTAG 口的芯片种类较多,如 CPU、DSP、CPLD 等。

⑦JTAG 内部有一个状态机,称为 TAP 控制器。TAP 控制器的状态机通过 TCK 和 TMS 进行状态的改变,实现数据和指令的输入。

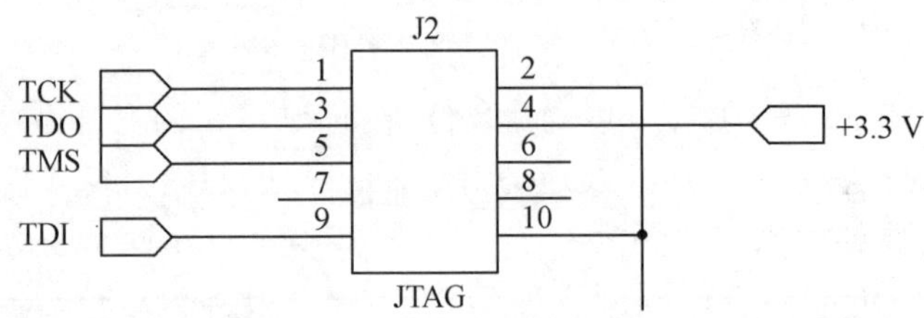

图 3.17　JTAG 接口模块

在系统编程模式下运行的 MAX II 设备需要四个引脚:TDI、TDO、TMS 和 TCK。

TDI 和 TMS 引脚具有内部弱上拉电阻,而 TCK 引脚具有内部弱下拉电阻。然而,对于 JTAG 链中的设备编程,内部可能没有上拉或下拉电阻的设备。Altera 建议从外部将 TMS 拉高至 10 kΩ,将 TCK 拉低至 1 kΩ。

图 3.18 显示了 JTAG 链的 TMS 和 TCK 的外部上拉或下拉电阻。TDO 引脚没有内部上拉或下拉电阻,也不需要外部上拉或下拉电阻。

TMS 引脚被拉高,这样即使 TCK 有输入,抽头控制器也将保持在 TEST_LOGIC/RESET 状态。为了防止 TCK 脉冲过高,TCK 引脚在通电期间被拉低。不建议将 TCK 拉高,因为上拉电阻的电源电压增加会导致 TCK 脉冲变高,抽头控制器可能达到非预期状态。

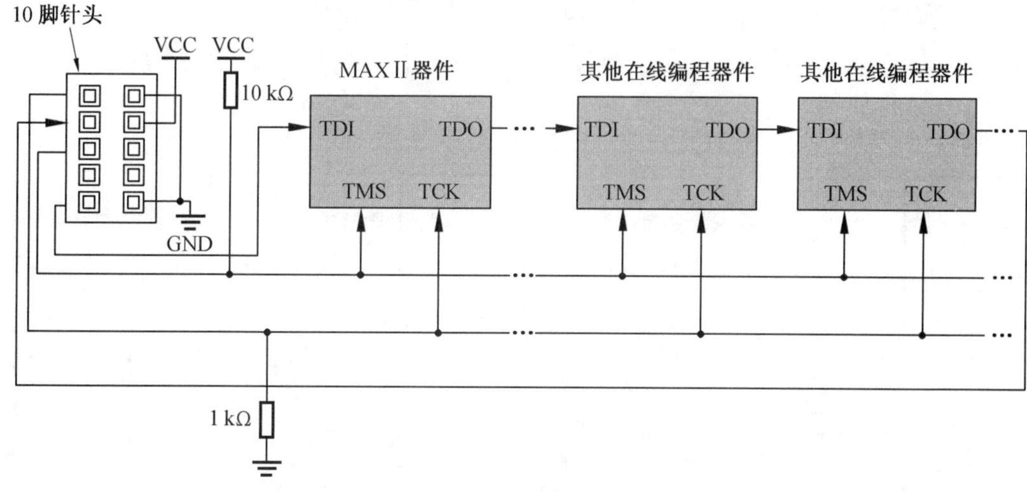

图 3.18　JTAG 链 TMS 和 TCK 的外部上拉电阻

这种 BST 架构可以在不使用物理测试探针的情况下测试 PIN 连接，并在设备正常运行时捕获功能数据。边界扫描寄存器是一个大型串行移位寄存器，使用 TDI 引脚作为输入，TDO 引脚作为输出。边界扫描寄存器由与 MAX Ⅱ 设备的 I/O 引脚相关联的 3 位外围元件组成。设备中的边界扫描单元可以将信号强制到引脚上，从引脚或核心逻辑信号捕获数据。强制测试数据被串行转移到边界扫描单元中，并与预期结果进行外部比较。图 3.19 为边界扫描寄存器。

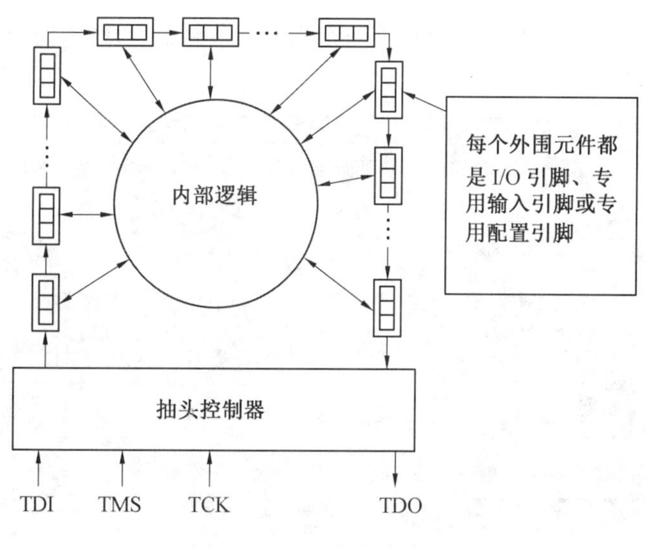

图 3.19　边界扫描寄存器

(9)I/O 扩展模块。

把 EPM570T144C5N 的 88 个 I/O 端口引脚用排针独立引出，I/O 端口不存在端口复用问题，而且不把这些引脚与某些固定器件连接，这样就使开发板更加具有灵活应用性和扩展性,能更加方便地应用于更多功能的实现。I/O 扩展模块如图 3.20 所示。

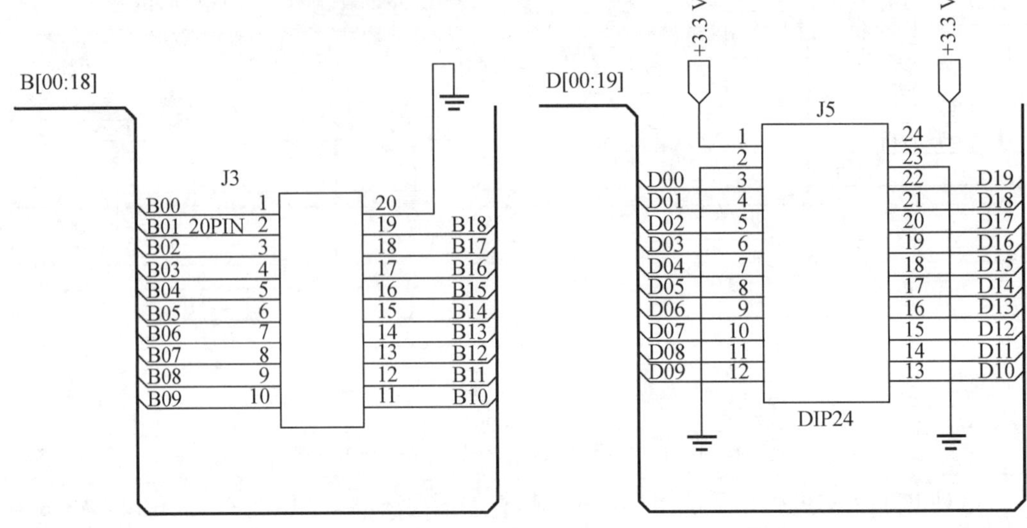

图 3.20　I/O 扩展模块

3.4.4　PCB 设计

硬件设计主要分为两大部分:一部分是原理图设计,另外一部分是 PCB 设计。本章采用 PADS Logic 实现实验板中原理图设计,采用 PADS Layout 目标连接与嵌入(OLE)自动化功能实现 PCB 设计。利用原理图驱动方式进行布局或设计,电路导入后的 PCB 图如图3.21所示。

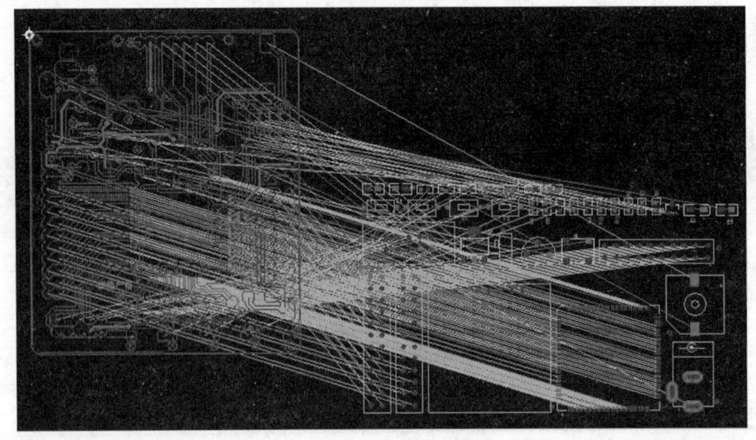

图 3.21　电路导入后的 PCB 图

在设计中,PCB 的布局和布线是一个重要的环节和设计难点之一,布局结果的好坏将直接影响布线的效果,因此可以这样认为,合理的布局是 PCB 设计成功的第一步。布局的方式分两种,一种是交互式布局,另一种是自动布局。一般是在自动布局的基础上用交互式布局进行调整,在布局时还可根据走线的情况对门电路进行再分配,将两个门电路进行交换,使其成为便于布线的最佳布局。在布局完成后,还可对设计文件及有关信息进行返回标注于原理图,使得 PCB 板中的有关信息与原理图相一致,以便在今后建档、更改设计时能同步起来,同时对模拟的有关信息进行更新,能对电路的电气性能及功能进行板级验证。

3.4.5　PCB 布局

1. PCB 元件布局

不论是生产还是设计,都要遵守其相应工程的基本准则。当然,PCB 的布局也不例外,PCB 元件布局基本规则如下:

(1)按电路模块进行布局,实现同一功能的相关电路称为一个模块,一个模块中的元件采取就近一致原则,还要注意数字电路与模拟电路分开。

(2)元器件的外侧距板边的距离为 5 mm,贴片元件焊盘的外侧与相邻插装元件的外侧距离大于 2 mm。

(3)金属壳体元器件和金属件不能与其他元件相碰,不能紧贴焊盘,其间距应大于2 mm。

(4)发热元件不能紧邻导线和热敏元件,高热器件应均衡分布。电源插座要尽量布置在印制板的周围,电源插座及焊接连接器的布置间距应考虑方便电源插头的插拔。

(5)贴片焊盘上不能有通孔,以免焊膏流失造成元件虚焊。重要信号线不准从插座脚间穿过。

(6)布局要均衡,疏密有序,不能头重脚轻。I/O 驱动器件尽量靠近印刷板的边缘,靠近引出接插件。

(7)按电气性能合理分区,一般分为数字电路区、模拟电路区和功率驱动区。

2. PCB 的布线

在 PCB 设计中,布线是完成产品设计的重要步骤,可以说前面的准备工作都是为它而做的。在整个 PCB 中,属布线的设计过程限定最高、技巧最细、工作量最大。布线方式有手动布线和自动布线两种,对于初学者来说,手动布线更好一些,可以锻炼一下布线能力。布线有三种境界的划分:首先是布通,这是 PCB 设计最基本的要求。如果线都没布通,那就是一块不合格的板子。其次是电气性能的满足,这是衡量一块印刷电路板是否合格的标准。在布通之后,应认真调整布线,使其能达到最佳的电气性能。最后是美观,假如线布通了,也没有影响电气性能的地方,但是一眼看过去杂乱无章,会给测试和维修带来极大的不便。布线要整齐划一,不能纵横交错、毫无章法。这些都要在保证电气性能和满足其他要求的情况下实现,否则就是舍本逐末了,所以在 PCB 布线时需要注意以下几点原则:

(1)距离 PCB 板边 1 mm 区域内,禁止布线。电源线应尽可能地宽,信号线不低于 10 mil;线间距不应低于 10 mil。

(2)正常过孔不应低于 30 mil,当布线密度较高时,过孔尺寸可尽量减小,但不宜过小,可考虑采用外径 40 mil、内径 24 mil。

(3)信号线不能出现回环走线,如不可避免,环路尽量小,信号线的过孔尽量少。

(4)插装元件与贴片元件应注意,尤其是双面板,注意是否重叠。

(5)尽可能采用 45°的折线布线,不可使用 90°折线,以减小高频信号辐射。

(6)两相邻层的布线要互相垂直,平行容易产生寄生耦合。关键的线尽量粗而短,预先对要求比较严格的线(如高频线)进行布线,输入端与输出端应避免相邻平行,以免产生反射干扰,必要时应加地线隔离。

(7)布线完成后,要对设计进行检查,首先检查安全间距是否合格,然后检查是否有未连接线,最后需进一步对 PCB 的整体结构进行检查和确认。

(8)最后应进行敷铜并加上各元器件标号的丝印层。这会为后期焊接工作带来极大方便,很多初学者可能会忽略这个问题。

按照上面讲述的原理得到本次设计 EPM570T144 的 PCB 实验板如图 3.22 所示。

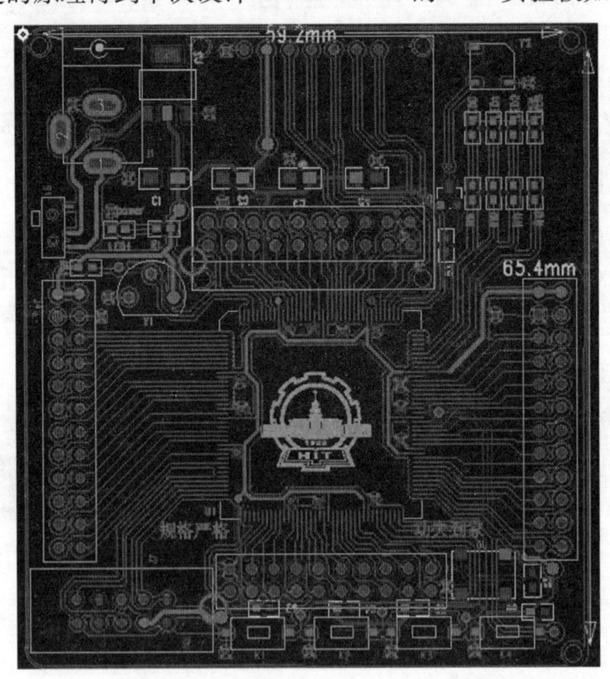

图 3.22　EPM570T144 的 PCB 实验板

根据上述内容进行口袋实验板的原理图设计和 PCB 板图设计之后,定制 PCB 实验板并焊接相应元器件,得到 EPM3032 的 PCB 实验板实物图如图 3.23 所示,主要包括 SSD1306 内置驱动的 0.96 寸液晶屏、可编程逻辑器件 EPM570 芯片、5 V 电源适配器、JTAG 数据传输接口、LED 灯模块等。

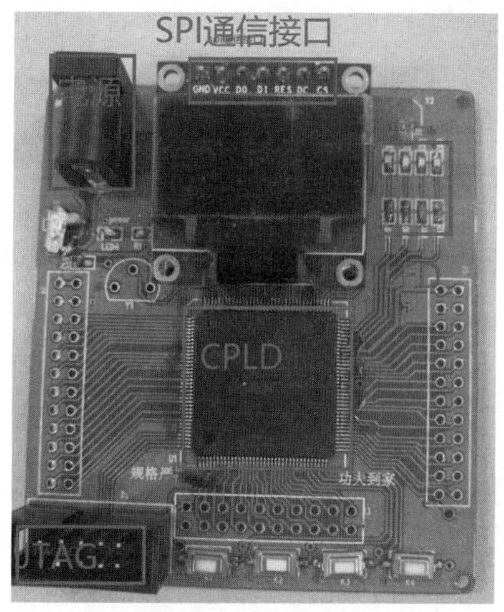

图 3.23　EPM3032 的 PCB 实验板

3.5　软件设计

3.5.1　软件设计

1. 流水灯控制程序

(1)功能设计。

普通流水灯,可以向右滚动,到最右端返回最左端,也可以向左滚动,到最左端返回最右端。

普通流水灯模块涉及的端口包括:clk,时钟输入,一般是板载时钟,这里是 50 MHz;rst,复位输入,高电平有效;led,该端口有 8 根引脚,共 8 位,连接 8 个 LED 灯。

用 verilog 语言,端口定义格式如下:

```
module led(
input clk,
input rst,
    output reg[7:0] led
    );
```

//此行定义说明 led 端口既是驱动引脚,又是寄存器

(2)过程分析。

由于板载时钟 50 MHz,如果每个时钟周期都要滚动流水灯,那么速度是惊人的,人眼根本无法分辨。所以采用计数器延时,当计数达到秒级时驱动流水灯动作。

普通流水灯,需要判断流水灯是否到了尽头,如果到了尽头,需要回归起点。

每次上电之后,需要按一下复位,才能进行流水灯循环。

Rst 的作用是初始化,首先为 led 赋予一个初始状态,然后一个灯循环,也可以让几个

灯一起亮,一起循环。

(3)源码(右滚动流水灯)。

```
    module led(                        //定义了模块名字为 led
        input          clk,
        input          rst,
    output reg[7:0] led
        );
reg [25:0] count;                      //延时计数器,这里是 25 位计数器,为 32M。
always @ (posedge clk)                 //每个时钟上升沿进行下面动作
  if(rst)
  led <= 8'b10000000;                  //复位初始化,只有一个灯亮,这里做一个灯的
                                         流水灯,如果做两个灯,就是 11000000
always @ (posedge clk)
  If(reg[25] == 1)                     //计数满 32M 之后再进行下面动作,延时。
    begin
    If(led == 8'b00000001)             //当滚动到尽头,回到左侧起始端
      led <= 8'b10000000;
    else
      led <= {led[0],led[7:1]}         //右移,用并置符实现
    end
endmodule
```

2. 定时器/计数器电路设计

(1)代码。

参考各种 MCU 的计数器输出 PWM 波时的典型配置,可知该定时/计数器采用循环递减的计数方式,计数器循环从设定的计数初始值递减到 0,然后再回到计数初始值再次递减。这样,只需要设定一个计数初始值,并确定计数时钟源频率,即可确定计数一个完整周期的时间,也即 PWM 信号频率。

晶体振荡器的输出频率为 50 MHz,定时/计数器位宽为 32 位,计数器代码如下所示:

```
reg [31:0]counter;                     //定义 32 位计数器
reg [31:0]counter_arr;                 //定义 32 位预重装寄存器
always@ (posedge Clk50M or negedge Rst_n)
if(! Rst_n)
    counter <= 32'd0;
else if(cnt_en)begin
    if(counter == 0)
        counter <= counter_arr;        //计数到 0,加载自动预重装寄存器值
    else
    counter <= counter - 1'b1;         //计数器自减 1
```

```
    end
    else
        counter <= counter_arr;             //计数器归位,计数器值等于预重装寄存
                                              器值
```

(2)输出比较电路。

输出比较电路通过比较计数器实时计数值与比较寄存器中的设定值,来确定最终 PWM 输出信号的电平状态。这里,我们可以定义,当计数器计数值大于等于比较值时,PWM 输出端输出低电平,当计数值小于比较值时,PWM 输出端输出高电平。因此输出比较电路设计代码如下:

```
    reg o_pwm;                              //pwm 输出信号
    reg [31:0]counter_ccr;                  //定义 32 位输出比较寄存器
    always@ (posedge Clk50M or negedge Rst_n)
    if(! Rst_n)                             //让 PWM 输出信号复位时输出低电平
        o_pwm <= 1'b0;
    else if(counter >= counter_ccr)         //计数值大于比较值
        o_pwm <= 1'b0;                      //输出为 0
    else                                    //计数值小于比较值
        o_pwm <= 1'b1;                      //输出为 1
```

3. 完整 PWM 发生电路设计

通过以上设计,一个 PWM 产生电路主要电路就设计完成了,以下为 PWM 产生电路的完整代码:

```
    module pwm_generator(
        Clk50M,
        Rst_n,
        cnt_en,
        counter_arr,
        counter_ccr,
        o_pwm
    );
        input Clk50M;                       //50 MHz 时钟输入
        input Rst_n;                        //复位输入,低电平复位
        input cnt_en;                       //计数使能信号
        input [31:0]counter_arr;            //输入 32 位预重装值
        input [31:0]counter_ccr;            //输入 32 位输出比较值
        output reg o_pwm;                   //pwm 输出信号
        reg [31:0]counter;                  //定义 32 位计数器
        always@ (posedge Clk50M or negedge Rst_n)
        if(! Rst_n)
```

```
        counter <= 32'd0;
    else if(cnt_en)begin
        if(counter == 0)
        counter <= counter_arr;           //计数到0,加载自动预重装寄存器值
    else
        counter <= counter - 1'b1;        //计数器自减1
    end
    else
        counter <= counter_arr;           //没有使能时,计数器值等于预
重装寄存器值
    always@(posedge Clk50M or negedge Rst_n)
    if(! Rst_n)                           //让 PWM 输出信号复位时输出低电平
        o_pwm <= 1'b0;
    else if(counter >= counter_ccr)       //计数值大于比较值
        o_pwm <= 1'b0;                    //输出为0
    else                                  //计数值小于比较值
        o_pwm <= 1'b1;                    //输出为1
    endmodule
```

4. SSD1306 驱动 OLED 液晶显示屏

SSD1306 驱动 OLED 液晶显示屏的代码如下：

```
#include "REG51.h"
#include "oled.h"
#include "bmp.h"
int main(void)
{u8t;
    delay_init();                         //延时函数初始化
    NVIC_Configuration();                 //设置 NVIC 中断分组 2:2 位抢占优先
                                            级,2 位响应优先级
    LED_Init();                           //LED 端口初始化
    OLED_Init();                          //初始化 OLED
    OLED_Clear()  ;
    /*
    OLED_ShowString(30,0,"OLED TEST");
    OLED_ShowString(8,2,"ZHONGJINGYUAN");
    OLED_ShowString(20,4,"2014/05/01");
    OLED_ShowString(0,6,"ASCII:");
    OLED_ShowString(63,6,"CODE:");
    t='';
```

```
    OLED_ShowCHinese(0,0,0);            //中
    OLED_ShowCHinese(18,0,1);           //景
    OLED_ShowCHinese(36,0,2);           //园
    OLED_ShowCHinese(54,0,3);           //电
    OLED_ShowCHinese(72,0,4);           //子
    OLED_ShowCHinese(90,0,5);           //科
    OLED_ShowCHinese(108,0,6);          //技
    */
    t=' ';
while(1)
{
    OLED_Clear();
    OLED_ShowCHinese(0,0,0);            //中
    OLED_ShowCHinese(18,0,1);           //景
    OLED_ShowCHinese(36,0,2);           //园
    OLED_ShowCHinese(54,0,3);           //电
    OLED_ShowCHinese(72,0,4);           //子
    OLED_ShowCHinese(90,0,5);           //科
    OLED_ShowCHinese(108,0,6);          //技
    OLED_ShowString(0,2,"1.3' OLED TEST");
    OLED_ShowString(8,2,"ZHONGJINGYUAN");
    OLED_ShowString(20,4,"2014/05/01");
    OLED_ShowString(0,6,"ASCII:");
    OLED_ShowString(63,6,"CODE:");
    OLED_ShowChar(48,6,t);              //显示 ASCII 字符
    t++;
    if(t>'~')t=' ';
    OLED_ShowNum(103,6,t,3,16);         //显示 ASCII 字符的码值
    delay_ms(500);
    OLED_Clear();
    delay_ms(500);
    OLED_DrawBMP(0,0,128,8,BMP1);       //图片显示(图片显示慎用,生成的字
                                          表较大,会占用较多空间,FLASH 空
                                          间 8 K 以下慎用)
    delay_ms(500);
    OLED_DrawBMP(0,0,128,8,BMP2);
    delay_ms(500);
}
```

3.5.2　流水灯显示测试实验

功能说明:CPLD 的 P101、P102、P103、P104 端口各接 1 只 LED,初始状态为全部点亮,灭灯操作依次向右移动,重复循环就实现了流水灯显示,程序设计框图如图 3.24 所示。

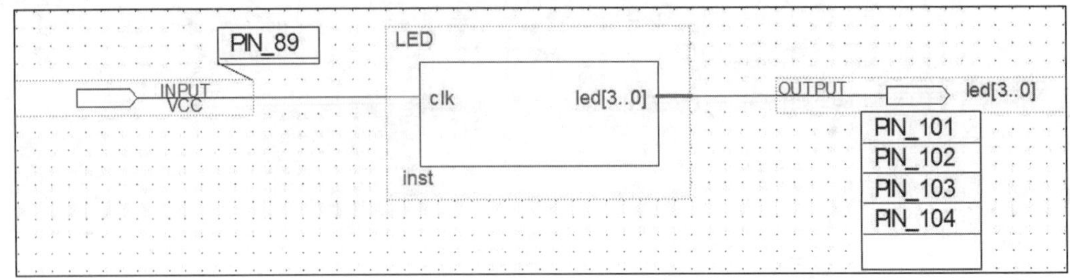

图 3.24　流水灯程序设计框图

程序运行结果:打开电源开关后,通过 JTAG 接口利用 Quartus II 将程序烧录到口袋实验板,这时会看到 LED 在不断地向右移动,当移到最右端后,又回到最左端重新开始向右移动,不断循环,实验显示效果如图 3.25 所示。

图 3.25　流水灯实验显示效果

3.5.3　LED 闪烁测试实验

功能说明:CPLD 的 P101、P102、P103、P104 端口各接 1 只 LED,初始状态为全部点亮,然后每隔 2 s LED 亮一次,程序设计框图如图 3.26 所示。

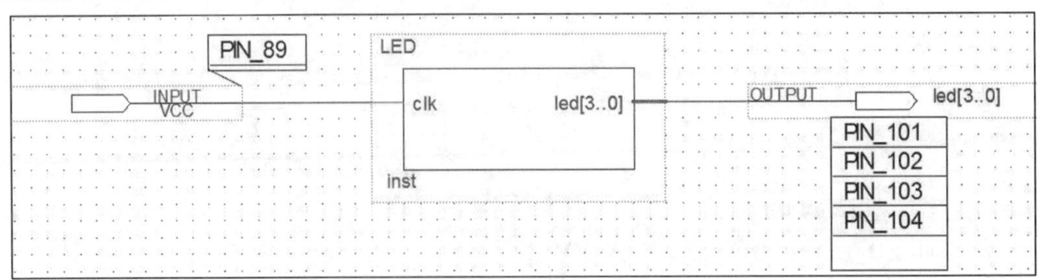

图 3.26　LED 闪烁程序设计框图

程序运行结果：打开电源开关后，将程序烧录进实验板，这时会看到4个LED每隔2 s就亮一次，实现了闪烁功能，实验显示效果如图3.27所示。

图3.27　LED闪烁实验显示效果

3.5.4　键盘检测实验

功能说明：使用1×4矩阵式键盘通过按键测试点亮LED。就是4个按键分别对应4个LED，一对一控制。按下相应的按键，则相应的LED就被点亮。这里4个按键Key所接引脚分别为P67、P68、P70、P72，4个LED所接引脚为P101、P102、P103、P104，程序设计框图如图3.28所示。

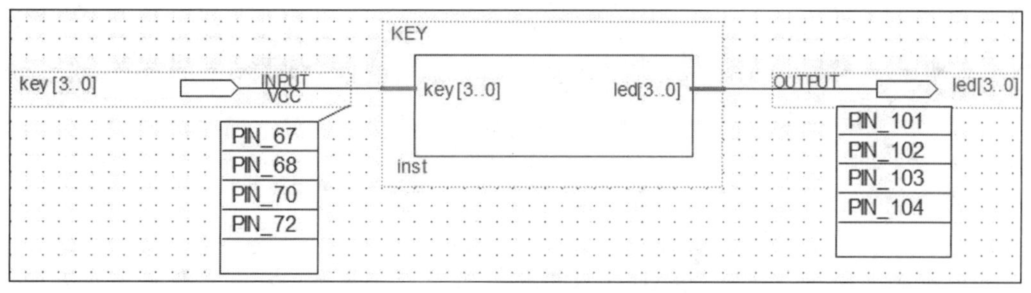

图3.28　按键测试程序设计框图

程序运行结果：当按下左侧第一个按键时，最左侧的LED点亮，依此类推，按键依次被按下时相应的LED依次点亮，而其余的LED不亮，实验显示效果如图3.29所示。

3.5.5　蜂鸣器发声实验

功能说明：无源蜂鸣器发声的原理是依靠三极管作为开关，当输入引脚为高电平时，蜂鸣器不响，输入引脚为低电平时，蜂鸣器响。只要控制输入引脚的高低电平的时间，就可以让蜂鸣器发出悦耳的音乐。4个按键分别代表中音1、中音2、中音3、中音4，计算出相应的分频系数，通过按键就可以让蜂鸣器发出声音，且相应LED灭。例如：中音1的频率为523 Hz，则其分频系数为30 MHz/523/2。程序框图如图3.30所示。

图 3.29　按键实验显示效果

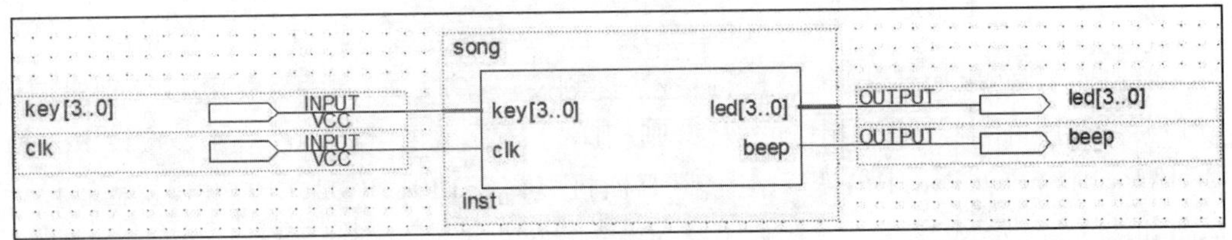

图 3.30　蜂鸣器程序设计框图

程序运行结果：将编译好的程序烧录进实验板后，会听见实验板上的蜂鸣器发出声响，说明实验板上的蜂鸣器可以正常使用。

3.6　OLED 显示的软件设计

如果说硬件设计是驱动 OLED 显示的躯壳，那么软件部分的编写将赋予其灵魂。本节着重介绍 OLED 显示所需要的软件程序的各个模块，包括分析其在整体程序中所承担的功能以及具体的实现方法，主要有时钟模块、SPI 通信模块、复位模块等；其次还将介绍 SSD1306 在上电工作后需要进行的各个环节，按顺序包括其寻址方式、初始化命令、清屏程序和取字模；最后介绍时序逻辑仿真测试环节和最终显示情况。

3.6.1　时钟部分设计

本实验板使用的晶振频率为 30 MHz，即其内部时钟周期为 33.3 ns。而在驱动设计过程中，该时钟周期太小不易于使用，故编写 Verilog 分频程序，获得所需要的 1 ms 和1 μs 两种时钟周期，对应的程序分别如图 3.31 和图 3.32 所示。1 μs 的时钟将作为驱动程序 SPI 通信的基本时钟周期单位来使用。

```
reg[13:0] cnt_0; //16000
reg clk1ms; //1ms
always @(posedge clk)
begin
  if(cnt_0 == 14999)
    begin
      cnt_0 <= 14'd0;
        clk1ms <= ~clk1ms;
     end
  else
    cnt_0 <= cnt_0 + 14'd1;
end
```

图 3.31　产生 1 ms 时钟的程序

```
always @(posedge clk)
begin
  if(cnt_2 == 14)
    begin
      cnt_2 <= 4'd0;
        clk1us <= ~clk1us;
     end
  else
    cnt_2 <= cnt_2 + 1;
end
```

图 3.32　产生 1 μs 时钟的程序

3.6.2　SPI 通信程序设计

SPI 的通信以主从方式工作,这种模式通常有一个主设备和一个或多个从设备,需要至少 4 根线(单向传输时可用 3 根),分别为 SDI(数据输入)、SDO(数据输出)、SCLK(时钟)、CS(片选)。

(1)SDI——主设备数据输入,从设备数据输出。

(2)SDO——主设备数据输出,从设备数据输入。

(3)SCLK——时钟信号,由主设备产生。

(4)CS——从设备使能信号,由主设备控制。

其中,CS 是控制芯片是否被选中的,也就是说只有片选信号为预先规定的使能信号时(高电位或低电位),对此芯片的操作才有效。这就使在同一总线上连接多个 SPI 设备成为可能。

接下来是负责通信的 3 根线,通信是通过数据交换完成的,这里先要知道 SPI 是串行通信协议,也就是说数据是一位一位地传输的。这就是 SCLK 时钟线存在的原因,由 SCLK 提供时钟脉冲,SDI 和 SDO 则基于此脉冲完成数据传输。数据输出通过 SDO 线,数据在时钟上升沿或下降沿时改变,在紧接着的下降沿或上升沿被读取,由此完成一位数据传输,输入也使用同样原理。因此,至少需要 8 次时钟信号的改变(上沿和下沿为一次),才能完成 8 位数据的传输。

SCLK 信号线只由主设备控制,从设备不能控制信号线。同样,在一个基于 SPI 的设备中,至少有一个主控设备。与普通的串行通信不同,这样的传输方式有一定优点,普通的串行通信一次连续传送至少 8 位数据,而 SPI 允许数据一位一位地传送,甚至允许暂停,因为 SCLK 时钟线由主控设备控制,当没有时钟跳变时,从设备不采集或传送数据。也就是说,主设备通过对 SCLK 时钟线的控制可以完成对通信的控制。SPI 还是一个数据交换协议:因为 SPI 的数据输入和输出线独立,所以允许同时完成数据的输入和输出。不同的 SPI 设备的实现方式不尽相同,主要是数据改变和采集的时间不同,在时钟信号上沿或下沿采集有不同定义,具体请参考相关器件的文档。

本设计采用的是 3 线 SPI(即 MOSI 和 MISO 归在一起使用)通信协议,CS 端口用于选中芯片是否使用,DC 端口用于选定命令或数据的写入,其中 DC=0 时表示此时写入的是命令操作,DC=1 时表示向 RAM 中写入数据。由于使用的 OLED 屏只有 D1 一个数据传输端口,所以该端口不仅需要同时作为数据和命令传输口,而且每次只能传输一位数据,故以字节为单位的数据和命令需要分 8 个时钟周期传输,即以串行方式输出。图 3.33和图 3.34 分别表示 SPI 通信协议在传输命令和数据时的情况。

```
 2: begin spi_cs <= 1'b0; oled_dc <= 1'b0; spi_mosi <= 1'b1; end
 3: begin spi_mosi <= 0; end
 4: begin spi_mosi <= 1; end
 5: begin spi_mosi <= 0; end
 6: begin spi_mosi <= 1; end
 7: begin spi_mosi <= 1; end
 8: begin spi_mosi <= 1; end
 9: begin spi_mosi <= 0; end   //ae
10: begin spi_cs <= 1'b1; oled_dc <= 1'b1;  end
```

图 3.33　SPI 传输命令

```
282: begin spi_cs <= 1'b0; oled_dc <= 1'b1; spi_mosi <= 1'b1; end
283: begin spi_mosi <= 0; end
284: begin spi_mosi <= 1; end
285: begin spi_mosi <= 0; end
286: begin spi_mosi <= 1; end
287: begin spi_mosi <= 1; end
288: begin spi_mosi <= 1; end
289: begin spi_mosi <= 1; end   //af 1101
290: begin spi_cs <= 1'b1; oled_dc <= 1'b1;  end
```

图 3.34　SPI 传输数据

3.6.3　复位部分设计

复位部分采用 1 ms 时钟设计合适的复位时间段,使复位信号经历高电平—低电平—高电平的过程,并在短暂有效低电平作用后保持在无效高电平上,完成复位功能,复位信号设置如图 3.35 所示。

```
always @(posedge clk1ms)
begin
  if((cnt_1 >= 100)&(cnt_1 < 200))
    begin
       oled_rst <= 1'b0;
         cnt_1 <= cnt_1 + 8'd1;
     end
  else if((cnt_1>=200)&(cnt_1<210))
    begin
       oled_rst <= 1'b1;
         cnt_1 <= cnt_1 + 8'd1;  //
     end
  else if(cnt_1 ==210)
    begin
       cnt_1 <= cnt_1;
         spi_start <= 1'b1;
     end
  else
    cnt_1 <= cnt_1 + 8'd1;
end
```

图 3.35　复位信号设置

3.6.4　SSD1306内存地址模式

SSD1306中有三种不同的内存地址模式：页地址模式、水平地址模式和垂直地址模式。

1. 页地址模式(A[1:0] =10xb)

在页地址模式下，当显示RAM读写之后，列地址指针自动加1。如果列地址指针达到了列的结束地址，列地址指针重置为列开始地址并且地址指针不会改变。用户需要设置新的页和列地址来访问下一页RAM内存。在正常显示数据RAM读或写，页地址模式下，要求使用下面的步骤来定义开始RAM访问的位置：

(1)通过命令B0h～B7h来设置目标显示位置的页开始地址。

(2)通过命令00h～0Fh来设置低开始列地址。

(3)通过命令10h～1Fh来设置高开始列地址。

例如，如果页地址设置为B2h，高列地址为00h、低列地址是03h，那么就意味着开始列是PAGE2的SEG3. RAM访问指针的位置。输出数据字节将写到RAM列3的位置。

2. 水平寻址模式(A[1:0]= 00b)

在水平寻址模式下，当显示RAM被读写之后，列地址指针自动加1。如果列地址指针达到列的结束地址，列地址指针重置为列的开始地址，并且页地址指针自动加1。当列地址和页地址都达到了结束地址，指针重设为列地址和页地址的开始地址。

3. 垂直寻址模式(A[1:0]=01b)

在垂直寻址模式下，当显示RAM被读写之后，页地址指针自动加1。如果页地址达到了页的结束地址，页地址自动重置为页的开始地址，列地址自动加1。当列地址和页地址都达到结束地址后，指针自动重置为开始地址。

在正常显示RAM读或写，水平/垂直寻址模式下，要求用下面的步骤来定义RAM访问指针位置：

(1)用命令21h设置目标显示位置的列的开始和结束地址。

(2)用命令22h设置目标显示位置的页的开始和结束地址。

4. SSD1306初始化命令

(1)设置低列开始地址作为页地址模式(00h～0Fh)。

(2)设置高列开始地址作为页地址模式(10h～1Fh)。

(3)设置内存地址模式(20h)。

(4)设置列地址(21h)。

该命令指定了显示数据RAM列开始地址和结束地址，也可以设置列地址指针到列开始地址。指针用于定义当前读写的显示数据RAM列地址。如果用20h命令开启了水平寻址命令，在完成读写一个列数据之后，该指针就会自动指向下一列地址。当列地址指针完成了访问列结束地址时，它将会返回到列开始地址，和行地址增加到下一行。

(5)设置页地址(22h)。

这个三字节的命令指定了显示数据RAM页的开始和结束地址，同时也设置了页地址指针到页开始地址。该指针用来定义在图像显示数据RAM中当前读写的地址。如果当前是垂直寻址模式,在读写完一页数据之后,页地址指针会自动增加到下一页地址。当页地址指针完成访问结束页地址之后,会重置到开始页地址。

(6)设置显示开始行(40h~7Fh)。

该命令通过选择 0~63 的值,设置显示开始行寄存器来决定显示 RAM 的开始地址。当值为 0 时,RAM 行 0 映射到 COM0,当值为 1 时,RAM 行 1 映射到 COM0,依此类推。

(7)为 BANK0 设置对比度控制(81h)。

该命令用来设置显示的对比度,该芯片有 256 级对比度,从 00h 到 FFh。

(8)设置 Segment 重映射(A0h/A1h)。

该命令用于修改显示数据列地址和 segment 驱动器之间的映射,允许在 OLED 模块设置上的灵活性。该命令只影响后续的数据输出,早已存储在 GDDRAM 中的数据不会改变。

(9)全部显示开启(A4h/A5h)。

A4h 命令打开显示,输出依据 GDDRAM 中的内容。

如果使用 A5h 命令,然后再使用 A4h 命令,显示就会重新覆盖为 GDDRAM 的内容。换句话说,A4h 命令从整体显示开启状态覆盖显示。A5h 命令设置整体显示状态位开启,不显示数据 RAM 中的内容。

(10)设置正常/反相显示(A6h、A7h)。

该命令将显示设置成正常或反相模式。在正常模式下 1 为开,而在反相模式下 1 为关。

(11)设置复用率(A8h)。

该命令用于转换默认的 63 复用模式到任何复用率,范围为 16~63。输出 pads COM0~COM63 将会转换为相关的 COM 信号。

(12)设置显示开、关(Aeh、AFh)。

这个单字节命令用来打开或关闭 OLED 面板的显示。当显示为 ON 时,通过设置主机配置命令选择的电路会打开;当显示为 OFF 时,这些电路会关闭,Segment 和 Common 输出将处于高阻状态,初始化命令写法如图 3.36 所示。

```
52: begin spi_cs <= 1'b0; oled_dc <= 1'b0; spi_mosi <= 1'b1; end
53: begin spi_mosi <= 1; end
54: begin spi_mosi <= 0; end
55: begin spi_mosi <= 0; end
56: begin spi_mosi <= 1; end
57: begin spi_mosi <= 1; end
58: begin spi_mosi <= 1; end
59: begin spi_mosi <= 1; end   //cf 1010 a 1011 b 1100 c
60: begin spi_cs <= 1'b1; oled_dc <= 1'b1;  end
```

图 3.36　初始化命令写法

3.6.5　清屏程序

在完成 SSD1306 的初始化之后需要进行清屏处理,使屏幕在未输入汉字等字符的情况下保持黑屏,与未上电状态保持一致,清屏程序如图 3.37 所示。

```
//清屏函数,清完屏,整个屏幕是黑色的!和没点亮一样!!!
void OLED_Clear(void)
{
        u8 i,n;
        for(i=0;i<8;i++)
        {
                OLED_WR_Byte (0xb0+i,OLED_CMD);     //设置页地址 (0~7)
                OLED_WR_Byte (0x00,OLED_CMD);       //设置显示位置—列低地址
                OLED_WR_Byte (0x10,OLED_CMD);       //设置显示位置—列高地址
                for(n=0;n<128;n++)OLED_WR_Byte(0,OLED_DATA);
        } //更新显示
}|
```

图 3.37　清屏程序

3.6.6　汉字、字符和图片取模

取模主要有汉字、字符和图片三种,其原理是相同的。打开 PCtoLCD2002.exe 软件,按照如下操作进行取模,最后可以得到所要显示的字模组,再输入到程序中即可,具体流程如图 3.38 所示。

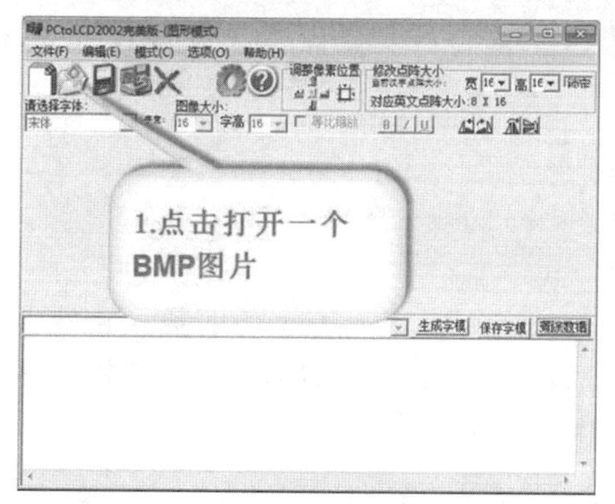

(a) 打开软件

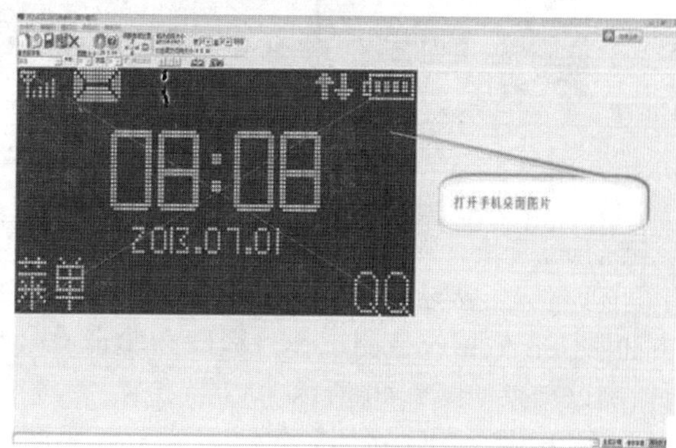

(b) 选择图片

(c) 设定参数

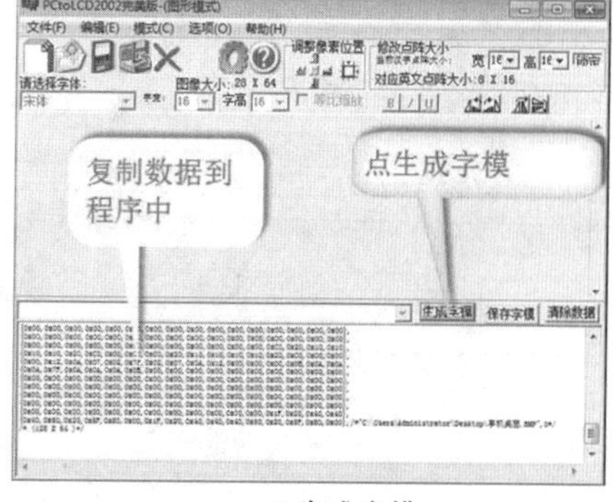

(d) 生成字模

图 3.38　取字模流程

上述取模过程以取图像模为例,打开该款软件后点击打开想要预显示的 BMP 格式图片,选中字模选项,设定好对应的参数使其能够符合这款液晶屏驱动,点击生成即可得到图片的字模,再将字模输入到程序代码中,下载即可显示。

3.6.7　时序逻辑仿真

如图 3.39 所示,在程序编写完成后使用 Modelsim 软件对程序进行时序逻辑仿真,检测 SPI 通信方式是否正常工作。由图可以清楚看出,在设置合适的复位信号和时钟信号后,输出信号可以随控制端信号的变化做出相应反应,可以推测出该时序仿真程序能够满足所需的 SPI 通信功能要求。

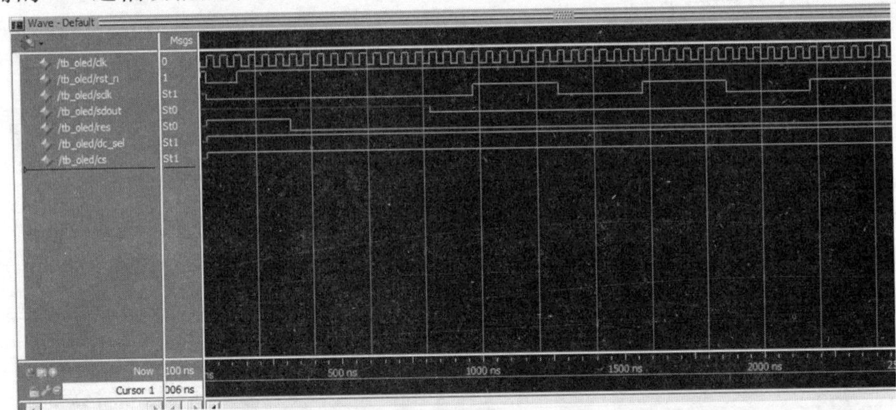

图 3.39　SPI 通信仿真

3.6.8　显示效果

在成功完成时序仿真检测 OLED 的性能之后,再对所写程序能否成功下载入硬件中并正常工作做相应检测工作。程序在验证有效后通过前面介绍的 JTAG 接口下载至硬件,测试结果如图 3.40 所示。

(a) 显示汉字

(b) 显示字符

图 3.40　显示特定字符的测试结果

这两张图片分别显示了汉字、字母和数字这三类字体,从显示结果来看,屏幕中字体显示较为清晰,汉字和字符结构完整,未出现乱码、失真或残缺的情况,而在未设置显示内容的地方屏幕则表现为完全黑暗,与屏幕未被点亮时一致。总体看来这款驱动的显示情况较为良好,说明代码功能工作正常,符合预期的要求,可用作正常使用。

本章小结

本章设计了方便实用、成本较低的口袋实验板,学生使用此类实验板可以不必拘泥于时间和地点地做一些实践项目。

口袋实验板的核心芯片是 ALTERA 公司的 CPLD 系列 EPM570T144 和 EPM3032, EPM570T144 口袋实验板包含了以下几部分:电源模块、系统时钟模块、键盘开关模块、LED 指示模块、蜂鸣器模块、温度传感器模块、OLED 液晶显示模块、JTAG 接口模块和 I/O 扩展模块。

口袋实验板的硬件部分用 PADS Logic 和 PADS Layout 实现,并且使用 Quartus II 软件检测所设计的实验板各模块的性能,经过上电验证实验板可以正常工作。

之后又完成了对 0.96 寸 OLED 液晶显示屏的驱动设计,硬件部分包括时钟模块、SPI 通信模块和复位模块,还介绍了 SSD1306 上电后的寻址方式、初始化命令、清屏程序和取字模方法,最后介绍时序逻辑仿真测试环节和最终显示情况。

通过 Verilog HDL 汇编语言程序做了几个测试实验,对实验板上各模块的性能进行测试,检验各模块是否可以工作,从而确认实验板是否能够满足预期要求。

利用口袋实验板,可使学生学到更多的知识。口袋实验板可以应用于学校教学中,不仅能够最大限度地培养学生的动手能力和实践能力,还可以让学生更深刻地了解书本上的内容,使学生学会将理论与实践结合起来,进而培养学生对学习的兴趣,激发学生的创新能力。

参考文献

[1] 李瑞,解璞. PADS VX.2.2 电路设计与仿真:从入门到精通[M]. 北京:人民邮电出版社,2019.

[2] 林超文. PADS9.5 实战攻略与高速 PCB 设计[M]. 北京:电子工业出版社,2014.

[3] 北京兆迪科技有限公司. SolidWorks 曲面设计实例精解[M]. 北京:电子工业出版社,2018.

[4] 于军胜,钟建. OLED 显示技术导论[M]. 北京:科学出版社,2019.

[5] 周润景. Quartus Prime 的数字系统 Verilog HDL 设计实例详解[M]. 3 版. 北京:电子工业出版社,2018.

[6] 夏宇闻. Verilog 数字系统设计教程[M]. 4 版. 北京:北京航空航天大学出版社,2017.

[7] 人社部教材办. 模块电路装配与调试[M]. 北京:中国劳动社会保障出版社,2016.

[8] 于斌. ModelSim 电子系统分析及仿真[M]. 3 版. 北京:电子工业出版社,2019.

第4章 高频信号源制作

4.1 背景分析

在电子与通信系统中，信号源通常被用作基准信号。随着当今技术的突飞猛进，对于高性能信号源的性能要求不断增加，如频带范围宽、频率切换速度快。同时对于信号源功耗、体积、成本等也提出了更高的要求。而传统的信号源采用振荡器，只能产生较少的波形，且精度不高、灵活性与准确度差。为了解决这一问题，1971 年，美国学者 J. Tierncy、C. M. Tader 和 B. Gold 在 *A Digital Frequeney Synthesizer* 一文中提出了以全数字技术，从相位概念出发直接合成所需波形的一种新的频率合成原理，那就是 DDS（Direct Digital Synthesis），即直接数字合成，又称直接数字频率合成。随着电子技术和器件水平的提高，这种新的频率合成技术得到了飞速的发展。

频率合成是指以一个或多个参考频率源为基准，在某一频段内，综合产生并输出多个工作频率点的过程。基于此原理制成的频率源为频率合成器，简称频综。频率合成技术是现代通信电子系统实现高性能指标的关键技术之一，很多电子设备的功能实现都依赖于所用频率合成器的性能，因此人们常将频率合成器喻为众多电子系统的心脏，而频率合成理论也因此在 20 世纪得到了飞跃的发展。

直接数字式频率合成 DDS 技术是近年来随着数字集成电路和计算机的发展而迅速发展起来的一种新的频率合成技术。DDS 一般由相位累加器、波形存储器、数模转换器及低通滤波器组成，其基本原理就是将波形数据先存储起来，然后在频率控制字 K 的作用下，通过相位累加器从存储器中读出波形数据，最后经过数/模转换和低通滤波后输出频率合成。这种频率合成方法可以获得高精度频率和相位分辨率、快速频率转换时间和低相位噪声的频率信号，而且结构简单、集成度高。

本章利用高频合成技术和单片机的计时功能，详细阐述高频信号源的设计过程，涵盖从系统设计、编程、原理图、PCB 图以及最后的试验板焊制等基本过程。

4.2 系统设计

高频信号源系统设计的任务功能与目标参数描述如下。

1. 方案概要设计

本章以单片机为控制核心设计了一个并行控制方式的正弦信号发生器的可行性方案，给出了单片机 STC15F2K60S2 与 AD9850 连接电路图。该电路设计方案正确可行，频率容易控制，操作简单、灵活且具有广阔的应用前景。

2. 机械结构需求分析

在机械结构需求分析方面入手，从常见的高频信号源分析，本项目需要一个方形塑料外壳并嵌入一个 OLED 屏幕以显示波形和各项信号参数，一个矩阵键盘以实现人机交互和输入需求信号参数,一个电源接入口,以及一个 SMB 接口实现信号输出。

3. 电路设计需求分析

主要电路设计:8051 单片机系列芯片 STC89C52RC 有 4 组 8 位共 32 个 I/O 口,最高时钟频率为 12 MHz,本项目采用其中 7 个 I/O 口与 DDS 芯片 AD9850 通信,7 个接收独立按键的输入信号。

4. 调幅电路的选择

我们选择增益可变的反相比例放大器进行调幅处理,在实际制作过程中可以选用美国 Maxim 公司的 LM318 单运算放大器作为本项目中的放大器。

5. 电源选择

由于我们设计的是一个完善的函数信号发生器系统,所以不打算采用实验室提供的直流电源。这里采用了变压器+稳压电路的设计,可以直接采取市电经过处理以后供电。

4.3　高频信号源的外壳设计

高频信号源外壳的设计步骤如下:

(1)打开桌面上的 SOLIDWORKS2016(高版本也可)软件,如图 4.1 所示。

图 4.1　打开 SOLIDWORKS

(2)选择"文件"→"新建"→"零件",如图 4.2 所示。

(3)选定前视基准面为基础面,选择"草图"→选择立体图形对应的平面图形→设置好合适的参数,如图 4.3 所示。

(4)平面图形绘制好后,选择"插入"→"凸台/基体"→"拉伸"→设置拉伸长度,如图 4.4 所示。设置完成后点击对号确认,结果如图 4.5 所示。按相同方法依次画出高频信号源外部按键,如图 4.6 所示。

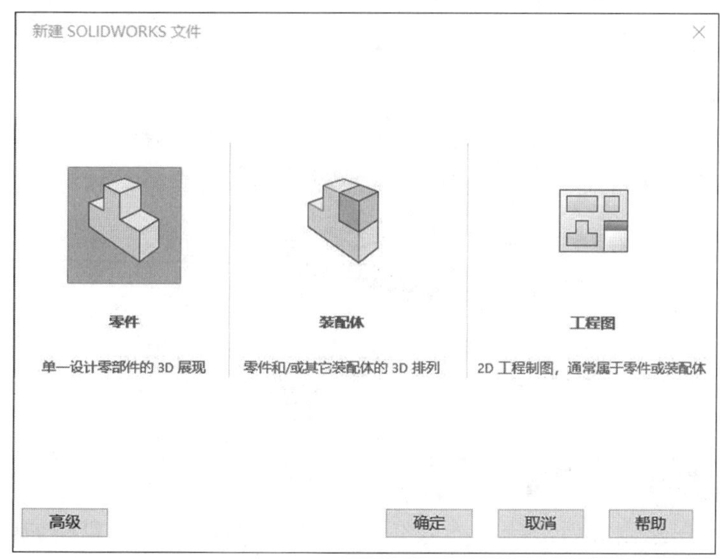

图 4.2　SOLIDWORKS 新建工程

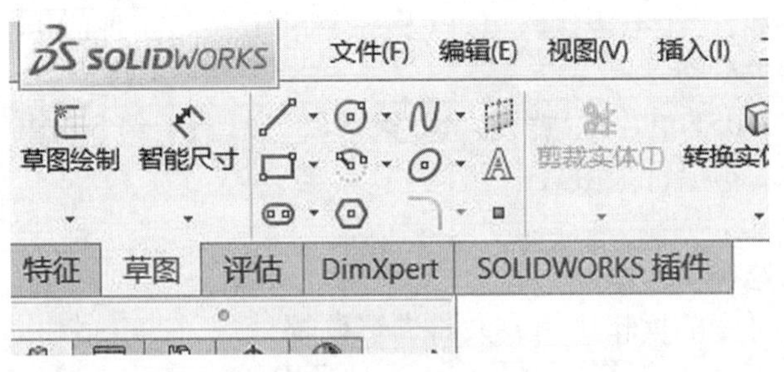

图 4.3　平面基准图形绘制

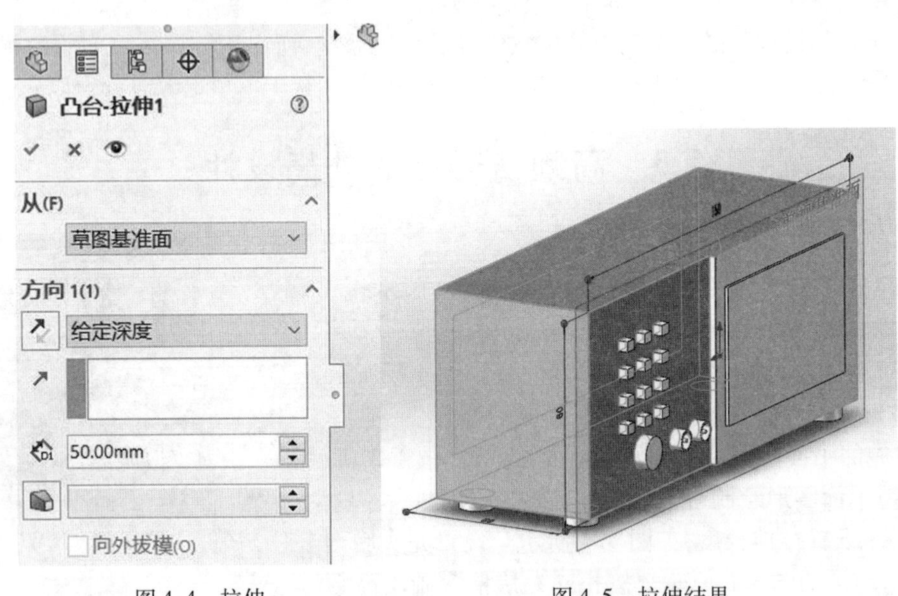

图 4.4　拉伸　　　　图 4.5　拉伸结果

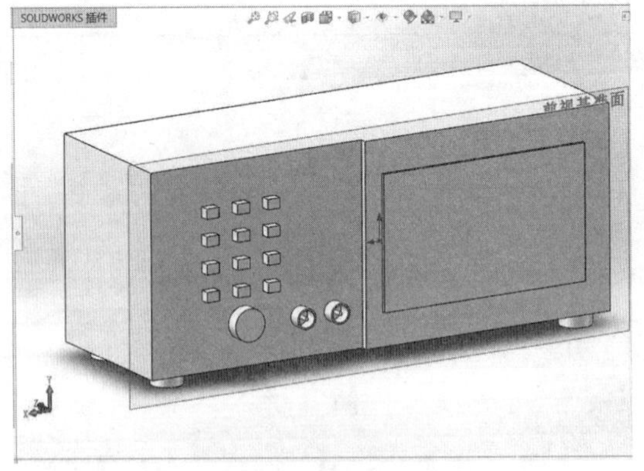

图 4.6　最终结果

(5)选定“凸台-拉伸 1”背面基准面为基础面,选择“草图”→选择立体图形对应的平面图形(蓝色虚线所示)→设置好合适的参数,如图 4.7 所示。

(6)平面图形绘制好后,选择“插入”→“切除”→“拉伸”→设置拉伸长度,如图 4.8 所示。设置完成后点击对号确认,结果如图 4.9 所示。

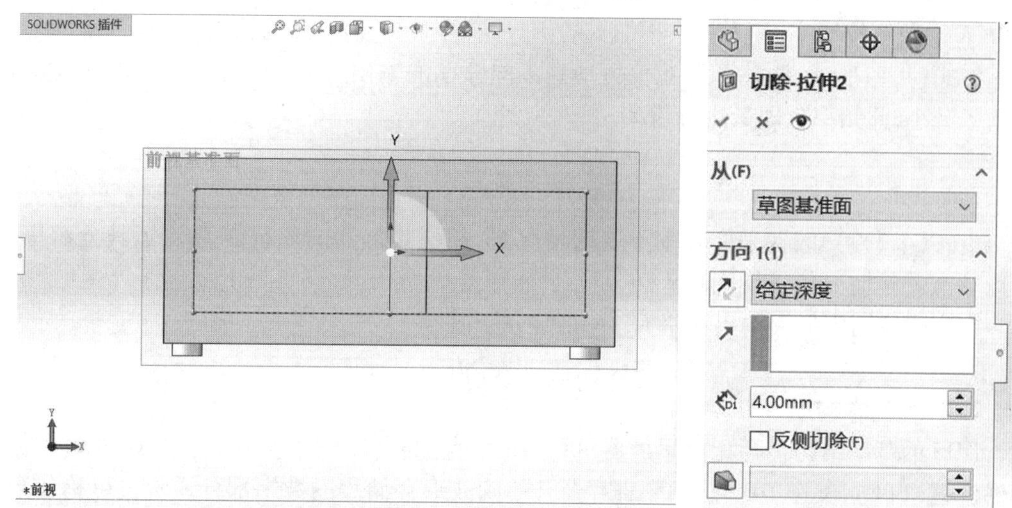

图4.7 平面图　　　　图4.8 切除

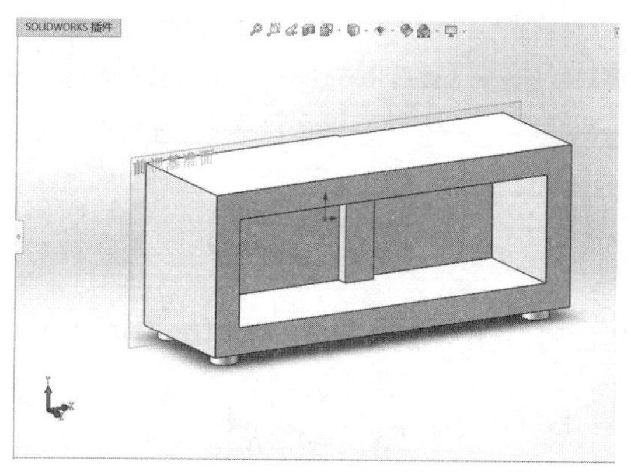

图4.9 切除结果

4.4 高频信号源的电路方案设计

4.4.1 系统原理

1. DDS简介

DDS是一种基于波形存储的全新频率合成技术。它根据奈奎斯特取样,从连续信号的相位中出发,将一个信号取样、量化、编码,形成一个幅值表存于ROM中。合成时取样间隔时间不变,通过改变相位累加器的频率控制字改变相位增量,导致一个周期内取样点的不同,从而改变频率。这种变化的相位/幅值量化的数字信号通过数模变换(D/A)及低通滤波(LPF)即可得到相位/幅值变化的模拟信号。

DDS的一般方程为

$$f_0=\frac{Kf_C}{2^N} \tag{4.1}$$

式中,K 为频率控制字,N 为相位累加器的位数,f_C 为时钟频率,f_0 为输出频率。

如式(4.1)所述,调整 K 的数值可得到不同频率的输出,当 K 取值为 1 时,DDS 输出的频率最小,此频率也即最小分辨率:

$$f_0 = \frac{f_C}{2^N} \tag{4.2}$$

由式(4.2)可知,在采样频率不变的情况下,相位累加器的位数 N 决定了其分辨率。DDS 特点就是输出信号精度高。

在实际应用中最大输出频率 f_{0max} 一般遵从下式:

$$f_{0max} = 40\% \times f_C \tag{4.3}$$

2. DDS 基本构成

DDS 的基本结构包括相位累加器(PD)、正弦查询表(ROM)、数模转换器(DAC)和低通滤波器(LPF),其中 DDS 从频率寄存器开始到波形存储表的数字部分通常也可称作数控振荡器(Neo-Numerieazeontroloseillator)。其基本结构如图 4.10 所示。

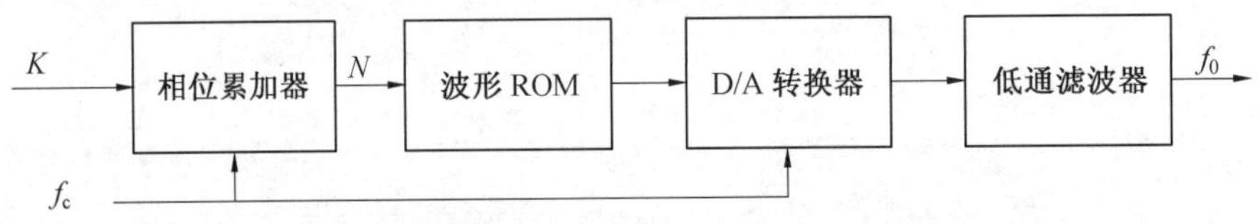

图 4.10　DDS 基本结构

(1)相位累加器。

DDS 中包含相位累加器,其作用是对相位进行加法运算,令相位累加器的值为 A_n,下一周期记为 A_{n+1},则

$$A_{n+1} = A_n + K \tag{4.4}$$

由式(4.4)可知,A_n 为一等差数列,也即

$$A_n = nK + A_0 \tag{4.5}$$

式中,A_0 为相位累加器的初始相位值。

由以上表达式可知,每过一个时钟周期,相位累加器的内容就增加 K。设相位累加器的初始为 00…00,相位增量 K 的值为 00...01,这时每经过一个时钟周期,相位累加器都要加上 00…01,若此相位累加器是 32 位的宽度,那么其需要 232 个时钟周期才会溢出。

(2)正弦查询表。

DDS 查询表所存储的数据是每一个相位所对应的二进制数字正弦幅值,在每一个时钟周期内,相位累加器输出序列的高 m 位对其进行寻址,最后的输出为该相位相对应的二进制正弦幅值序列。

ROM 的存储量为 $2m \times M$ bit,其中 m 为相位累加器的输出位数, M 为 ROM 的输出位数。若 $m=12$,$M=8$,可以算出 ROM 的容量为 32 768 bit。虽然在一块 DDS 芯片中集成大的 ROM 存储量,可以提高输出信号的精度和无杂散动态范围,但会使成本提高,功耗增大,且可靠性下降,所以就有了许多压缩 ROM 容量的方法。而且,容量压缩还可以使我们使用更大的 m 和 M 值,进而使 DDS 的杂散性能获得提高。

(3)数模转换器。

数模转换器的作用是将数字形式的波形幅值转换成所要求合成频率的模拟形式信号。DAC 有电压和电流输出两种,其输出的信号并不能真正连续可变,而是以其绝对分辨率为最小单位的,所以其输出实际上是一个阶梯模拟信号。现在,一些器件厂家,如美国的 ADI 公司,都在 DDS 器件的芯片内部集成了 DAC,这种结构称为 Complete-DDS,大大简化了 DDS 的系统设计。

3. AD9850 简介

美国 ADI 公司推出的高集成度频率合成器 AD9850 是采用 DDS 技术的典型产品之一。图 4.11 为 AD9850 的组成框图,右侧部分是一个完整的可编程 DDS 系统,图中包含了 AD9850 的主要组成部分,图 4.12 为其引脚排列,引脚说明见表 4.1。

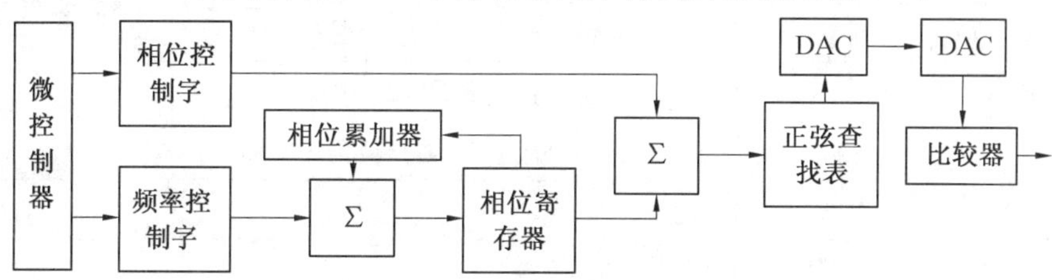

图 4.11　AD9850 的组成框图

图 4.12　AD9850 引脚排列示意图

AD9850 内含可编程 DDS 系统和高速比较器,能实现全数字编程控制的频率合成。可编程 DDS 系统的核心是相位累加器,它由一个加法器和一个 N 位相位寄存器组成,N 一般为 24 ~ 32。每来一个外部参考时钟,相位寄存器便以步长 M 递加。相位寄存器的输出与相位控制字相加后可输入到正弦查询表地址上。正弦查询表包含一个正弦波周期的数字幅度信息,每一个地址对应正弦波中 0°~360°范围的一个相位点。

表 4.1 引脚说明

D0~D7	控制字并行输入,给内部寄存器装入 40 位控制数据,其中 D7 可做串行输入
DGND(5、24)	数字地
AGND(10、19)	模拟地
DVDD(6、23)	为内部数字电路提供电源(3.3 V 或 5 V)
AVDD(11、18)	为内部模拟电路提供电源(5 V),可与数字电源共用
W-CLK(7)	控制字装入时钟,用于加载并行/串行的频率/相位控制字,上升沿有效
FQ-UD(8)	频率更新控制信号,时钟上升沿确认输入数据有效
FREFCLOCK(9)	外部参考时钟(有源晶振)输入,最高 125 MHz
RSET(12)	外接电阻,决定器件输出电流大小,典型值为 3.9 K
QOUT(13)	内部比较器正向输出端(方波)
QOUTB(14)	内部比较器反向输出端(方波)
VINN(15)	内部比较器的负向输入端
VINP(16)	内部比较器的正向输入端
DACBL(17)	内部 DAC 外接参考电压端,可悬空
IOUTB(20)	"互补"DAC 输出
IOUT(21)	内部 DAC 输出,正弦电流输出端,一般用电阻接地以转换为正弦电压
RESET(22)	复位端

查询表把输入地址的相位信息映射成正弦波幅度信号,然后驱动 DAC 以输出模拟量。相位寄存器每经过 $2N/M$ 个外部参考时钟,返回到初始状态一次,相应地正弦查询表每经过一个循环也回到初始位置,从而使整个 DDS 系统输出一个正弦波。输出的正弦波周期 $T_0=2T_cN/M$,频率 $\text{fout}=Mf_c/2N$,T_c、f_c 分别为外部参考时钟的周期和频率。AD9850 采用 32 位的相位累加器将信号截断成 14 位输入到正弦查询表,查询表的输出再被截断成 10 位后输入到 DAC, DAC 再输出两个互补的电流。DAC 满量程输出电流通过一个外接电阻 RSET 调节,调节关系为

$$I_{set}=32\times\frac{1.248V}{\text{RSET}} \tag{4.6}$$

RSET 的典型值是 3.9 kΩ。将 DAC 的输出经低通滤波后接到 AD9850 内部的高速比较器上即可直接输出一个抖动很小的方波。

AD9850 在接上精密时钟源和写入频率相位控制字之后就可产生一个频率和相位都可编程控制的模拟正弦波输出,此正弦波可直接用作频率信号源或经内部的高速比较器转换为方波输出。在 125 MHz 的时钟下,32 位的频率控制字可使 AD9850 的输出频率分辨率达 0.029 1 Hz;并具有 5 位相位控制位,而且允许相位按增量 180°、90°、45°、22.5°、

11.25°或这些值的组合进行调整。

4. AD9850 的控制字与控制时序

AD9850 有 40 位控制字，32 位用于频率控制，5 位用于相位控制，1 位用于电源休眠(Powerdown)控制，2 位用于选择工作方式。这 40 位控制字可通过并行方式或串行方式输入到 AD9850，图 4.13 是控制字并行输入的控制时序图。

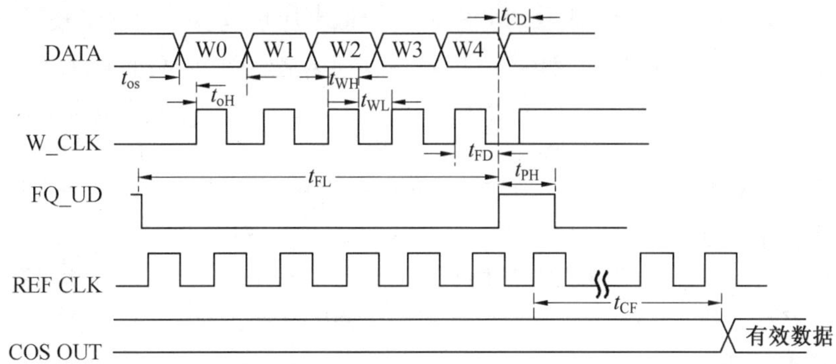

图 4.13　控制字并行输入的时序图

在并行输入方式中，通过 8 位总线 D0…D7 可将数据输入到寄存器，在重复 5 次之后再在 FQ_UD 上升沿把 40 位数据从输入寄存器装入到频率/相位数据寄存器(更新 DDS 输出频率和相位)，同时把地址指针复位到第一个输入寄存器。接着在 W-CLK 的上升沿装入 8 位数据，并把指针指向下一个输入寄存器，连续 5 个 W-CLK 上升沿后，W-CLK 的边沿就不再起作用，直到复位信号或 FQ_UD 上升沿把地址指针复位到第一个寄存器。这便可以将 40 位数据完全传输，产生一个规定频率及相位的正弦波。并行方式优点是速度快，可以在最短时间内产生规定波形，但是如果在控制芯片 I/O 口不足的情况下，只能选择串行装入方式完成正弦波的产生。

在串行输入方式中，W-CLK 上升沿把 25 引脚的一位数据串行移入，当移动 40 位后，用一个 FQ_UD 脉冲即可更新输出频率和相位。图 4.14 所示是相应的控制字串行输入的控制时序图。AD9850 的复位(RESET)信号为高电平有效，且脉冲宽度不小于 5 个参考时钟周期。AD9850 的参考时钟频率一般远高于单片机的时钟频率。

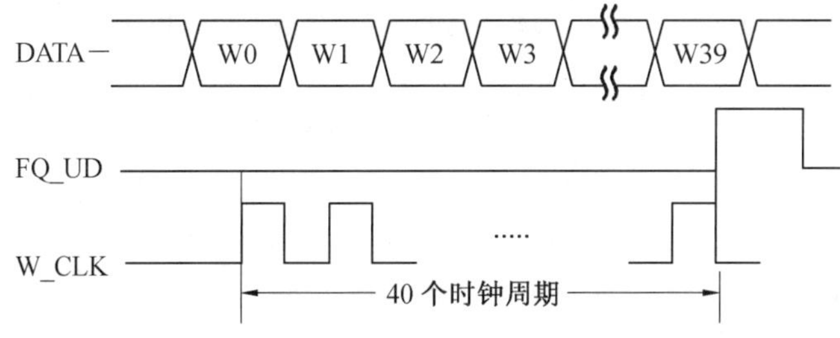

图 4.14　控制字串行输入的时序图

5. STC15F2K60S2 简介

STC15F2K60S2 单片机是高速、高可靠、低功耗、超强抗干扰的新一代 8051 单片机，采用 STC 第八代加密技术，指令代码完全兼容传统 8051，但指令执行速度却是传统 8051

的 8～12 倍，其具体性能如下。

（1）工作电压：5.5～3.8 V。

（2）片内大容量 2 048 字节的 SRAM。

（3）共有 8 通道 10 位高速 ADC，速度可达 30 万次/s，3 路 PWM 还可当 3 路 D/A 使用。

（4）内部高可靠复位，ISP 编程时 8 级复位门槛电压可选，可彻底省掉外部复位电路。

（5）内部高精度 R/C 时钟（±0.3%），内部时钟从 5～35 MHz 可选（5.529 6 MHz/11.059 2 MHz/22.118 4 MHz/33.177 6 MHz），设备工作时（-40～+85 ℃）温漂为±1%，常温下（-20～+65 ℃）温漂可达±0.6%。

（6）两组超高速异步串行通信接口（可同时使用），可在 5 组引脚之间进行切换，分时复用可当 5 组串口使用。

（7）串口 1：（RxD/P3.0，TxD/P3.1）可以切换到（RxD_2/P3.6，TxD_2/P3.7），还可切换到（RxD_3/P1.6，TxD_3/P1.7）；串口 2：（RxD2/P1.0，TxD2/P1.1）可以切换到（RxD2_2/P4.6，TxD2_2/P4.7）。

（8）一组高速异步串行通信接口 SPI，如果 I/O 口不够用，可外接 74HC595 来扩展I/O 口。

（9）共有 6 个定时器/计数器，3 个 16 位可重装载定时器/计数器，并均可独立实现对外可编程时钟输出（3 通道），3 路 CCP/PWM/PCA 还可再实现 3 个定时器。

（10）设备可切换为低速模式、空闲模式、停机模式，真正实现低功耗设计。

单片机的具体型号为 STC15F2K60S2-LQDP44，有 42 个 I/O 口。其中 P0 口可复用为地址/数据总线使用，不作为 A/D 转换使用，A/D 转换通道在 P1 口。因此引脚图中 P0.x/ADx是指 P0.x 引脚，可作为地址/数据总线使用，而 P1.x/ADCx 才是指 P1.x，可作为 A/D 转换通道使用。

4.4.2　高频信号源的电路方案设计

1. 总体方案设计

该系统主要由四大核心功能模块组成，分别是 MCU 总控制器模块、AD9850 波形产生模块、幅度放大控制模块和显示与输入模块。系统模块组成如图 4.15 所示。

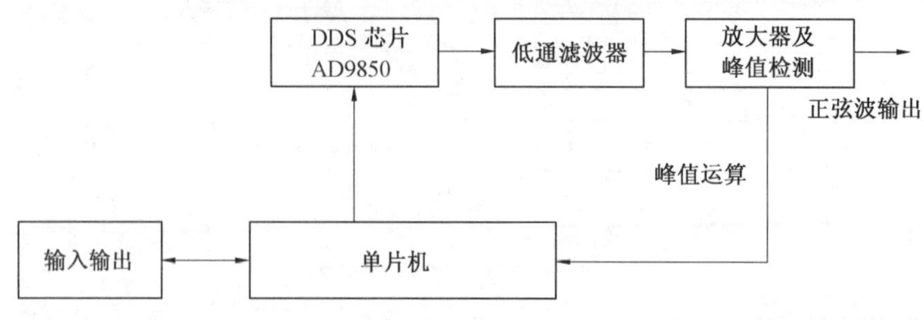

图 4.15　系统模块组成

其中,单片机用来实现对整个系统的控制,本项目选用的是性价比高、低功耗、高性能的STCSTC15F2K60S2单片机。信号的频率、初始相位值通过与单片机相连接的键盘(3×4)输入,经单片机处理后转换为频率/相位控制字通过接口电路送至DDS芯片,然后在DDS的D/A转换器的模拟输出端接一个低通滤波器和放大电路便可得到所需的正弦波信号。将产生的放大后的正弦信号经过峰值检测送回至单片机,经单片机片上A/D转换后通过计算得出信号瞬时电压值,并通过OLED屏幕显示出来。

AD9850内部有集成比较器,因此还可将产生的正弦信号通过该比较器得到方波信号,方波信号再经过一个积分电路便可得到三角波信号。

单片机与AD9850的接口可采用并行方式也可以采用串行方式,考虑到单片机的I/O口够用,所以本设计采用的是并行接口方式。

由于DDS原理工作方式的原因,DDS的输出频谱里必定含有一些镜像频率的成分,为了使输出的频率不受外界和一些杂波的干扰,就需用一个低通滤波器滤除这些镜像频率,考虑到AD9850输出波形的具体情况,本设计中低通滤波器设计为椭圆滤波器。此外,AD9850输出会产生一个直流分量,如果想产生一个单纯的正弦波,还应在AD9850输出与低通滤波器之间串联一个小电容滤除直流分量。

得到AD9850输出的正弦波后,由于输出幅度较小,所以还应通过一个放大电路放大得到一个正弦波。这里可以选用两种放大方式:一种是通过程控芯片进行程控放大,另一种是利用比例放大电路进行放大。考虑到简便性,这里选用比例放大。

画出总体框图以后,就可以开始分模块设计各部分电路,并且用Altium Designer画图工具画出硬件电路图。

2. STC15F2K60S2电路

STC15F2K60S2的通用I/O口复位后默认为准双向口/弱上拉(普通8051传统I/O口),可设置成四种模式:准双向口/弱上拉、强推挽/强上拉、仅为输入/高阻、开漏输出,并且整个芯片电流最大不超过120 mA。在本设计中,P0口用作输入口,经上拉电阻接3×4键盘,键盘输入的数值通过P0口送至单片机,经过单片机处理转换成频率控制字以后再通过P2口送至AD9850。P1.0口设置为高阻态输入,将放大后的正弦信号的峰值检测信号传到单片机,利用STC片上A/D转化进行模/数转化,经过单片机处理得到幅度信息。P3.0、P3.1用于ISP下载编程,可用下载器进行程序下载。P3.2、P3.3、P3.4用于AD9850的控制,其中P3.2接AD9850的WLCK脚,P3.3接FQ_UD口,P3.4接AD9850复位引脚。P3.7、P4.0、P4.1、P4.2、P4.3口用于OLED屏幕的显示控制。STC15F2K60S2接口电路如图4.16所示。

由于STC15F2K60S2可以采用内部软件复位电路和内部晶振,为了减少不必要的开销和冗杂的外部电路,本设计决定采用软件复位电路和内部晶振,晶振频率设置为11.059 2 MHz。

3. AD9850与单片机连接

单片机与AD9850的接口既可采用并行也可采用串行方式,但为了充分发挥芯片的高速性能,应在单片机资源允许的情况下尽可能选择并行方式,本项目采用的就是并行方式。

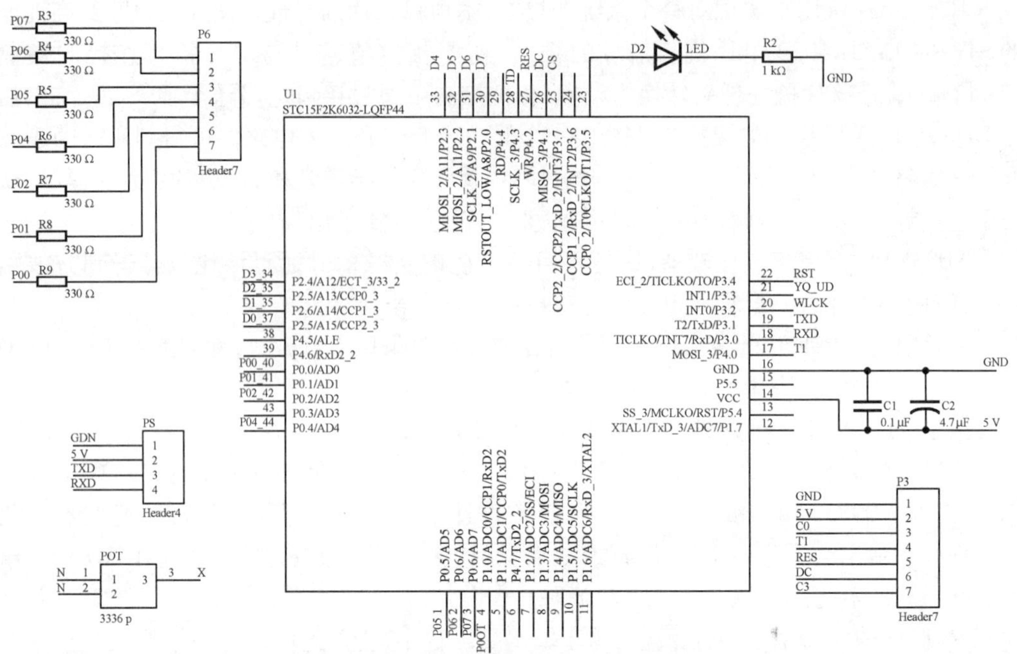

图 4.16　STC15F2K60S2 接口电路

I/O 方式的并行接口电路比较简单，但占用单片机资源相对较多，图 4.17 所示为 I/O 方式并行接口的电路图，AD9850 的数据线 D0-D7 与 P2 口相连，WCLK 和 FQ_UD 分别与 P3.2 和 P3.3 相连，所有的时序关系均可通过软件控制实现。

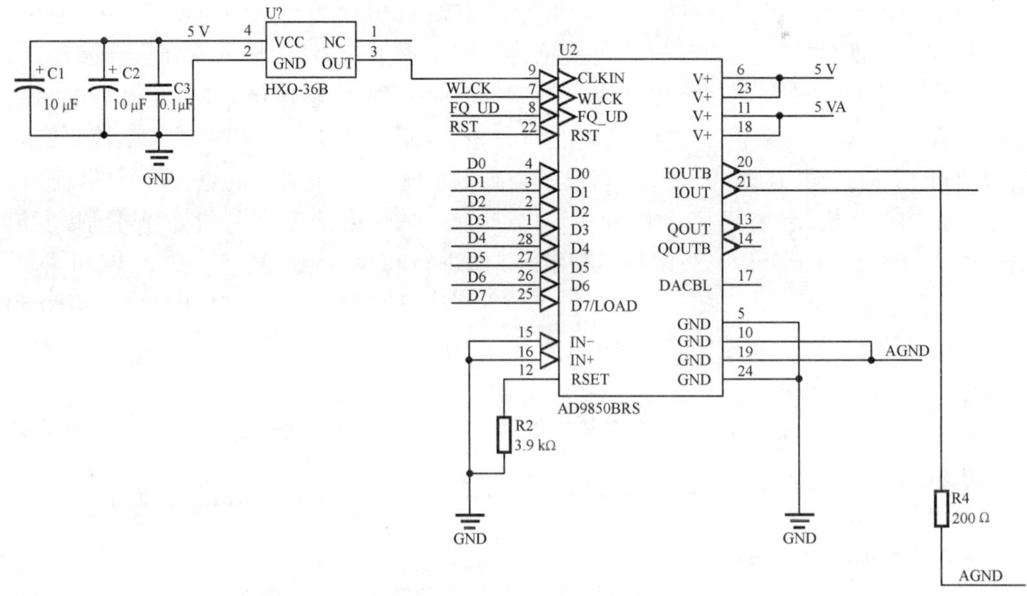

图 4.17　I/D 方式并行接口听 AD9850 基本电路

晶振采用 30 MHz 的有源晶振,将晶振输出接到 AD9850 的 CLKIN 引脚。有源晶振精度和稳定度比较高,抗干扰能力比较强,使得整个系统输出的频率精确稳定。如果晶振输出含有直流信号,可以尝试在 CLKIN 和晶振输出端 OUT 之间串联一个 1 μF 的电容。

为保证电路能安全可靠地工作,防止模拟和数字电路之间的干扰,需要采取隔离措施。数字信号对模拟部分干扰的一个重要的途径是通过电源和地串入模拟部分,从电源引入的干扰将严重影响输出频谱的纯度,在最后的 D/A 中,电源的周期纹波将被调制到输出的频谱中,使输出信号成为载频调制上噪声信号。

在电路设计中必须极力避免从电源线和地中引入干扰信号,在 AD9850 的电源中必须将模拟地和数字地分开,模拟电源和数字电源完全隔开,且为模拟部分提供低噪声的电源。因此将 DDS 模拟部分的+5 V 供电和数字部分的+5 V 供电完全隔离,也让数字地和模拟地隔离开。所以在电路中利用磁珠隔离数字地和模拟地、数字电源和模拟电源,如图 4.18 所示。

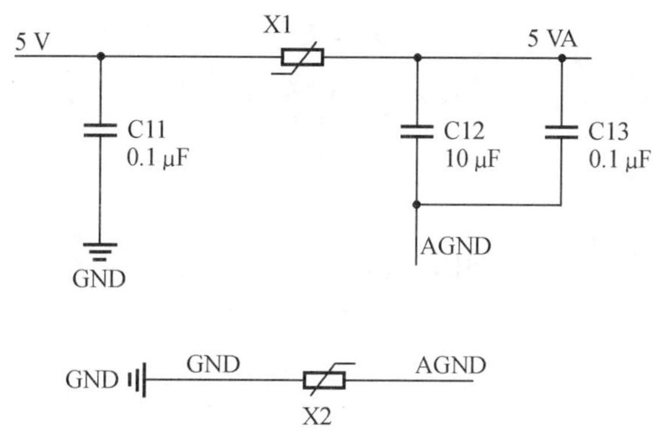

图 4.18　数字模拟隔离电路

4. AD9850 输出信号处理

AD9850 的输出信号中含有一个约 1 V 的直流信号,如果想要得到完整的正弦信号可以在输出中串联一个 1 μF 的电容,滤除直流信号。

5. 低通滤波器设计

AD9850 输出的信号波形含有大量的谐波,并且呈阶梯状变化,为了输出质量好的波形,必须用一个低通滤波器进行滤波。根据不同的逼近原则、不同的衰减特性,选择不同响应的滤波器,低通滤波器的频率响应主要有三种:巴特沃斯型、切比雪夫型和椭圆型。通带和阻带都平坦是巴特沃斯低通滤波器响应曲线的特点,但其不足是过渡带过于平缓,曲线下降缓慢;与此相应的是椭圆低通滤波器的通带和阻带都是抖动的,但其优点则是过渡带下降迅速,过渡带很窄;而切比雪夫低通滤波器的通带则呈现等波纹抖动的特点,阻带是平坦的,过渡带比巴特沃斯稍陡。椭圆滤波器适用于需滤除频率离通带较近的情况。基于以上分析,本系统选择椭圆滤波器进行低通滤波。

低通滤波器的性能参数有输入输出阻抗、幅频特性等,为了达到系统性能的要求,须根据参数选择归一化元件理论值,然后再去归一化得出实际元件值,本系统所需低通滤波器的技术指标是:3 dB 截止频率 f_c 为 35 MHz,电阻 R_1、R_2 为 100 Ω;最低阻带频率为

42 MHz,通带内纹波小于 0.2 dB。

(1)计算陡度系数。

$$A_S=\frac{f_S}{f_C}=\frac{41}{30}=1.367$$

$$A_{min}=42\ \text{MHz} \tag{4.7}$$

(2)计算反射系数。

$$\rho=\sqrt{\frac{\varepsilon^2}{1+\varepsilon^2}}=50\%$$

(3)根据陡度系数 A_S、最小衰减 A_{min} 和反射系数 ρ,参考椭圆函数滤波器阶数曲线得到设计所需滤波器的阶数为 7 阶。

(4)通过查找椭圆函数滤波器的 LC 元件值表,可得出归一化元件值。

(5)对滤波器去归一化的计算公式为

$$R'=RZ \tag{4.8}$$

$$L'=\frac{L\times Z}{\text{FSF}} \tag{4.9}$$

$$C'=\frac{C}{\text{FSF}\times Z} \tag{4.10}$$

$$\text{FSF}=2\pi\times35\times10^6, Z=50 \tag{4.11}$$

归一化的元件值分别为:$C_1=22$ F,$C_2=33$ pF,$C_3=22$ pF,$C_4=22$ pF,$C_5=1$ pF,$C_6=5.6$ pF,$C_7=4.7$ pF,$L_1=470$ nH,$L_2=390$ nH,$L_3=390$ nH,滤波器电路如图 4.19 所示。

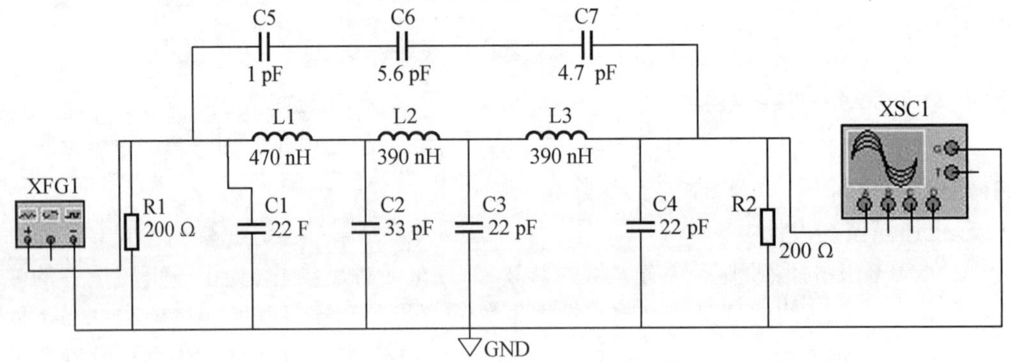

图 4.19 滤波器电路

根据以上方法得出的低通椭圆滤波器,还需要能直观地看到滤波器的幅频特性,才能真正知道设计的滤波器性能是否满足设计要求。本文采用 Multisim 仿真软件进行仿真,可以得到采用表中元件值的低通滤波器幅频特性,如图 4.20 所示。

本章通过观测输入和输出信号来分析其滤波特性。输入信号参数设置如图 4.21 所示,输出相位图如图 4.22 所示,输出幅值图如图 4.23 所示,可知输出幅值为 0.8 V,相比输入信号幅值 10 V,输入信号衰减了。

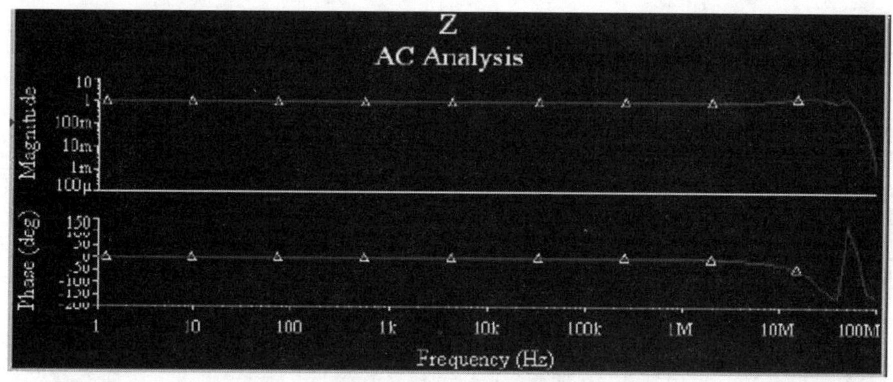

图 4.20　低通滤波器仿真

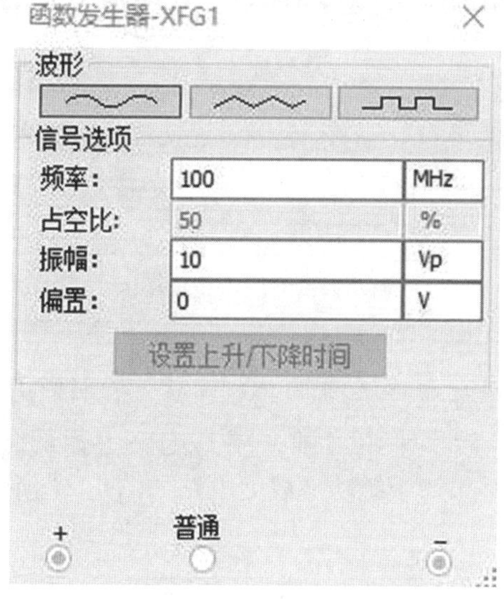

图 4.21　输入信号参数设置

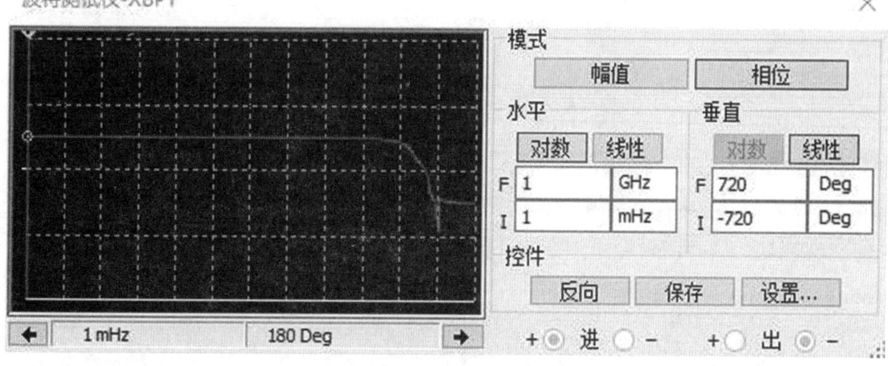

图 4.22　输出相位图

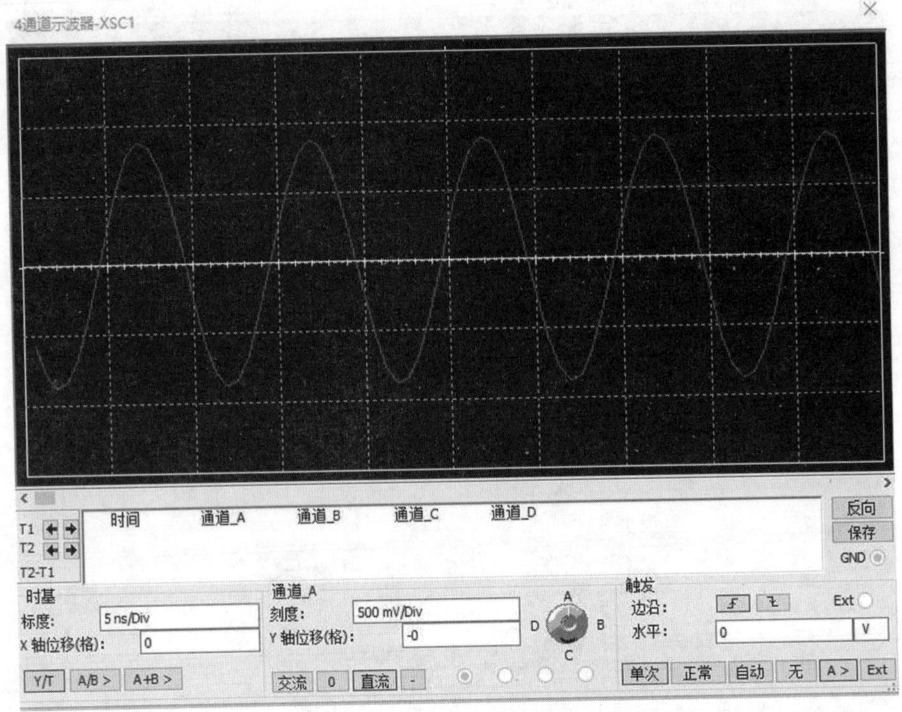

图 4.23　输出幅值图

6. 放大电路设计

由于 AD9850 的输出电压比较小，为了得到 5 V 左右的输出，本系统采用宽频带放大器对信号进行功率放大。接下来将详细介绍其电路参数的分析计算方法，以及利用 Multisim 软件进行仿真的结果。系统功率放大电路如图 4.24 所示。

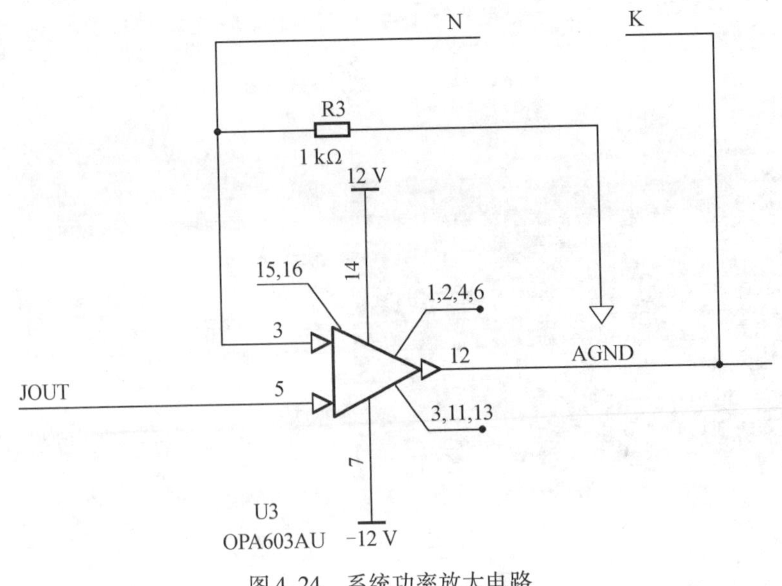

图 4.24　系统功率放大电路

OPA603 是电流反馈型宽频带运算放大器，-3 dB 增益带宽积达 160 MHz，最大电流输出达 150 mA，转换速度快，电源电压为单路或者双路输入，范围由-4.5 V 变化到 18 V，完全满足本系统的要求，因此 OPA603 可以用于本系统的宽频放大模块电路中。

根据式(4.12)计算放大倍数。

$$A_u = 1 + \frac{R_{N-K}}{R_3} \tag{4.12}$$

R_{N-K}可以从 0 变化到 10 kΩ，所以放大倍数理论上可以达到 11 倍。此时已经进入正向饱和区输出最大电压。

7. 峰值检测电路设计

如图 4.25 所示，U_2 所在电路为跟随电路，保证输出稳定且有高阻态输出使后面二极管和电容组成的峰值检测电路更加准确。可以根据实际情况测试，如果加上跟随电路会有不必要的干扰产生，也可不加此跟随电路。

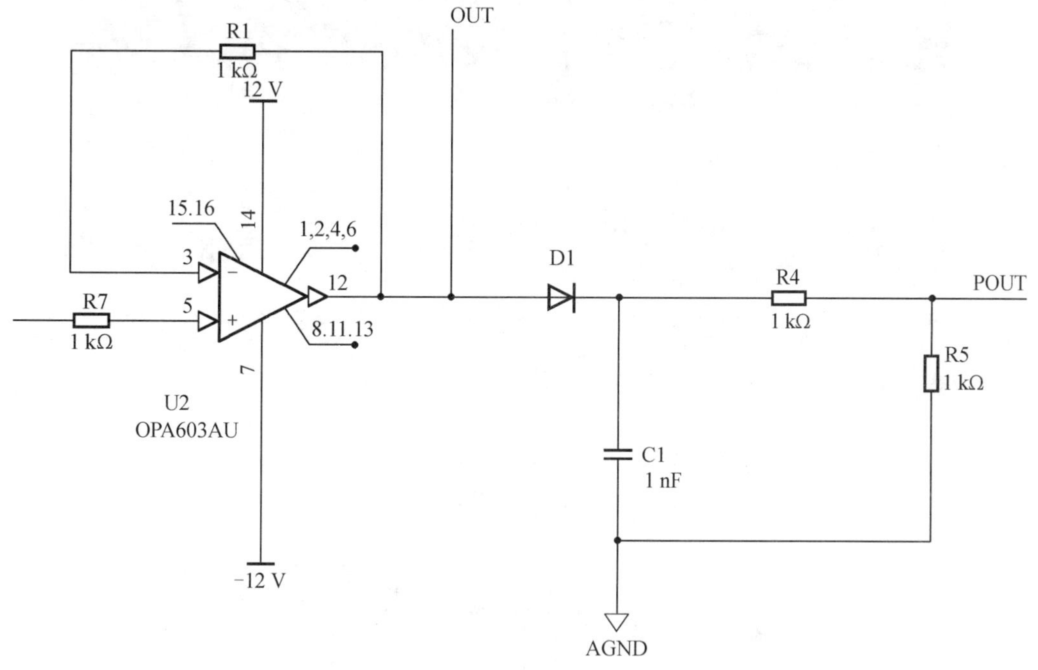

图 4.25　峰值检测电路

由于要用单片机的片上 A/D 转换计算峰值电压，单片机的最大输入只有 5 V，所以后面加上电阻 R_4、R_5 进行分压，以便进行 A/D 转换。如果 R_{N-K}选择不是很大，测量出的电压值小于 5 V 则可以不需 R_4、R_5。如图 4.26 所示为峰值检测电路的仿真结果。

8. 3×4 矩阵键盘

键盘采用 3×4 薄膜矩阵键盘，0～9 分别代表输入的频率数字、* 号代表复位、#为输入频率结束后的确认键。按键内部电路连接如图 4.27 所示。

通过定义每个按键的行值和列值，再把它们组合起来，这就得到了每个按键的键码。

把键盘矩阵的行值和列值送至单片机的并行口，按键的一端通过一限流电阻送至 VCC，单片机通过程序送出一低电平使其一端接地。通过键盘处理程序，判断有没有按键按下，具体是哪一个键按下，其对应的功能是什么。

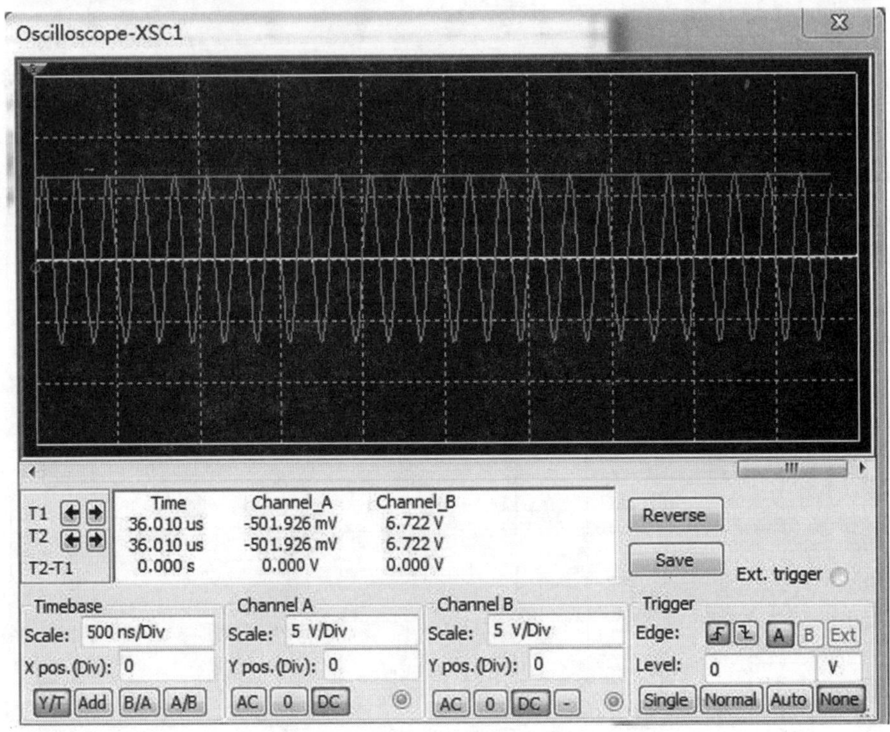

图 4.26　峰值检测电路仿真结果

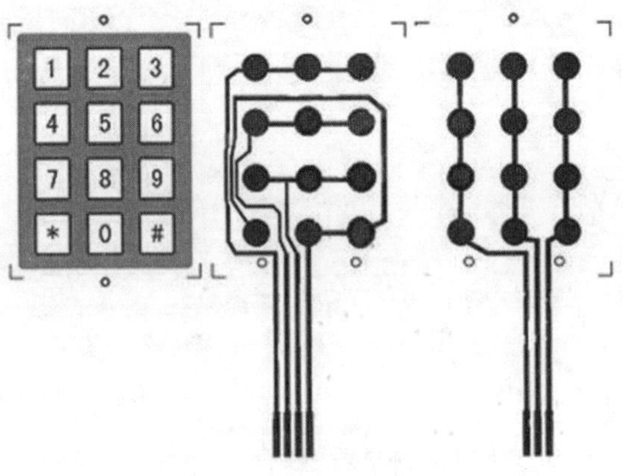

图 4.27　3×4 薄膜按键内部电路

由于在键按下的一瞬间，按键存在抖动的情况，为了防止误操作，在程序中必须进行去抖动处理。两个并行口中，其中一个口输出扫描码，使按键逐行动态接地，另一个并行口读入按键信息，由行扫描值和回馈信号共同形成键编码而识别按键，通过软件查表，查出该键的功能。

9. OLED 屏幕

OLED,即有机发光二极管(Organic Light-Emitting Diode),又称有机电激光显示(Organic Electroluminesence Display, OELD)。因为具备轻薄、省电等特性,因此从 2003 年开始,这种显示设备在 MP3 播放器上得到了广泛应用,而对于同属数码类产品的 DC 与手机,此前只是在一些展会上展示过采用 OLED 屏幕的工程样品。自 2007 年后,此类产品的寿命得到很大提高,具备了许多 LCD 不可比拟的优势。

此次所用的 OLED 屏幕采用 SPI 方式与单片机连接。各引脚功能定义如下:

(1)GND:电源地。

(2)VCC:2.2 ~5.5 V。

(3)SCL(D0):CLK 时钟(高电平 2.2 ~5.5 V)。

(4)SDA(D1):MOSI 数据(高电平 2.2 ~5.5 V)。

(5)RST:复位(高电平 2.2 ~5.5 V)。

(6)D/C:数据/命令(高电平 2.2 ~5.5 V)。

兼容 3.3 V 和 5 V 控制芯片的 I/O 电平(无需任何设置,直接兼容)板子引脚依次为 G(地)、3.3V/5V(电源)、SCL(CLK 时钟)、SDA(MISO 数据)、RES(复位)、DC(数据/命令),实物如图 4.28 所示。

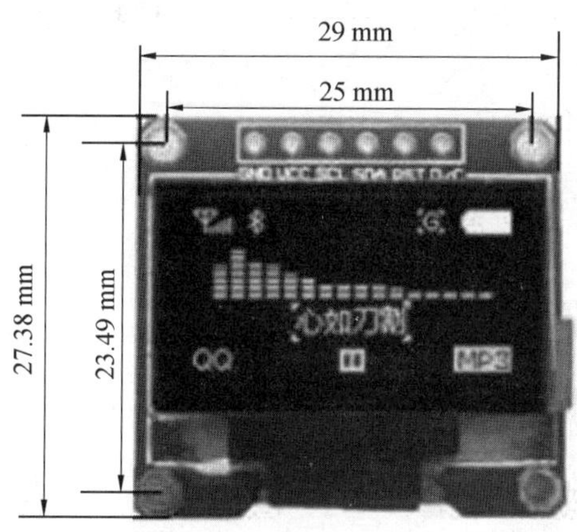

图 4.28　OLED 实物图

SPI 是串行外设接口(Serial Peripheral Interface)的缩写。SPI 是一种高速、全双工、同步的通信总线,并且在芯片的引脚上只占用四根线,节约了芯片的引脚,同时为 PCB 的布局节省空间,提供方便,正是出于这种简单易用的特性,如今越来越多的芯片集成了这种通信协议。

通信是通过数据交换完成的,这里先要知道 SPI 是串行通信协议,也就是说数据是一位一位地传输的。这就是 SCLK 时钟线存在的原因,由 SCLK 提供时钟脉冲,SDI、SDO 则基于此脉冲完成数据传输。数据输出通过 SDO 线,数据在时钟上升沿或下降沿时改变,在紧接着的下降沿或上升沿被读取,完成一位数据传输,输入也使用同样原理。这样,在至少 8 次时钟信号的改变(上沿和下沿为一次),就可以完成 8 位数据的传输。

要注意的是,SCLK 信号线只由主设备控制,从设备不能控制信号线。同样,在一个基于 SPI 的设备中,至少有一个主控设备。普通的串行通信一次连续传送至少 8 位数据,而 SPI 的优点是允许数据一位一位地传送,甚至允许暂停,因为 SCLK 时钟线由主控设备控制,当没有时钟跳变时,从设备不采集或传送数据。也就是说,主设备通过对 SCLK 时钟线的控制可以完成对通信的控制。不同的 SPI 设备的实现方式不尽相同,主要是数据改变和采集的时间不同,在时钟信号上沿或下沿采集有不同定义,具体请参考相关器件的文档。SPI 接口的缺点是没有指定的流控制,没有应答机制确认是否接收到数据。

4.5　高频信号源的结构设计

原理图设计过程中,前期将全部元件统一放置在一块电路板中,发现这样不但布线时候比较费力,而且占用空间较大、不宜携带。因此,为了小型化和美观化,进行了结构设计,将 PCB 板分为了三块板,分别为控制板、AD9850 正弦信号生成板和放大电路板。每个板子既可以在这个系统中使用,还可以当成三个不同功能的小系统与其他系统进行连接,这样可以多次利用节约了成本。结构设计就是利用排针和排母进行层层连接,一个板对应位置为排针,另一个板对应位置则为排母,这样可以叠加放置,节省空间。而且这样不但减少了信号源的体积和制版价格,更加方便了携带,增加了用户体验。

4.5.1　控制板

控制板为 STC 单片机所在板,目的是为了控制 AD9850 与对应的外设按键和 OLED 屏幕的控制。而且控制板上为了接入按键和 OLED 屏幕焊接了排针和排母,这样可以方便插拔。电位器也放在控制板上,主要是为了放大电路使用,这样输入输出操作可都在控制板进行,将控制板放在三块板的顶端。与此同时,控制板还可以接收来自放大板的峰值信号,利用 STC 单片机的片上 A/D 进行 A/D 转化,经过程序分析后将结果在屏幕输出,还可增加发光二极管等器件进行系统工作情况测试。控制板电路如图 4.29 所示。

其中 P1 为了单片机给 AD9850 传输频率字并将模拟地从 AD9850 板传给控制板。P2 一部分传输 AD9850 控制字,一部分传输电源和数字地,N 和 K 将电位器两端传输给放大板进行信号放大,POUT 为待检测直流信号,OUT 为放大后信号。P3 用于 OLED 屏幕控制。P5 用于程序烧写。P6 为键盘连接处。D2 为自定义发光二极管,可以用来测试单片机或 AD9850 工作情况。

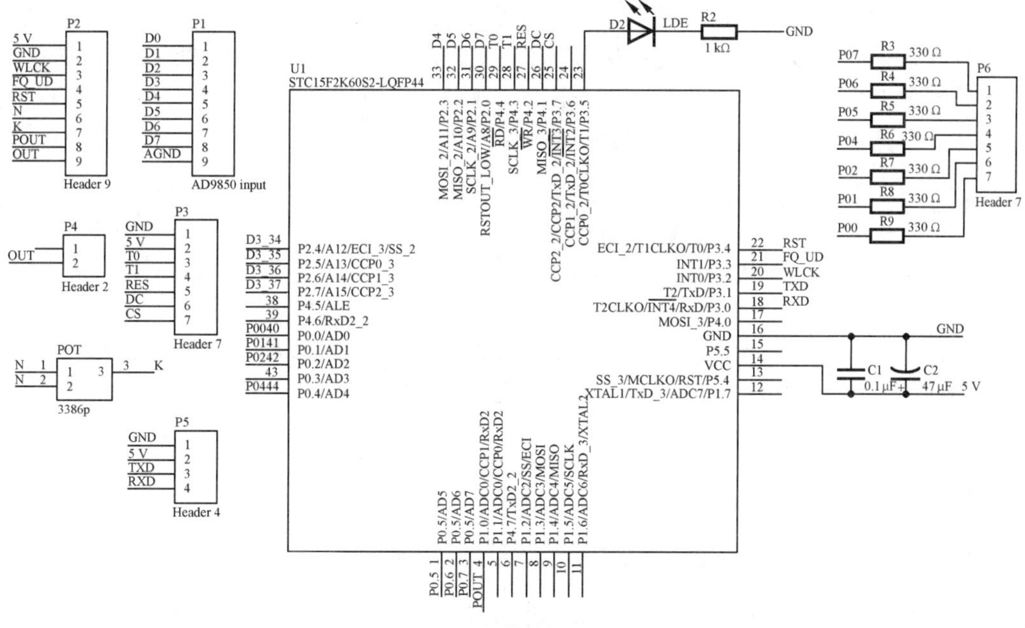

图 4.29　控制板电路

4.5.2　AD9850 正弦信号生成板

AD9850 信号生成版的作用是接收来自控制板的控制信号并传给 AD9850 产生正弦信号，将产生的正弦信号通过隔直处理并经过椭圆低通滤波器后的正弦波 IOUT 传输给放大板进行放大。由于 AD9850 同时需要模拟信号和数字信号，所以用磁珠分开模拟和数字信号也在此板进行，此处采用模拟电源和数字电源、模拟地和数字地同时进行隔离的方式。电路连接如图 4.30 所示。

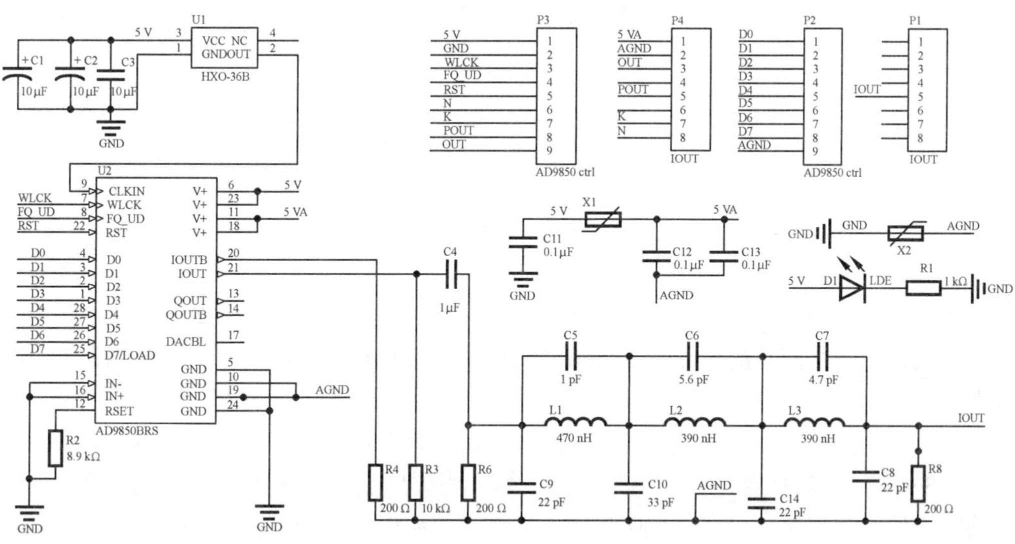

图 4.30　AD9850 信号生成板电路连接

其中 P2、P3 对应于控制板的 P1、P2。P1 用于将正弦信号传输给放大板，P4 的作用是接收放大板中放大后的信号和直流信号，同时接收电源信号，并将来自顶层控制板的电位器连接到放大板上。发光二极管 D1 的作用是确定电路板已经通电开始工作。X1、X2 代表磁珠。电路板应注意区分模拟和数字信号。

4.5.3　放大电路板

放大电路板的主要作用是放大信号和峰值检测，这在前面的电路介绍中已经谈过。要注意放大电路板每个器件的应用方式，在需要的情况下可以根据电路的具体情况适当改变器件的使用方式。板上还增加了电压转换芯片 78M05，可以将直流电源的 12 V 电压转换为 5 V 电压，其中 12 V 电压给 OPA603 进行放大使用，5 V 电压给上述两板使用。放大电路板连接如图 4.31 所示。

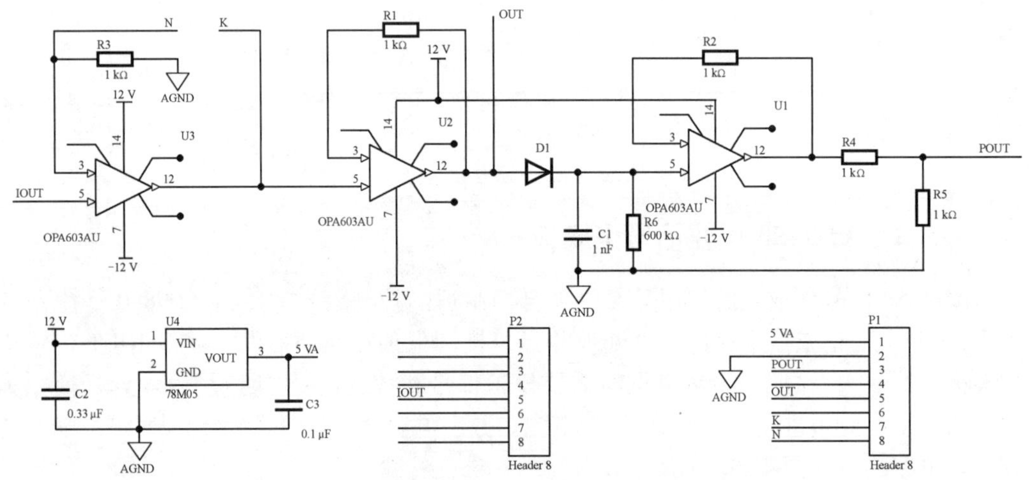

图 4.31　放大电路板连接

而且，-12 V 决定用两块 12 V 的电源首尾相连，将连接处接到地端，这样另外两端相对的分别为 12 V 和-12 V。选用的电源应尽量小巧，也可用 24 V 的电源分压得到 12 V 和-12 V 电压。

4.6　PCB 板图绘制

在原理图绘制完成后要进行 PCB 板绘制，下面对使用 Altium Designer 进行 PCB 板绘制的过程进行一些简单的介绍。这里用的是 Altium Designer 6.9 版本，与最新版本稍有区别。

由于设计的三个板需要相互连接，所以在设计完顶层控制板后，应该复制这块板对应下一板的排针、排母位置，一块板焊上排针，另一块板焊上排母，以防由于误差导致板子在焊接完成后无法连接。以 AD9850 信号生成板和控制板为例，如图 4.32 和图 4.33 所示。

可以看出，两板对应的连接位置和整块版的相对位置确保了两块板能够顺利连接在一起。还应注意 PCB 板器件位置规划，电源走线和模拟信号线应该比普通信号线粗，以减少干扰。而且AD9850信号生成板应该分隔开模拟信号和数字信号,尽量在板中分开布线。还应注意由于是双层板,可以将一些独立电容、电阻等放在底层,方便布线,节省空间。

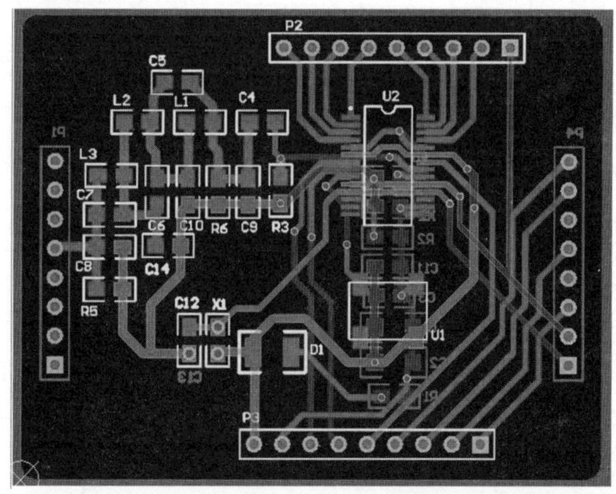

图4.32　AD9850信号生产板器件分布

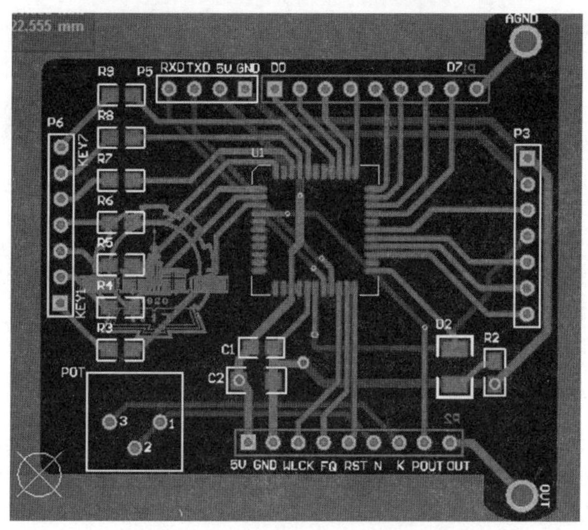

图4.33　AD9850信号控制板器件分布

4.7　软件设计

4.7.1　程序流程

系统的软件设计不仅要产生波形数据发生,还要实现对OLED显示、键盘的控制,因此系统软件的好坏将直接决定系统的功能和稳定。本项目选用的主控制芯片为STC15F2K60S2,因此用C51完成软件部分的功能。图4.34为AD9850程序流程图,图4.35为子程序流程图。

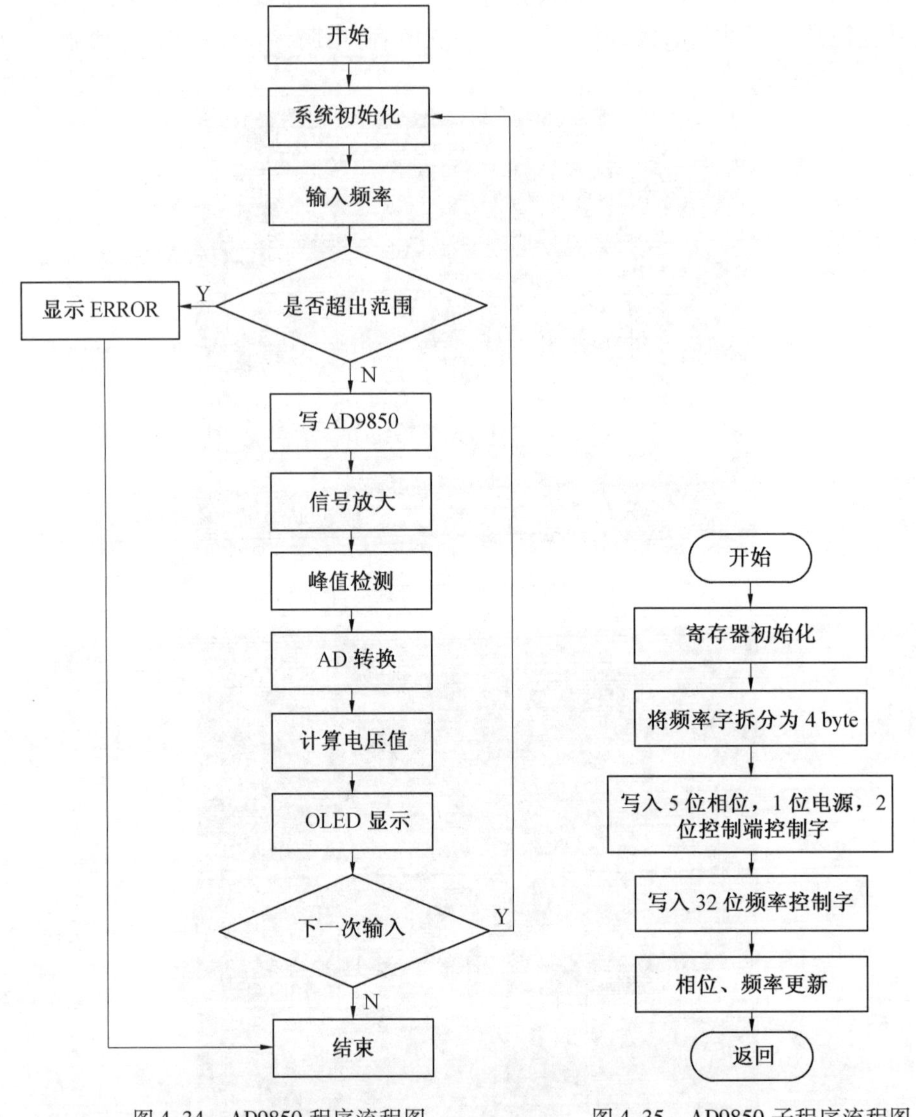

图 4.34　AD9850 程序流程图　　　　图 4.35　AD9850 子程序流程图

4.7.2　AD9850 初始化

对 AD9850 进行初始化控制时,主复位脚必须置高电平在 10 个系统周期以上,主复位的作用是初始化系统总线,置控制寄存器以缺省值。程序设计中要注意 AD9850 的时序要求,正确送出逻辑控制字,注意其刷新时钟。通过写端口写入 AD9850 的控制字暂时寄存在 I/O 缓冲寄存器中,需要一个从低到高的时钟信号从外部输入,或者由内部 32 bit 的刷新时钟把 I/O 缓冲寄存器中的控制字传送到 DDS 的内核。

4.7.3　AD9850 控制字计算

AD9850 共包含有 40 位控制码(D39 ~ D0),这 40 位控制码的作用是:

(1)D39 和 D38 用来控制 AD9850 的数据输入模式。AD9850 的数据输入模式分为两种:并行输入模式和串行输入模式。在并行输入模式的情况下,模式控制码为 00,由数据输入端 D7 ~ D0 每次 8 位分 5 次输入频率控制字;在串行数据输入模式的情况下,模式控制码为 11,由数据输入端 D7 每次 1 位分 40 次依次输入频率控制字。

(2)D37 用来调节 AD9850 的输出功率。

(3)D36 ~ D32 是相位调制码,用来控制 AD9850 的相位调制量。

(4)D37 ~ D0 用来控制 AD9850 的输出频率。

值得注意的是,在 AD9850 中有一些特殊的控制码是被用来在工厂中对 AD9850 进行性能测试的。这些控制码会使 AD9850 的性能临时无效。因此,在应用这些控制码时必须十分注意,除非是进行性能测试,否则应尽量避免应用这些控制码。

AD9850 在进行频率控制时,首先送入相位控制码、功率调节码和输入模式控制码,接下来送入 32 位的频率控制码。在并行数据输入模式下,40 位的数据控制字经 8 位数总据线分 5 次重复输入 WCLK 端和 FQ_UD 端信号用来加载控制字。WCLK 端信号的作用是使其在上升沿将 8 位的频率控制字加载进入数据输入存储器,并且将地址指针下移指向下一个数据输入地址端。当经过 5 次加载后,已经输入了 40 位的数据控制字时,则 WCLK 端信号的上升沿将被忽略,也就是数据将不再被加载,直到下一个复位信号或者下一个 FQ_UD 端信号的上升沿到来为止。在 FQ_UD 端信号的上升沿将 40 位的控制字加载进入相位累加器,并且将地址指针复位指向第一个数据输入地址端。

在传输数据前先使系统复位,然后依次向 P2 端口传输一个 8 位的相位调制码,AD9850 工作模式码是 32 位的频率控制码,每传输一次 8 位的控制码后,延时 3.5 ns,置单片机引脚 P3.2 为 1,即产生一个有效的认 WCLK 上升沿信号,将控制码送入 AD9850 输入数据寄存器当中,重复 5 次后,就可将 40 位的控制码全部加载到 AD9850 的输入数据寄存器当中,然后再延时 1 ns,置单片机引脚 P3.3 为 1,即产生一个有效的 FQ_UD 上升沿信号,再延时 1 ns 后,将 40 位的控制码全部加载到 AD9850 中的 DDS 频率合成部分中,经过 13 到 18 个周期后,就可以得到所需要的信号了。

4.7.4　键盘扫描和按键识别

在本项目中,所设定的频率和初始相位都是通过 4×4 键盘输入的,因此要通过键盘扫描和按键识别程序将输入的键值处理后送至 AD9850。键盘的控制方式一般有程控扫描法、定时扫描法和中断扫描法。键盘输入程序一般包括:

(1)判断是否有键按下。

(2)消除按键产生的机械抖动。

(3)扫描键盘,得到按下键的参数。

(4)计算键值。

(5)判断闭合的键是否释放。

(6)执行键操作。

(7)返回。

为了提高 CPU 的工作效率,可以采用中断的方法扫描键盘,平时单片机可以执行任何操作程序,仅当键盘上有键闭合时产生中断请求。单片机在响应中断并执行中断服务程序时才扫描键盘,并做出相应的操作。

4.8　系统调试过程

系统功能的实现需要单片机与外围电路的密切配合。为保证系统按照设计意图正常工作,必须对硬件电路和程序代码进行仔细调试,因此系统的调试在设计中占据着重要的地位。

4.8.1　准备系统调试

首先应该做好准备工作,在系统上电前,需要对硬件电路板进行仔细测试,确认电源和地之间是否短路,芯片各引脚之间是否短路,芯片各引脚是否与焊盘连接良好,是否有焊接错误等。利用数字万用表对各引脚和测试点进行检查,保证电路上没有短路。

由于在板上都增加了发光二极管测试板的运行情况,可以通过发光二极管的亮灭判断板的运行情况,通电后测试关键引脚,如电源、地等的电压值进一步测试排除错误。还可利用示波器观察晶振起振情况。检测无误后,烧录程序,遇到错误修改程序即可。关键要注意在有的情况下需要延时几毫秒,如 A/D 转换时、AD9850 产生时序时。

4.8.2　运行结果

输入频率约为 6 MHz 时产生的正弦信号,如图 4.36 所示,幅度改变后最大输出幅值为 3 V(每格 1 V),如图 4.37 所示。OLED 屏幕显示如图 4.38 所示,由于手机拍照,感觉屏幕显示有断点,实际显示并没有这种情况,屏幕是这款信号源的一个亮点,可以自由发挥想象,自定义适合自己的一种显示方式。从示波器的显示结果可以看出,正弦波波形的表现经过示波器刻度计算基本达到了要求,如果需要进一步的检测,可以使用频谱仪进行分析,得到最精确的检测结果。输入超过规定 7 位数后,显示如图 4.39 所示。本系统所输出的波形稳定、平滑,没有明显的失真,完全达到设计要求。

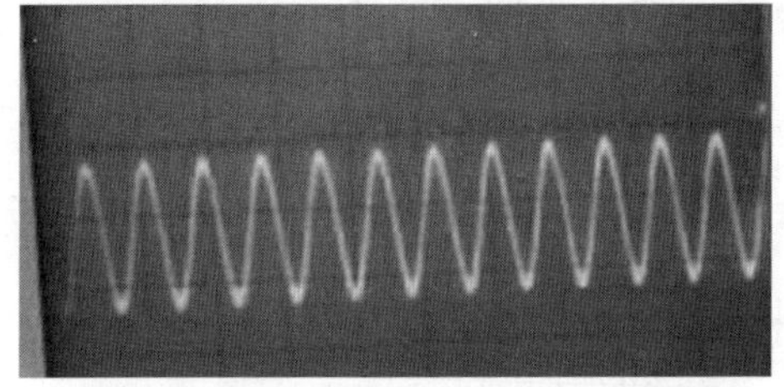

图 4.36　输入频率约为 6 MHz 时的波形

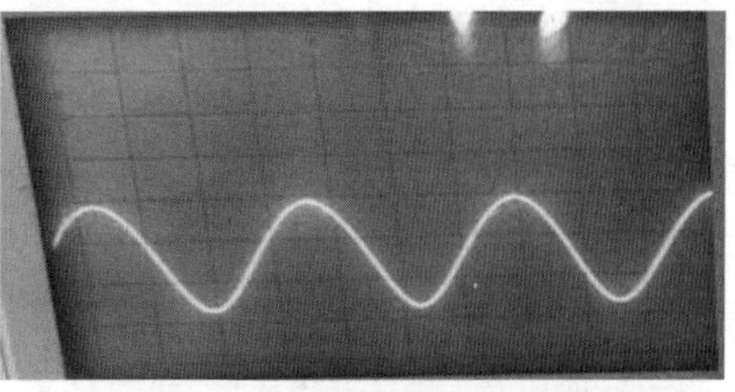

图 4.37　6 MHz 时改变幅度的波形

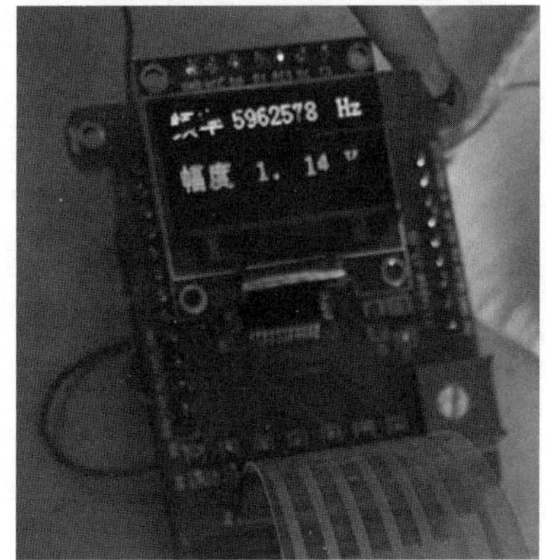

图 4.38　OLED 显示

图 4.39　输入超出规定时

本章小结

本章介绍了以 DDS 芯片 AD9850 为核心,利用单片机 STC15F2K60S2 为控制芯片设计的高频信号源。本设计可输出频率范围在 1 kHz ~ 6 MHz 的正弦波,并可控制输出幅度最大可达 5 V,且产生的信号精确稳定度高。所设计的系统能够生成正弦波波形,并能够动态地显示信号频率以及正弦信号电压的瞬时值。信号的频率、相位、幅度的调节精度和抗干扰性等技术性能指标基本上达到了预期的设计目标。该电路设计方案正确可行,频率容易控制,操作简单灵活且具有广阔的应用前景。

参考文献

[1] 何宾. STC 单片机 C 语言程序设计:8051 体系架构、编程实例及项目实战[M]. 北京:清华大学出版社,2018.

[2] 郭天祥. 新概念 51 单片机 C 语言教程:入门、提高、开发、拓展全攻略[M]. 2 版. 北京:电子工业出版社,2018.

[3] 李崇伟,陈宇洁. Altium Designer19 设计宝典:实战操作技巧与问题解决方法[M]. 北京:清华大学出版社,2019.

[4] 贾立. 基于组合式信号源的块结构模型辨识方法[M]. 北京:科学出版社,2019.
[5] 刘涛,杨艺敏,丘学勇. 基于 DDS 技术的高频信号源设计与实现[J]. 电声技术,2012,12:38-45.
[6] 白居宪. 直接数字频率合成[M]. 西安:西安交通大学出版社,2007.
[7] KING K N. C 语言程序设计:现代方法[M]. 2 版. 北京:人民邮电出版社,2010.
[8] 张涛,陈亮. 现代 DDS 的研究进展与概述[J]. 电子科技,2008,03:73-78.
[9] 孙超,林占江. 基于 DDS 的雷达任意波形信号源的研究[J]. 电子测量与仪器学报,2008,02:31-36.

第 5 章　CPCI 板卡硬件实现

5.1　引　　言

CPCI 全称为 Compact PCI。CPCI 规范是由 PICMG（PCI lndustrial Computer ManufactllreI's Group，PCI 工业计算机制造商联盟）于 1994 年制定的一种新的开放工业计算机标准，用于工业和嵌入式应用，简单地说就是 PCI specification（PCI 电气规范）加上 rugged Eurocard packaging（欧式卡）结构。CPCI 继续采用 PCI 局部总线技术，但是摒弃了 PC 的金手指式互联方式，改用 2 mm 密度的针孔连接器，具有气密、防腐的特性，增加了负载能力，改善了散热条件，提高了抗振动冲击能力。CPCI 技术最突出的特点是热插拔，其含义在于系统正常工作的同时在 CPCI 总线上插入或拔出板卡，完成故障板卡更换与计算机系统的重新配置。CPCI 在电信、控制、航天等多个领域被关注和采用。

CPCI 总线是由 PCI 总线发展而来的一种紧凑型 32/64 bit 局部总线，最高带宽可达 512 MB/s。因其具有高开放性、高可靠性、可热插拔等优点，被广泛应用于航空航天、信息通信、工业控制、数据采集等领域。

作为兼容 PCI 总线的 CPCI 总线，它是一种独立于处理器的高性能局部总线，是目前技术成熟的总线中速度最快、性能最稳定、最能充分利用系统资源的总线形式。它作为 32 位/33 MHz 的 Compact PCI/PXI，目前在工控以及电信领域被广泛使用。

Xilinx、Altera 等公司的 PCI 核在国内有广泛应用，特色各异。可是这些 PCI 软核价格昂贵，而且不提供源代码，甚至连最简单的 PCI 开发板价格也很高。国内系统厂家的 PCI 总线接口绝大部分采用国外的 PCI 专用芯片，如 PLX 公司 9054 和 9052、INTEL 公司的 21554、OXFORD 公司的 OX16C954 芯片（该芯片集成了 PCI 总线接口目标控制器和 UART16954 核）等。

在中国计算机行业协会组织的 PICMG/PRC 的倡导和组织下，我国的 CPCI 技术研制和应用工作近几年取得了突破性的进展。国内这项工作起步较早的有中国航天科技集团 502 所、三九佳和、中船重工 716 所和 707 所、信息产业部第 6 研究所、华为和聚普贤公司等。在国内有影响力的从事 CPCI 技术研制的外国企业有 Force Computers、Motorola、Intel 等。

5.2 系统设计要求

5.2.1 任务目标与性能描述

设计流程如图 5.1 所示。

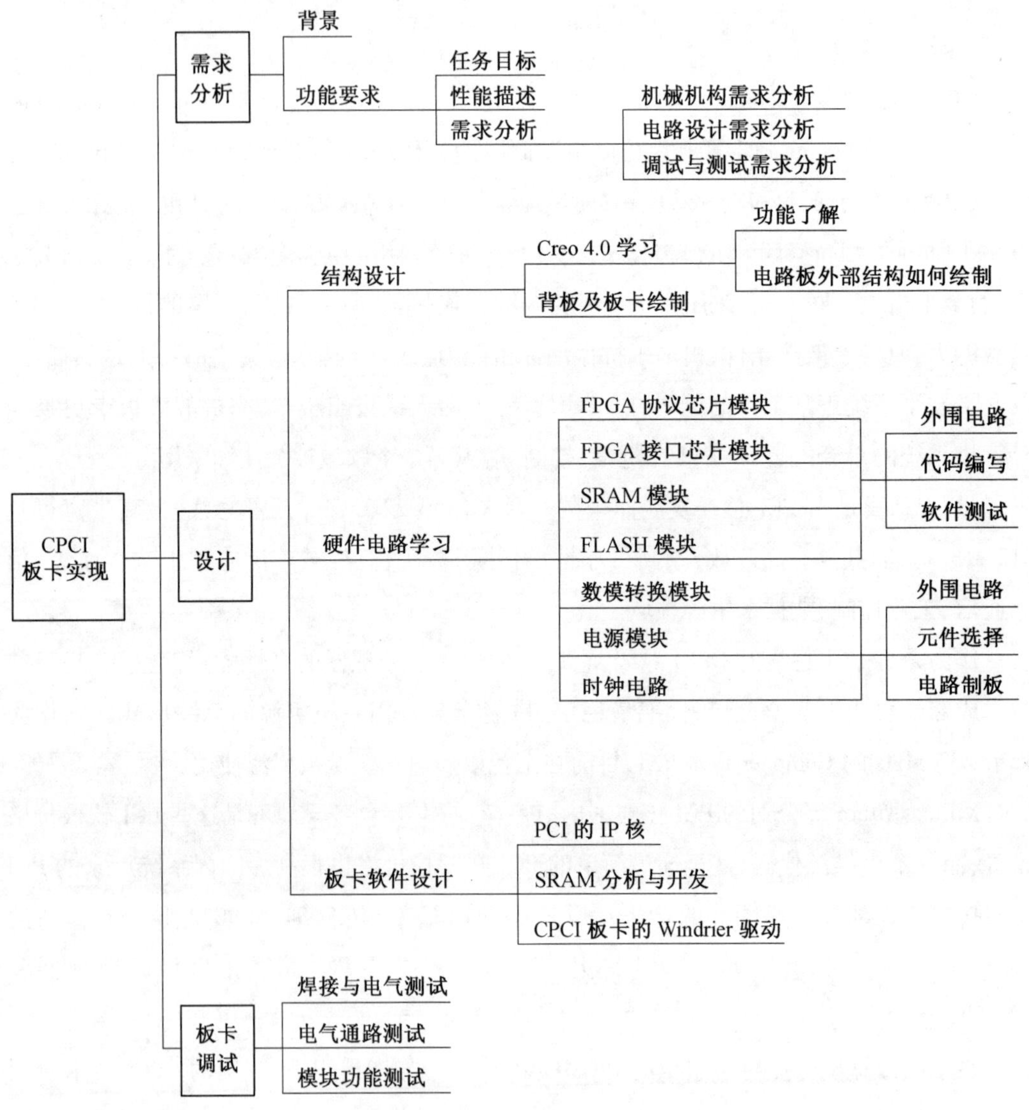

图 5.1 设计流程

1. 任务目标

设计一款基于 FPGA 的 CPCI 板块。

2. 性能描述

(1)高度 2U,表示服务器外部尺寸的单位,1U=1.75 英寸=44.45 mm。

(2)实现 32 路信号输入与输出。

(3)具有掉电存储功能。

(4)能实现高速数据存储。

5.2.2　需求分析

1. 机械结构需求分析

Compact PCI 系统背板和 Compact PCI 板卡采用的是标准的 2 mm 高密度气密性针孔连接器,板卡的尺寸分 3U(100 mm×160 mm)和 6U(160 mm×233 mm)两种。背板是 CPCI 总线架构的基础,它为 CPCI 总线交换提供物理连接、电路保证。8 个插槽中的一个为系统板插槽(System Slot),其他 7 个为外设板插槽(Peripheral Slot),像这样一个系统插槽外带 7 个外设插槽的单元称作 1 个 CPCI 段(CPCI segment)。外设插槽上可以安放简单的接口板、智能从属装置(Intelligengce Slave)或 PCI 总线的控制装置(PCI master)。从结构上看,CPCI 总线能够支持多外设,很好地适应了系统可扩展性的要求。

2. 电路设计需求分析

本项目采用两片 FPGA 芯片设计 CPCI 板卡,一片作为接口芯片,一片作为协议芯片,这就分成了两个模块。在此基础上还需要 FLASH 模块、SRAM 模块进行数据的存储或芯片的配置;JTAG 模块对芯片进行程序的烧录;TTL 座和 CPCI 座是板卡和外部进行数据交互的接口;电源模块对上述模块进行供电。

3. IP 核设计需求分析

DMA 控制器由 DMA 寄存器和 DMA 状态机两个模块构成。DMA 寄存器是主机控制 DMA 的窗口,包括控制状态寄存器、地址寄存器、字节寄存器、中断状态寄存器和本地地址寄存器。DMA 寄存器的地址直接映射到 PCI 的地址空间,其基地址对应 PCI IP 核中的配置寄存器 Bar0。主机通过设置在存储器地址空间的 DMA 寄存器来控制 DMA 传输。DMA 状态机是控制主模式写传输的核心,产生主模式传输需求的各种信号。状态跳转条件来自 DMA 寄存器、IP 核以及 DMA FIFO。

PCI_MT64 IP 核能有效地满足 CPCI 数据采集卡对数据高速传输的要求,实现 CPCI 接口功能,并能与用户逻辑配合工作,实现数据的缓存和传输。相较于使用 PCI 专用芯片实现接口功能的方法,本设计具有电路板集成性能高、功耗低、成本低、方便移植等优点。

5.3　结构设计

Compact PCI 是欧式卡结构。在 Compact PCI 系统中可采用在台式机中广泛使用的高性能的 PCI 技术,降低了新技术的使用成本,系统的整体性能得以提升,基于 PCI 技术的丰富软件工具,也使得用户在使用中更加便捷。同时,欧式卡结构使得系统的可靠性进一步提高。另外采用 IEEE 1101.11 后端输出方式,使得对系统的维护更加方便、快捷,大大缩短了系统的平均维护时间。

5.3.1 适配板需求

CPCI 定义了两种板卡尺寸:3U 和 6U。

3U 为 100 mm×160 mm 规格。PCB 板为 1.6±0.2 mm 厚。使用一个 2 mm 连接器来连接 CPCI 总线段。图 5.2 为 CPCI 总线架构(背板),给出了 3U 板卡的尺寸和连接器情况。J1 用作 32 位 PCI,J2 用作 64 位 PCI、后面板 I/O 或系统槽功能。

6U 为 160 mm×233.35 mm 规格。J1 用作 32 位 PCI,J2 用作 64 位 PCI、后面板 I/O 或系统槽功能。J3、J4 和 J5 可用作后面板 I/O。

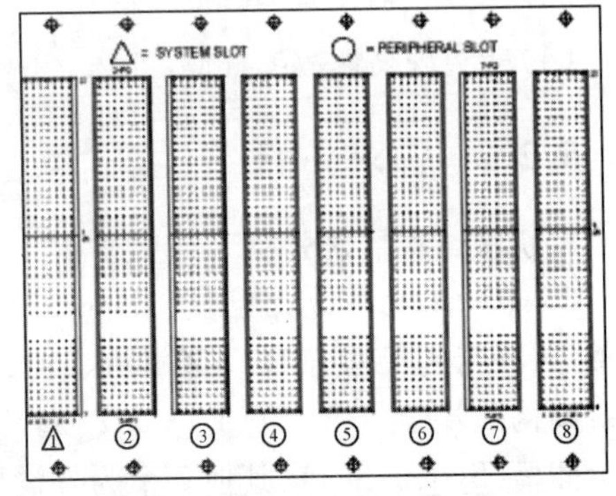

图 5.2　CPCI 总线架构(背板)

后面板 I/O 板卡高度可以为 3U(100 mm)或 6U(233.35 mm),但是深度必须符合标准规范 80 mm。

所有适配板都应具备 IEEE 1101.10 和 IEEE 1101.11 定义的 ESD 保护特性。对每块适配板来讲,最低的 ESD 环境也应该是沿着板卡底部两侧固定一个静电导出条。当适配板被插入到一个封闭罩时,ESD 静电导出条连接到引导卡(Cardguide)的 ESD 静电放电针上,这个引导卡接地。为了达到约束静电放电的目的,ESD 静电导出条被分成三段。第一段通过一个 10 MΩ 电阻连接到面板上以排除适配板或用户带来的过大静电噪声,以及限制放电电流的大小。第二段用来释放适配板接地面静电,当其被插入引导卡内部时,同样使用一个 10 MΩ 电阻。第三段被直接连接到前面板。这样就在背板连接器接入和适配板完全安装好之后形成一个放电回路。第三段同样也为前面板到接地层提供了一个放电回路,当整个系统能够被安全管理和运作时,所需要的静电放电保护措施依赖于环境。例如,干燥环境中的人能够产生超过 20 kV 的静电放电电势。连接一个 ESD 腕带到底层地将减小最大静电放电电压至 2.5 kV。其他规格的 ESD 缩减技术在最小 35% RH 的操作环境、传导垫或传导层等同样有效。为使静电放电电路生效,电阻器和周围组件或电路之间不能发生电弧放电。

当适配器插入系统时,ESD 卡接线柱连接到适配板的边缘,并为适配板上的 ESD 能量提供一个放电到底盘的途径。在下级引导卡上提供一个 ESD 接线柱。这个接线柱必须被安放在离前面附属板 35 mm±5 mm 的距离。

CPCI 适配板提供一个符合欧洲板卡封装形式的前面板接口。CPCI 适配板使用符合 IEEE 1101.1(平面板)和 IEEE 1101.10(EMC 面板)标准的前面板。首选 IEEE 1101.10 标准的 EMC 面板,并且所有的适配板和填充板都应该使用此面板。

Compact PCI 系统 3U 的系统只提供 32/64 位的 PCI 系统总线背板是 CPCI 总线架构的基础,集连接紧密牢固、抗干扰、易更换、热插拔等优点于一身。

5.3.2 构建机械模型

使用 Cero 4.0 文件建立零件模型并进行装配,具体步骤如下。

(1)封装板面。

在草绘平面绘制板面基本形状,如图 5.3 所示。对草绘平面进行拉伸,设置拉伸厚度,建立封装板面的三维模型,如图 5.4 所示。

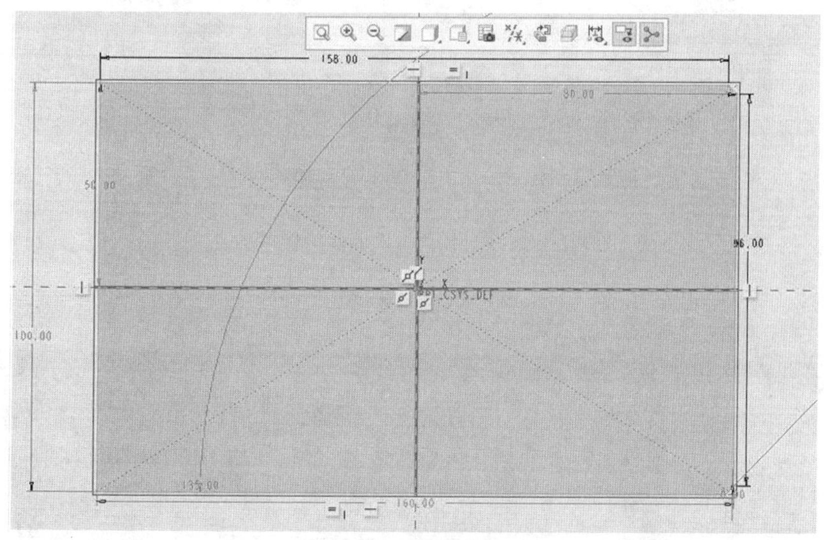

图 5.3 绘制板面

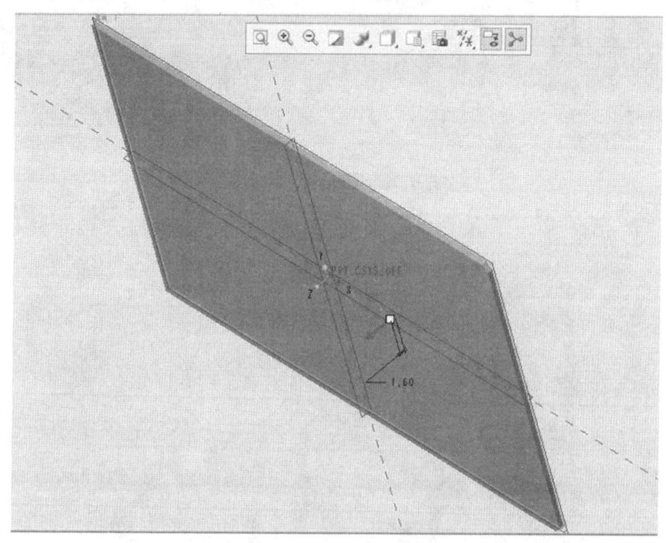

图 5.4 板面的三维模型

在板面右端绘制直径为 0.2 mm 的板卡针孔,并使用“阵列”工具批量生成所需针孔,如图 5.5 所示。设置阵列方向以及阵列尺寸完成阵列,如图 5.6 所示。

选取草绘截面,绘制固定孔图案。在草绘截面上进行拉伸和材料切削,形成固定孔,如图 5.7 所示。

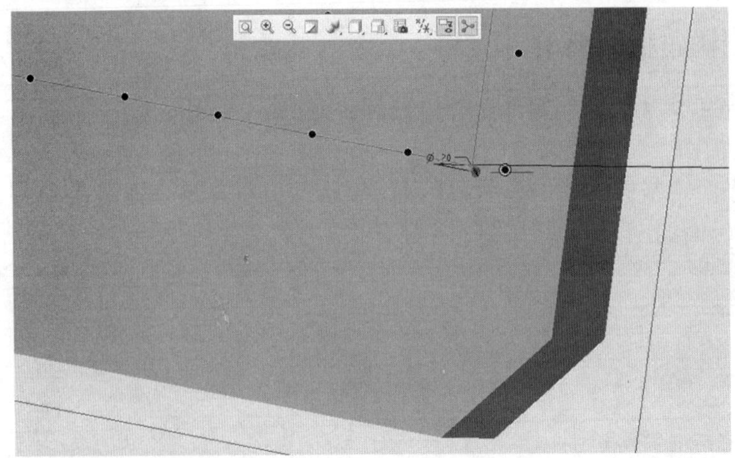

图 5.5　绘制直径为 0.2 mm 的板卡针孔

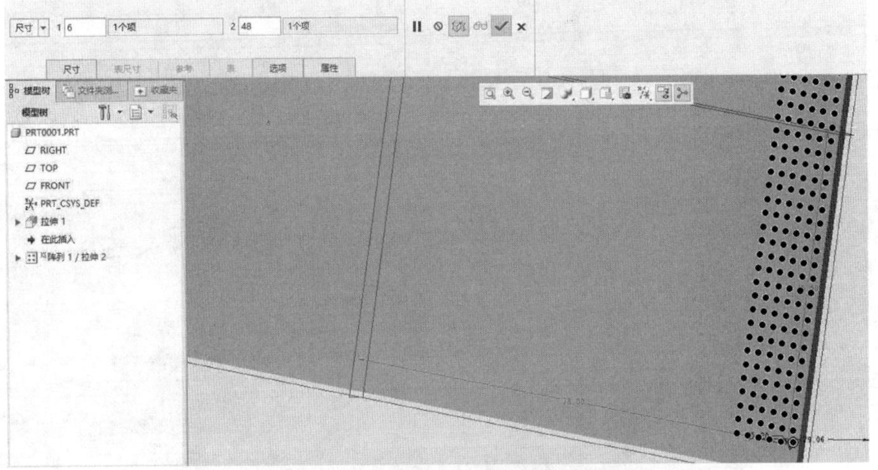

图 5.6　完成针孔阵列

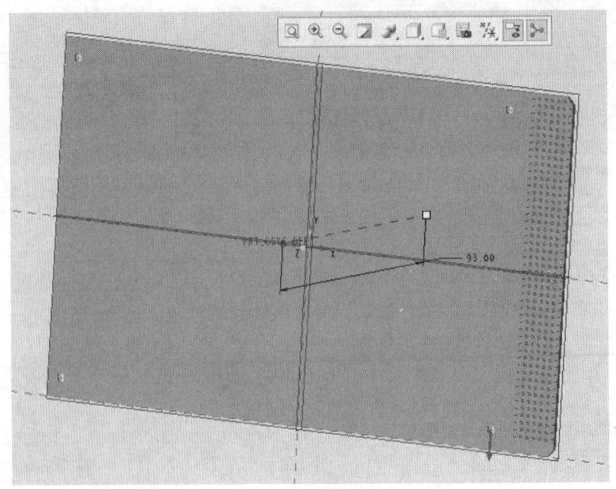

图 5.7　绘制固定孔

(2)助拔器。

建立助拔器夹槽模型,如图 5.8 所示。建立助拔器弹簧片模型,如图 5.9 所示。

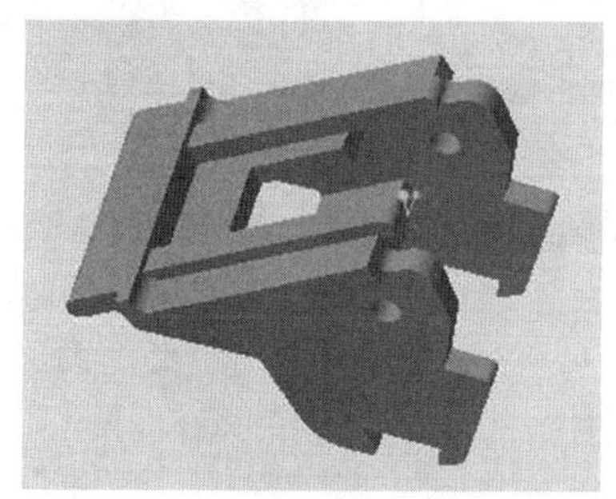

图 5.8　助拔器夹槽模型

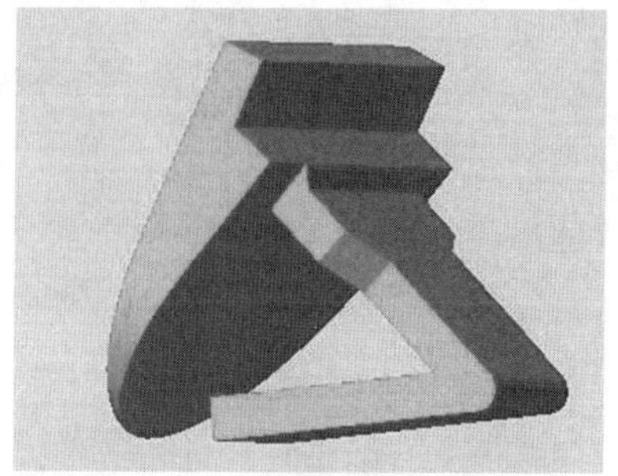

图 5.9　助拔器弹簧片模型

建立助拔器模型,得到的助拔器模型如图 5.10 所示。

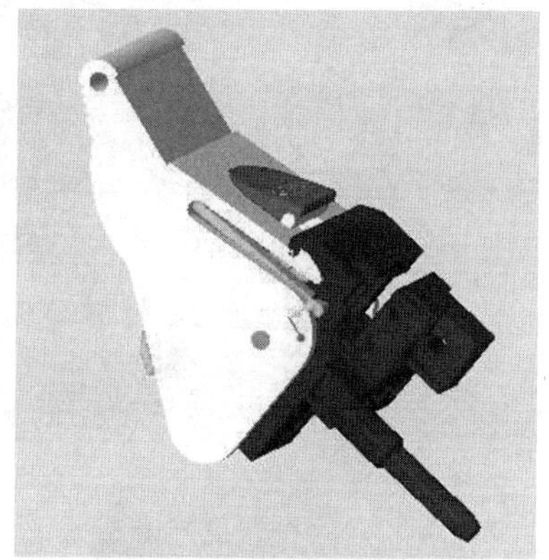

图 5.10　助拔器模型

(3)连接器。

建立连接器的基本三维形状,如图 5.11 所示。使用“阵列”工具绘制连接器针槽,如图 5.12 所示。切削中部固定装置基本形状,如图 5.13 所示。

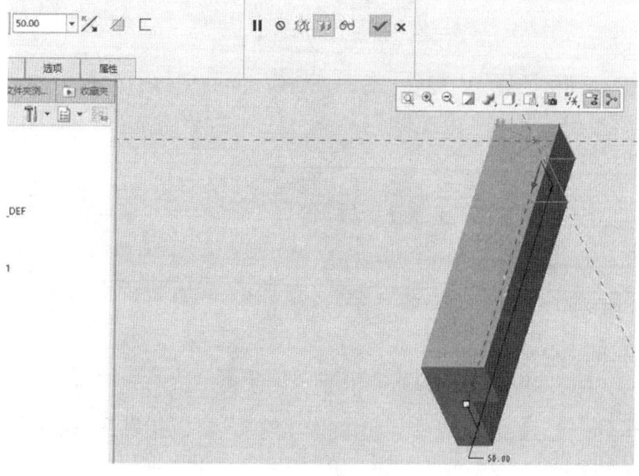

图 5.11　连接器的基本三维形状

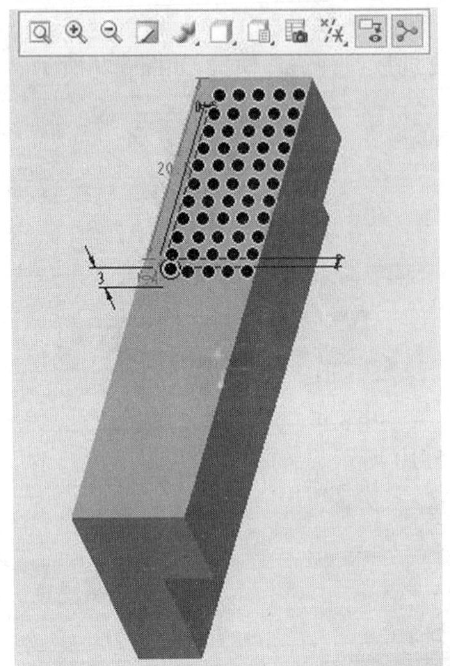

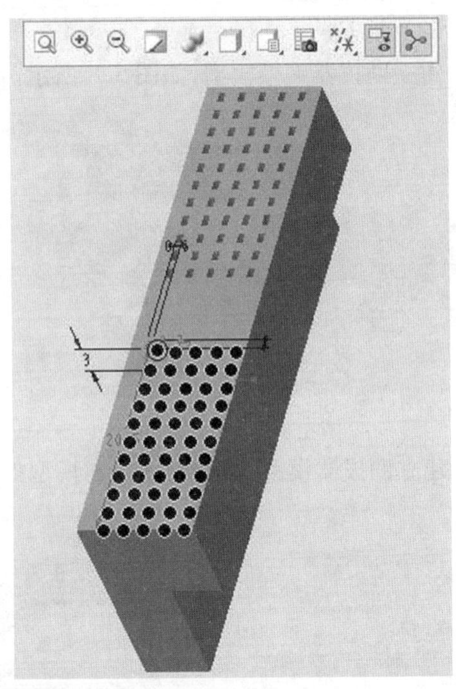

图 5.12　绘制连接器针槽

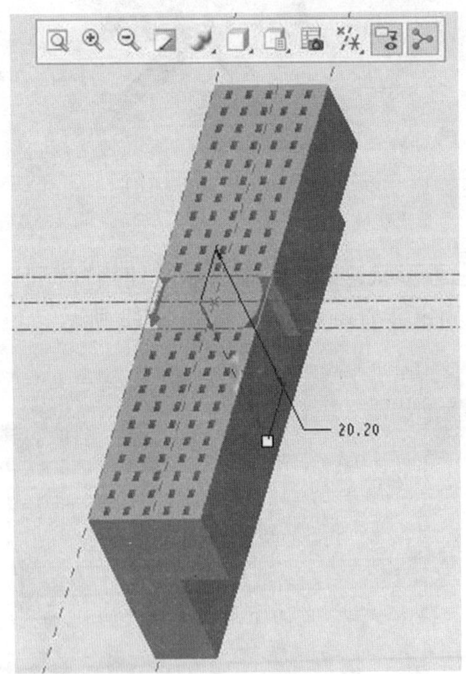

图 5.13　切削中部

拉伸并使用“阵列”工具建立连接器正面分片模型，如图 5.14 所示。拉伸并使用“阵列”工具建立连接器背面插针及分片模型，如图 5.15 所示。

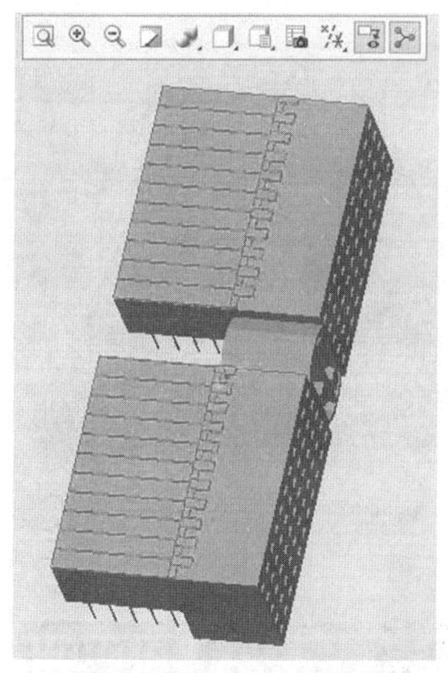

图5.14　连接器正面分片模型

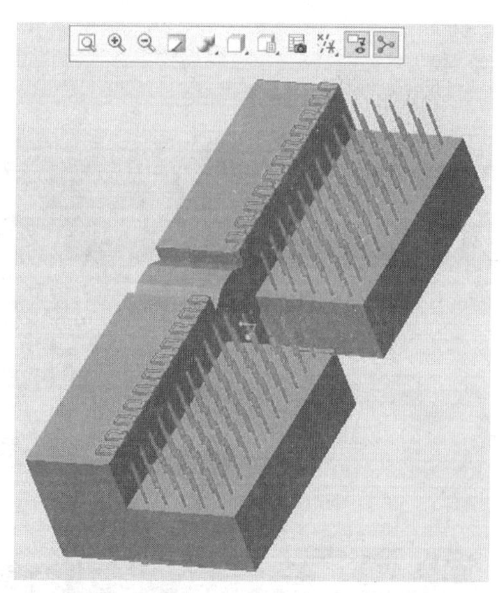

图5.15　连接器背面插针及分片模型

切削连接器中部固定块及固定槽,如图5.16所示。连接器模型如图5.17所示。

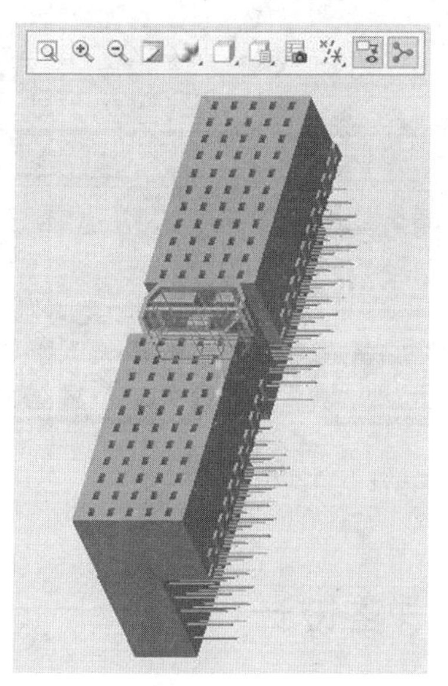

图5.16　切削中部固定块及固定槽

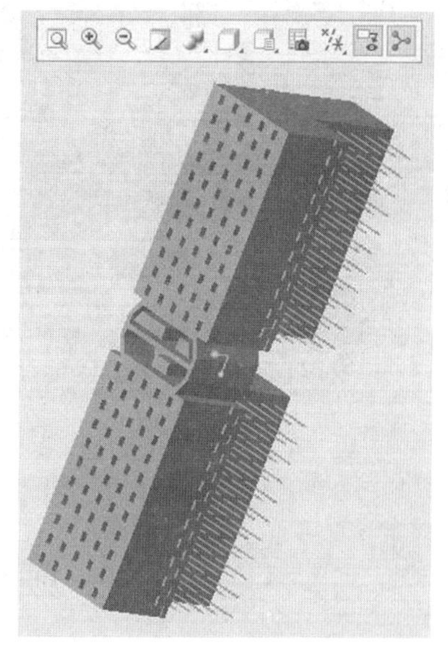

图5.17　连接器模型

(4)组装CPCI板卡。

组装得到CPCI板卡模型如图5.18所示。

(5)板卡封装电路结构。

板卡封装内部电路结构如图5.19所示。

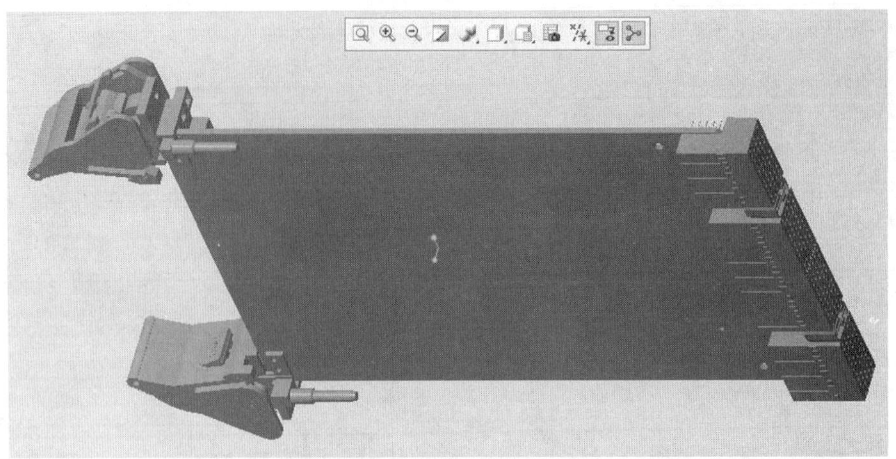

图5.18　CPCI板卡模型

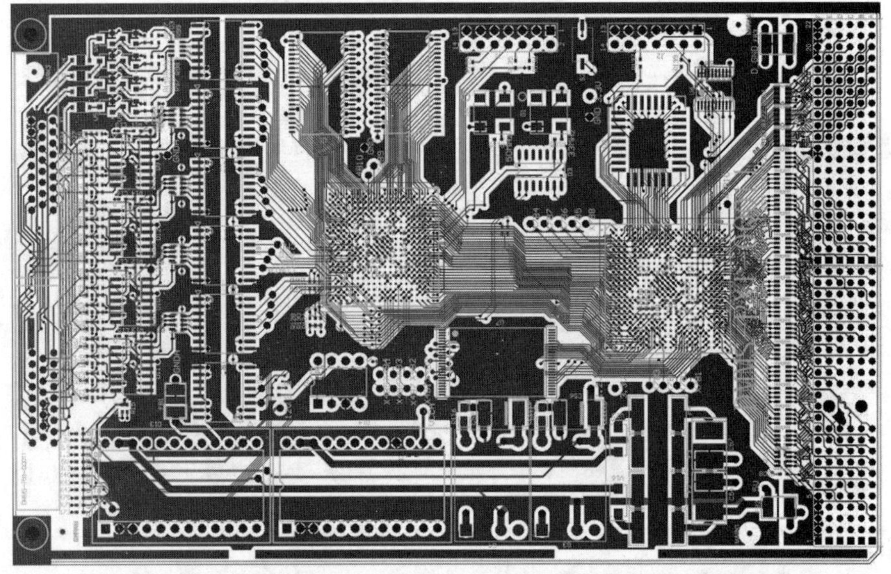

图5.19　板卡封装内部电路结构

5.4　硬件电路设计

5.4.1　FPGA协议芯片模块设计

1. 芯片选型

在总线接口方面,各大FPGA厂商纷纷推出基于各自可编程逻辑器件结构与工艺的PCI IP CORE,如ALTERA公司的FLEX8000系列,XILINX公司的SPARTAN系列等。在综合考虑了性能、需求和成本之后,我们选择了SPARTAN3系列的XC3S700AN芯片。系统结构框图如图 5.20 所示。

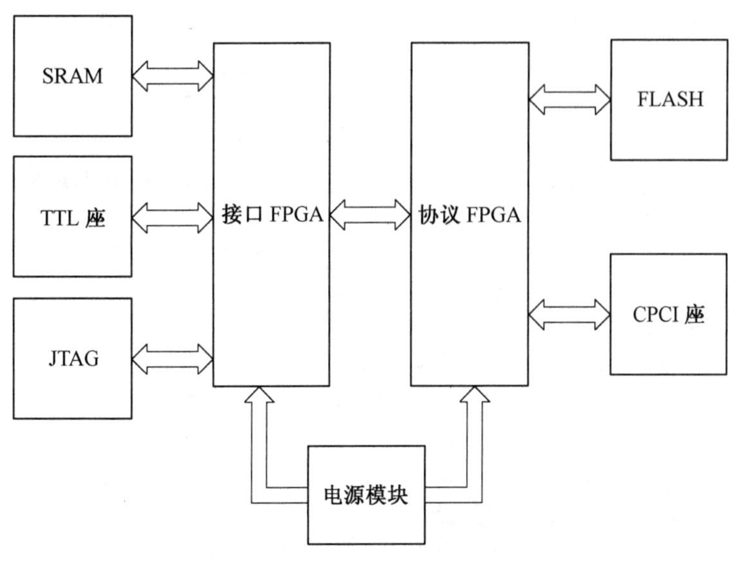

图 5.20　系统结构框图

SPARTAN-3AN FPGA 系列非常适合空间受限的应用，如刀片服务器、医疗设备、汽车信息娱乐、远程信息处理、GPS 和其他小型消费产品。结合 FPGA 和闪存技术可以最大限度地减少芯片数量，同时提高系统的可靠性。此外，其市场价格大约为 100 元一片，成本较低，所以选择此芯片。

2. PCI 协议研究

PCI 总线标准所定义的信号线通常分成必需的和可选的两大类。其信号线总数为 120 条（包括电源、地、保留引脚等）。其中，必选信号线包括主控设备 49 条，目标设备 47 条；可选信号线有 51 条（主要用于 64 位扩展、中断请求、高速缓存支持等）。主设备是指取得了总线控制权的设备，而被主设备选中以进行数据交换的设备称为从设备或目标设备。作为主设备需要 49 条信号线，作为目标设备则需要 47 条信号线，可选的信号线有 51 条。利用这些信号线可以传输数据和地址，实现接口控制、仲裁及系统的功能。

PCI 总线上所有的数据传输基本上都是由以下三条信号线控制的：

FRAME#：由主设备驱动，指明一个数据传输的起始和结束。

IRDY#：由主设备驱动，允许插入等待周期。

TRDY#：由从设备驱动，允许插入等待周期。

PCI 局部总线信号如图 5.21 所示。一般来说，PCI 总线的传输遵循如下管理规则：

（1）FRAME#和 IRDY#定义了总线的忙、闲状态。当其中一个有效时，总线为忙碌状态；两个都无效时，总线为空闲状态。

（2）一旦 FRAME#信号被置为无效，在同一传输期间不能重新设置。

（3）除非设置了 IRDY#信号，一般情况下不能设置 FRAME#信号无效。

(4)一旦主设备设置了 IRDY#信号,直到当前数据期结束为止。主设备不能改变 IRDY#信号和 FRAME#状态。

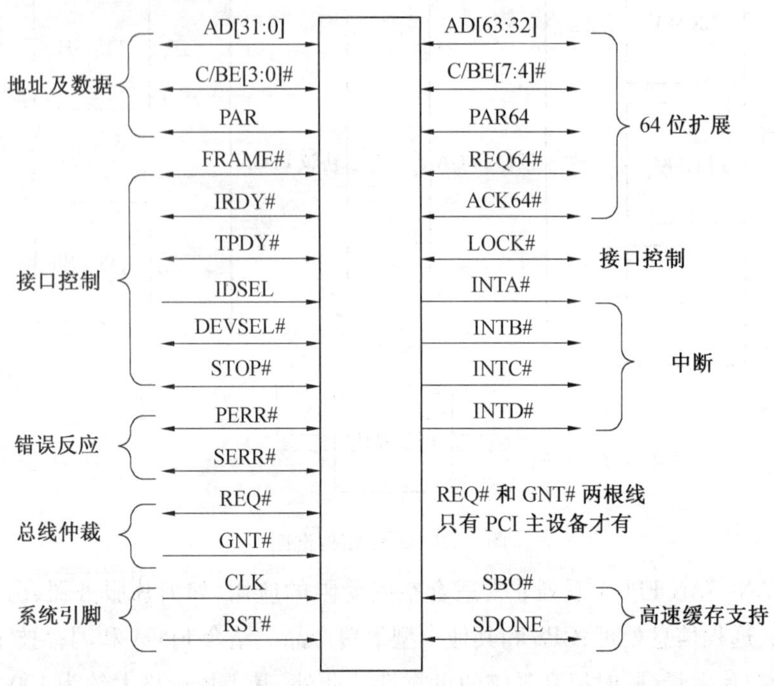

图 5.21　PCI 局部总线信号

3. 芯片配置电路设计

FPGA 芯片是基于 SRAM 工艺的,不具备非易失特性,因此断电后将丢失内部逻辑配置。配置电路无非有下面五种:主串、从串、主并、从并、JTAG。前四种是相对于下载到 PROM 而言的(串并相对于串行配置芯片和并行配置芯片),JTAG 方式将配置文件下载到 FPGA 的 RAM 区。而 FPGA 则是基于 RAM 的,如果没有外部 ROM 存储配置数据,那么掉电后就丢失数据。所以 FPGA 都需要外接有配置芯片,配置电路设计如图 5.22 所示。

4. 模块中其他电路设计

芯片引脚出来的信号需要连接到 CPCI 接口处,在设计这一部分电路时要注意信号端需接 10 Ω 终端防反射电阻。与此同时,为提高板卡的驱动能力,在信号通路中接入 QS3861 芯片。当使能端 BE 为低电平时,通路导通;当为高电平时,通路截止,它还有一定的防干扰能力,其结构如图 5.23 所示,部分电路如图 5.24 所示。

XC3S700AN 芯片还与 FLASH 芯片和另一片 FPGA 芯片相连,所以在 700AN 的芯片引脚处设置了 70 根 LOCAL BUS 总线负责 FPGA 芯片之间互联。综上所述,将上述电路整合到一起就构成了协议芯片的模块原理图。

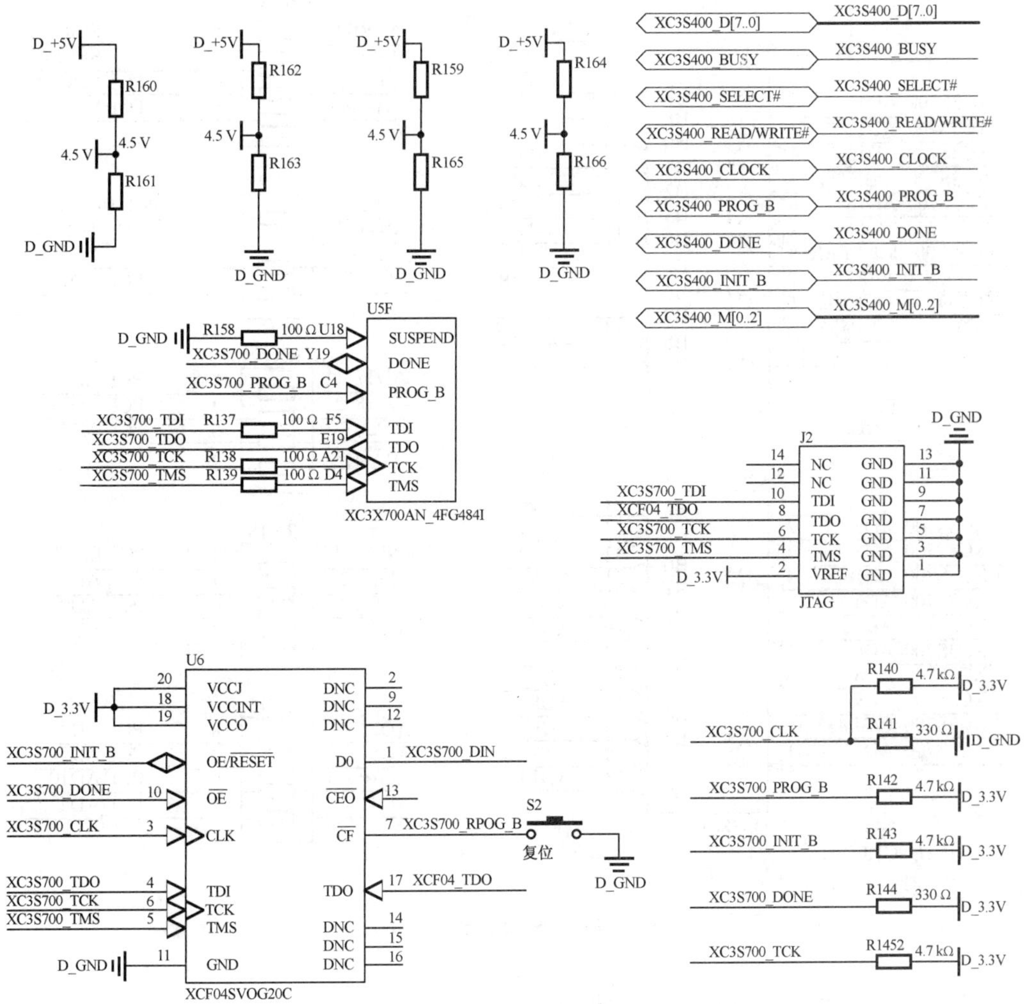

图 5.22　配置电路

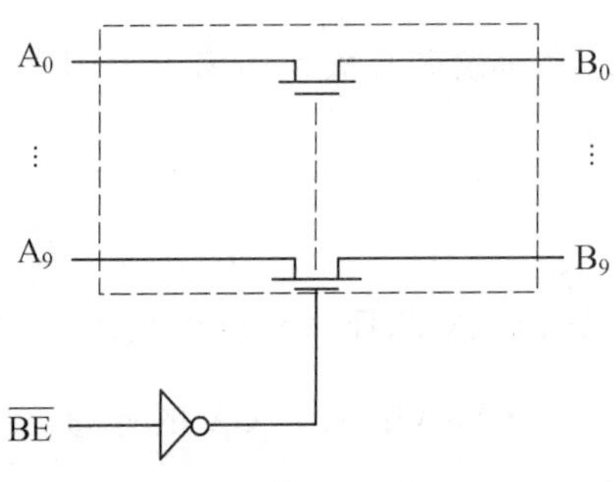

图 5.23　QS3861 结构图

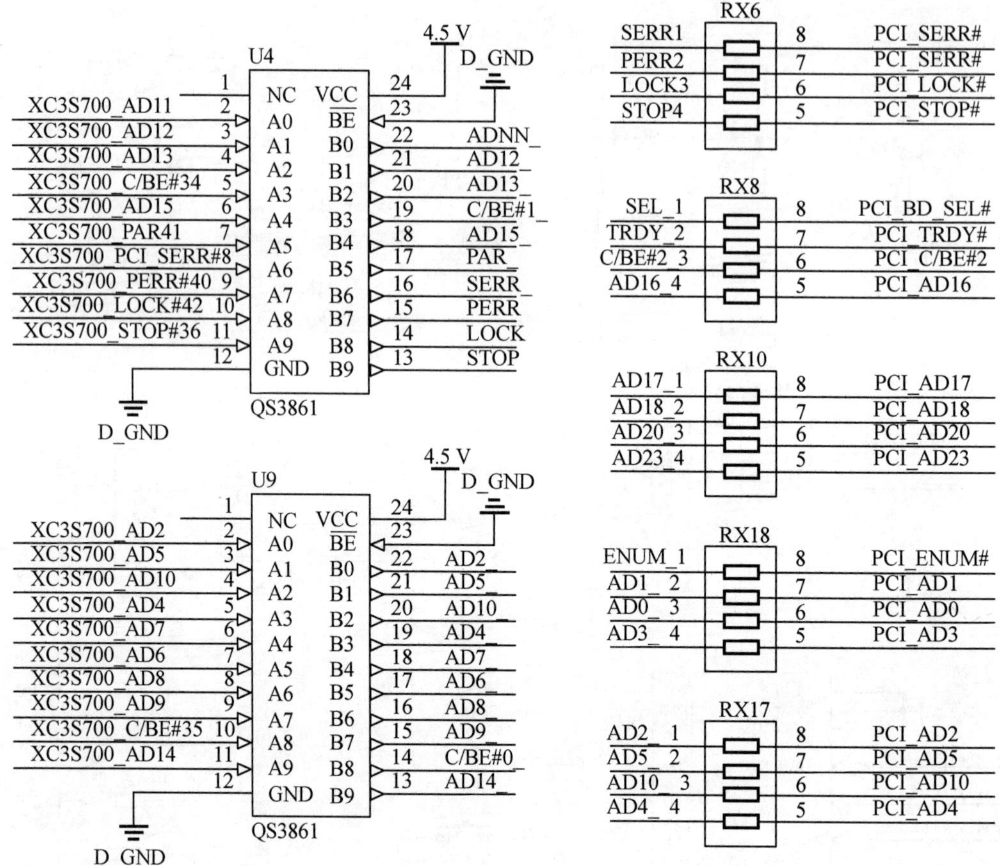

图 5.24　QS3861 和终端电阻

5.4.2　FPGA 接口芯片模块设计

1. 芯片选型

在芯片选型方面，此模块和协议芯片模块所考虑的因素相同，故我们选择 SPRTAN3 系列中的 XC3S400AN 芯片。

2. 模块电路设计

根据系统结构显示，XC3S400AN 芯片与 SRAM 芯片和 FPGA 芯片相连，所以芯片引脚的配置主要是 XC3S400AN 与 SRAM 和 FPGA 的连接。并且，FPGA 的配置是通过 XC3S700AN 芯片进行的，再加上相应的 JTAG 下载口，此模块基本设计完成，结果如图 5.25和图 5.26 所示。

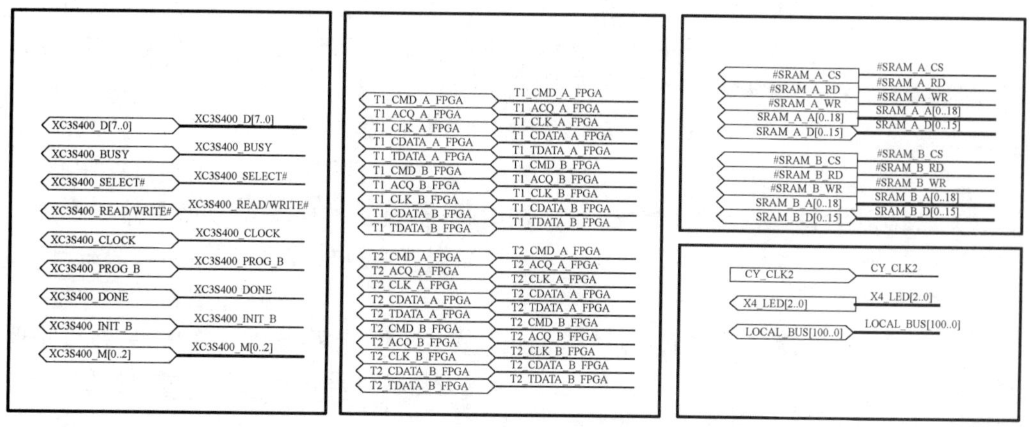

图 5.25　XC3S400AN 模块配置部分

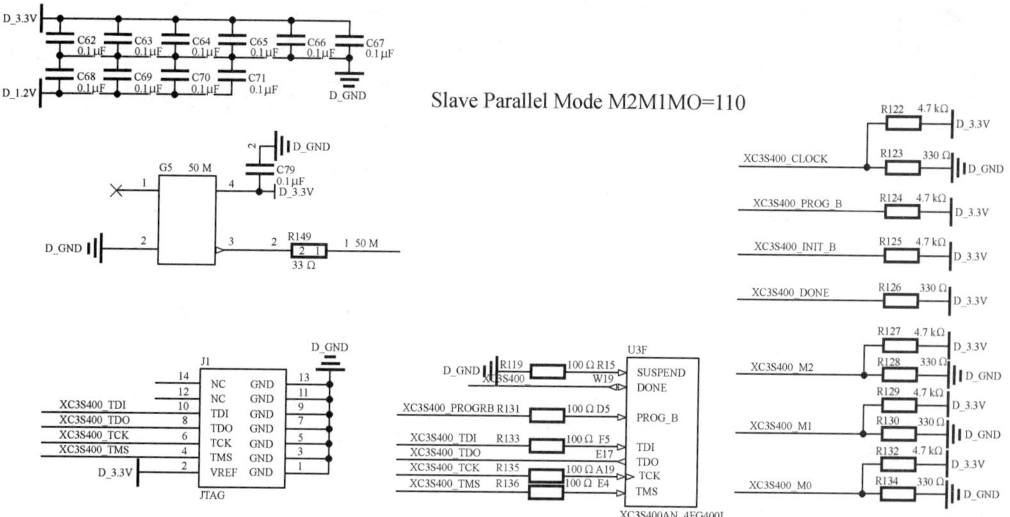

图 5.26　XC3S400AN 模块下载部分

5.4.3　SRAM 模块设计

1. 乒乓读写操作

乒乓操作的处理流程为:输入数据通过“输入数据选择单元”将数据等时分配到两个数据缓冲模块中。在第一个缓冲周期,将输入的数据流缓存到“数据缓冲模块 1”中;在第二个缓冲周期,通过“输入数据单元”切换,将输入的数据缓存到“数据缓冲模块 2”,同时将“数据缓冲模块 1”缓存的第一个周期数据通过“数据选择单元”的选择,送到“数据流运算处理模块”进行处理;在第三个缓冲周期,通过“输入数据选择单元”的再次切换,将输入的数据流缓存到“数据缓冲模块 1”中,同时将“数据缓冲模块 2”缓存的第二个周期的数据通过“输出数据选择单元”的切换,送到“数据流运算处理模块”进行运算处理,如此循环。

乒乓操作的最大特点是通过“输入数据选择单元”和“输出数据选择单元”按节拍地切换,将经过缓冲的数据流没有停顿地送到“数据流运算处理模块”进行运算处理。把乒乓操作当作一个整体,站在这个模块的两端看数据,输入数据和输出数据都是连续不断的,因此非常适合对数据流进行流水线式处理,完成数据的无缝缓冲与处理。本系统的存储模块设计正是采用了乒乓操作原理。

乒乓操作的第二个优点是可以节约缓冲区空间。另外,巧妙运用乒乓操作还可以达到用低速模块处理高速数据流的效果。通过乒乓操作实现低速模块处理高速数据的实质是通过 DPRAM 这种缓存单元实现了数据流的串并转换,并行用“数据预处理模块 1”和“数据预处理模块 2”处理分流的数据,是面积与速度互换原则的体现。基于以上理论,我们最终选用了两片 SRAM 来实现乒乓操作。乒乓操作流程图如图 5.27 所示。

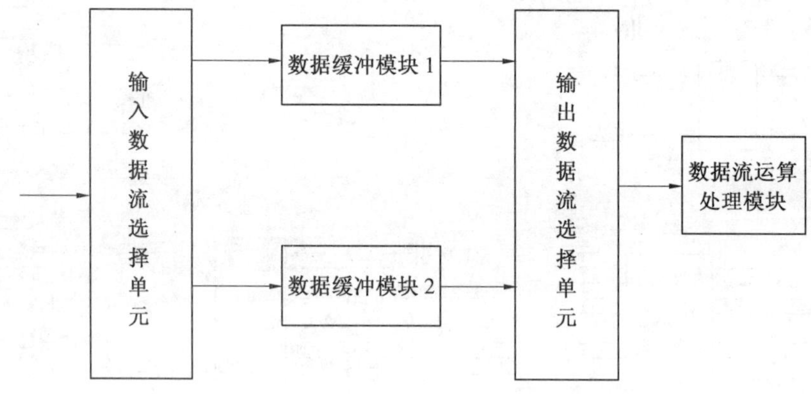

图 5.27　乒乓操作流程图

2. 原理图设计

SRAM 采用 3.3 V 供电,控制信号有片选信号 CS、读选通信号 RD、写选通信号 WR,均为低电平有效,地址通路和数据通路分开,分别为 A[0…18]和 D[0…15]。这样的控制信号就使读写非常简单,读操作:在保证片选信号有效的情况下给予读选通信号和地址,就能完成读操作;写操作:在保证片选信号有效的情况下给予地址和数据,然后给予写选通信号,就能完成写操作。SRAM 模块原理图如图 5.28 所示。

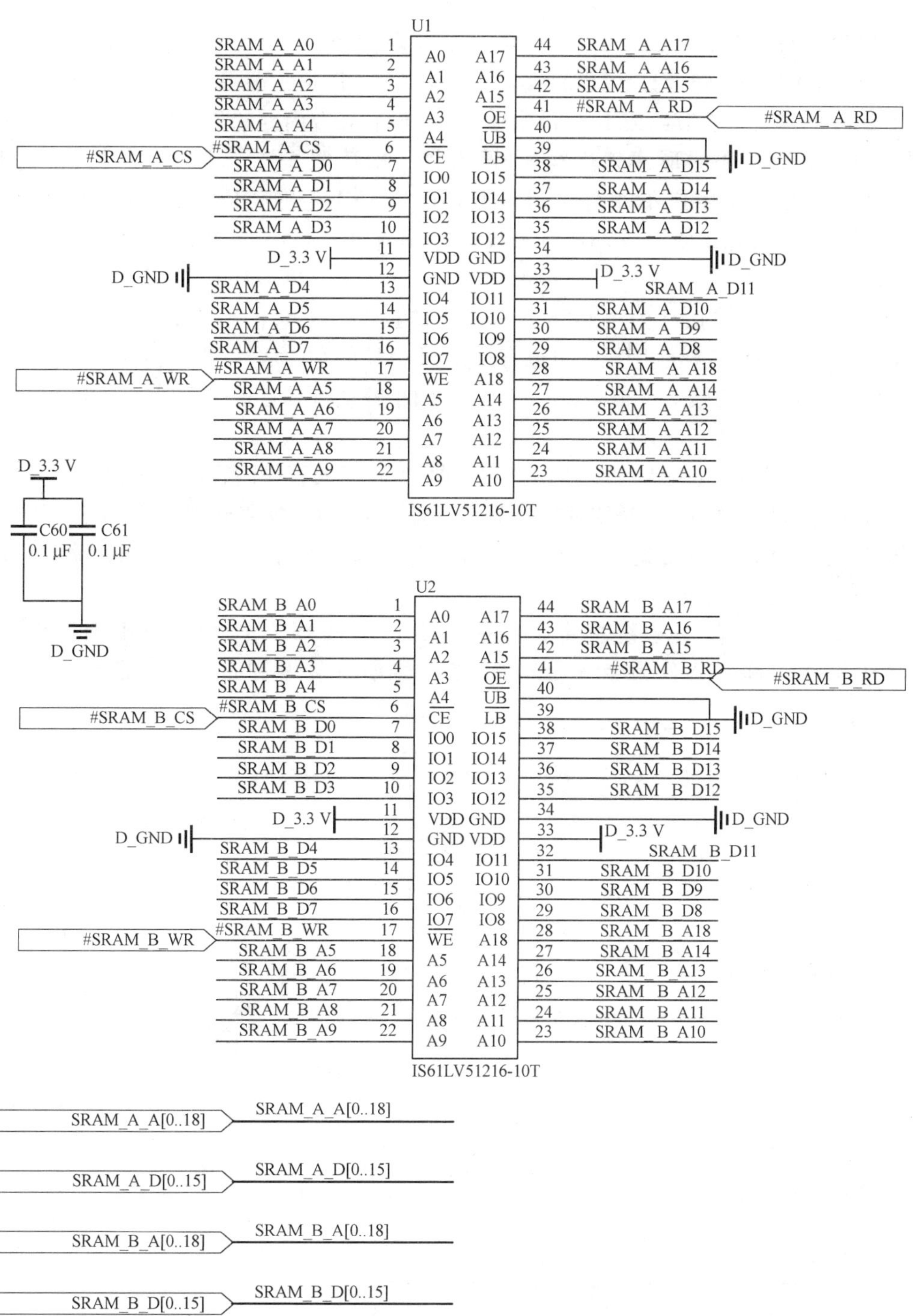

图 5.28　SRAM 模块原理图

5.4.4　FLASH 模块设计

FLASH 分为 NAND FLASH 和 NOR FLASH 两种，NOR FLASH 的读取和我们常见的 SDRAM 的读取是一样，用户可以直接运行装载在 NOR FLASH 里面的代码，这样可以减少 SRAM 的容量从而节约成本。NAND FLASH 没有采取内存的随机读取技术，它的读取是以一次读取一块的形式来进行的，通常是一次读取 512 个字节，采用这种技术的 FLASH 比较廉价。用户不能直接运行 NAND FLASH 上的代码，因此好多使用 NAND FLASH 的开发板除了使用 NAND FLASH 以外，还采用一块小的 NOR FLASH 来运行启动代码。

NOR FLASH 是 Intel 公司 1988 年开发出的技术。NOR 的特点是芯片内执行（XIP，eXecute In Place），这样应用程序可以直接在 FLASH 闪存内运行，不必再把代码读到系统 RAM 中。NOR 的传输效率很高，在 1 ~4 MB 的小容量时具有很高的成本效益，但是很低的写入和擦除速度大大影响了它的性能。

NAND FLASH 内存是 FLASH 内存的一种，为固态大容量内存的实现提供了廉价、有效的解决方案。NAND FLASH 存储器具有容量较大、改写速度快等优点，适用于大量数据的存储，因而在业界得到了越来越广泛的应用，如数码相机记忆卡、MP3 随身听记忆卡、体积小巧的 U 盘等。

根据上面描述，本系统决定采用一片 NAND FLASH AM29LV040B 和一片 NOR FLASH K9WAG08U1A 作为存储系统，原理图分别如图 5.29 和如图 5.30 所示。

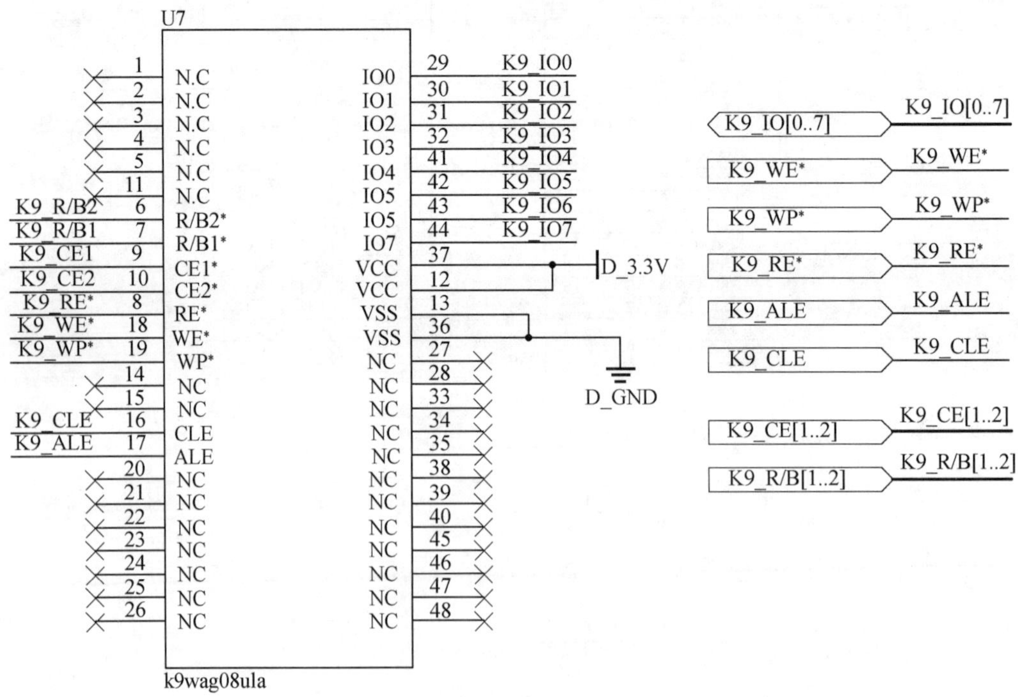

图 5.29　NAND FLASH 原理图（一）

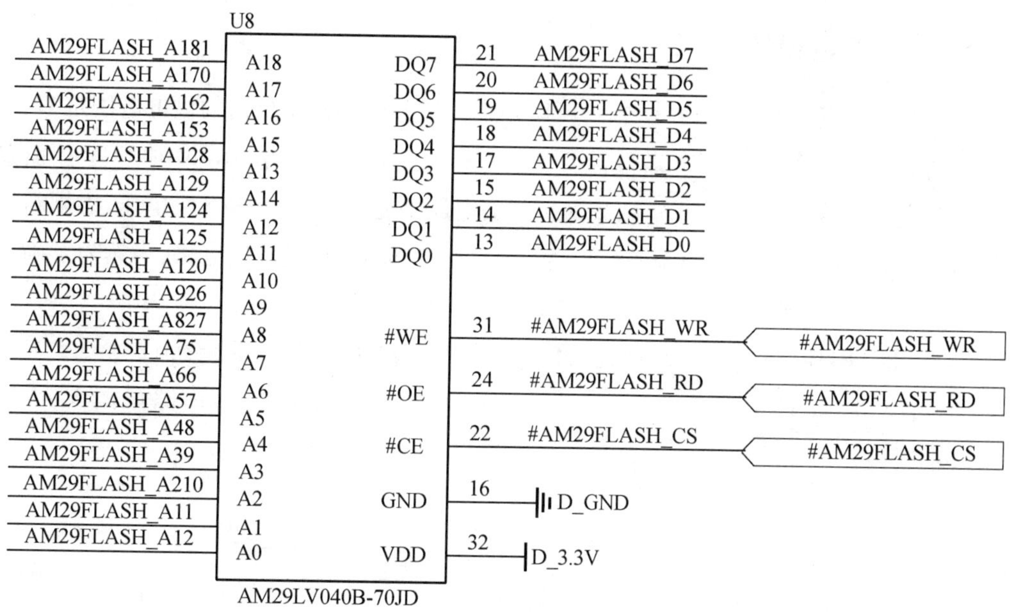

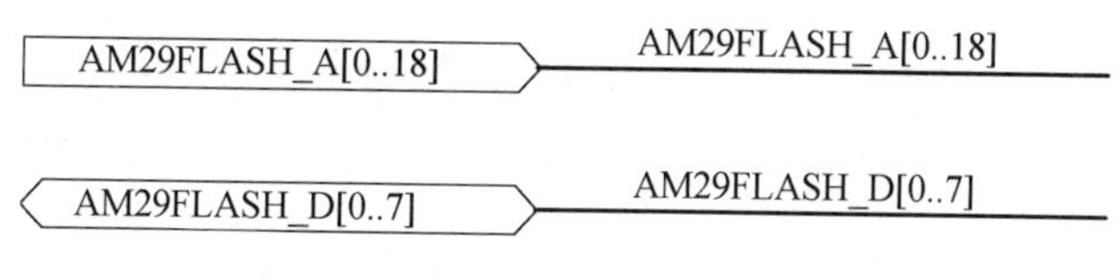

图 5.30　NOR FLASH 原理图(二)

5.4.5　数模转换模块设计

在此系统中不仅有数字信号还有模拟信号,所以要有数模转换模块。我们采用运放比较器来简单实现模拟到数字信号的转换,即当信号大于规定电压是为高,当信号低于规定电压时为低,如图 5.31 所示。

同时为提高系统的稳定度与抗干扰能力,我们还需要将数字模拟信号隔离开来,这一点可利用数字隔离器(磁耦)ADUM1400 来实现,如图 5.32 所示。

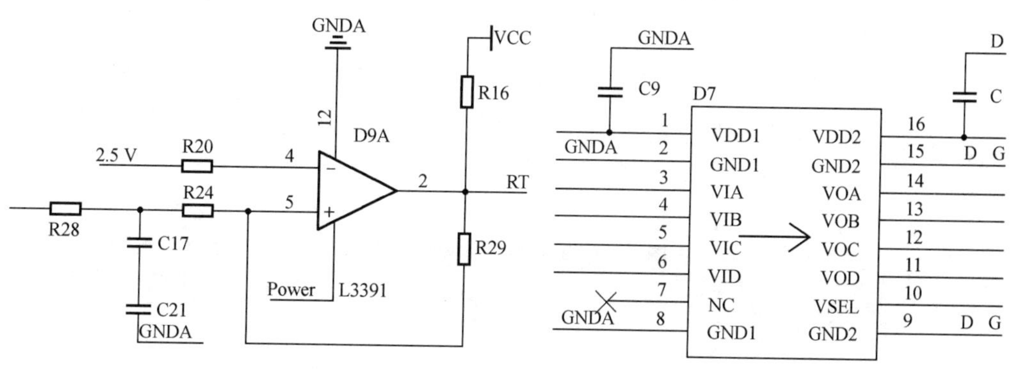

图 5.31　定放比较器

图 5.32　数字隔离器

5.4.6 电源模块

在完成上述这些模块的设计之后,可以知道整块板中各模块所需的供电电压是多少。板子是外接5 V 电源,而 FPGA 芯片需要3.3 V 和1.2 V 电压供电,SRAM 和 FLASH 需要3.3 V 电压,模数转换模块除了需要2.5 V 阈值电压外还需要12 V 和5 V 电压,磁耦需要5 V 和3.3 V 电压。综上我们需要5 V 转3.3 V、1.2 V、12 V 的转换电路,当然为了确保系统稳定性和防电源干扰,最好也加一个5 V 转5 V 的转换。

本节采用 PTH05000 进行5 V 到1.2 V 和3.3 V 转换,采用 REC5-0512 进行5 V 到12 V 的转换,采用 TEN5-0511 进行5 V 到5 V(VCC)的转换,具体电路如图5.33 和图5.34所示。

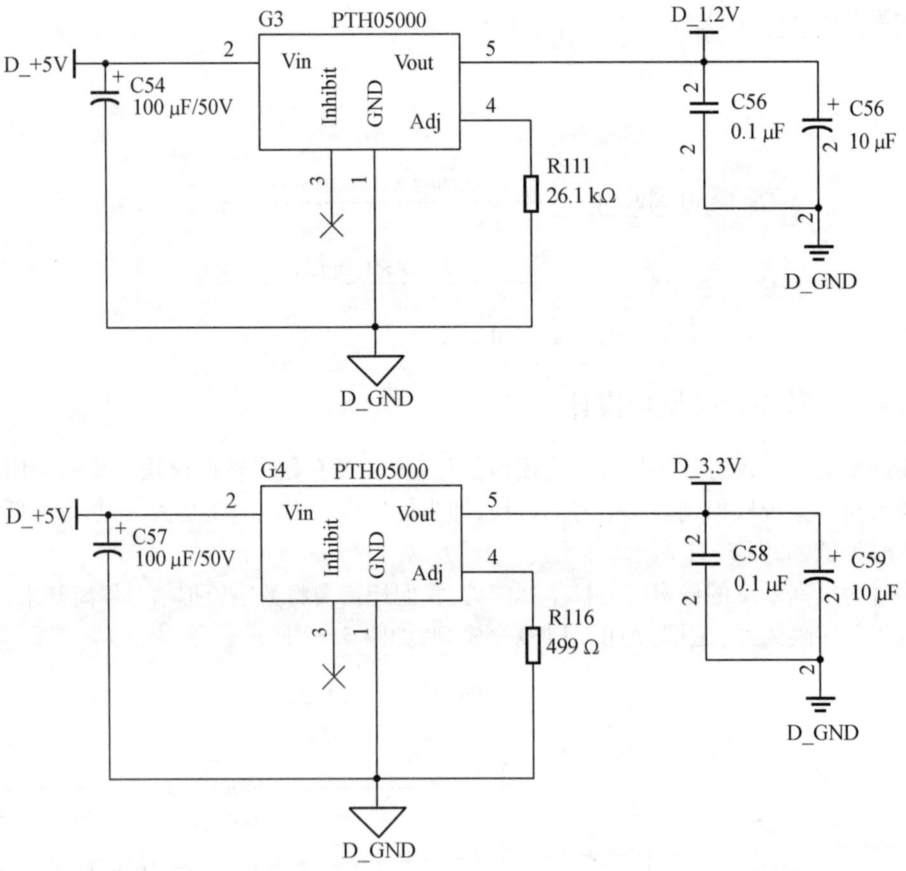

图5.33 5 V 转1.2 V 和3.3 V

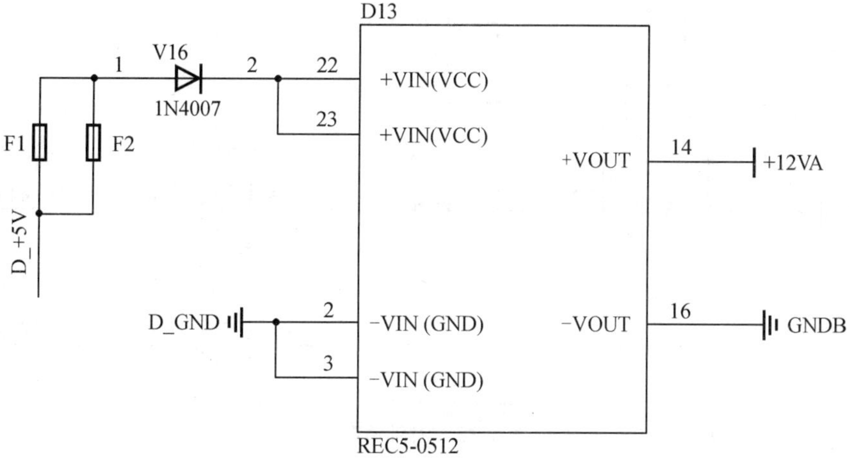

输出最多 1 000 mA

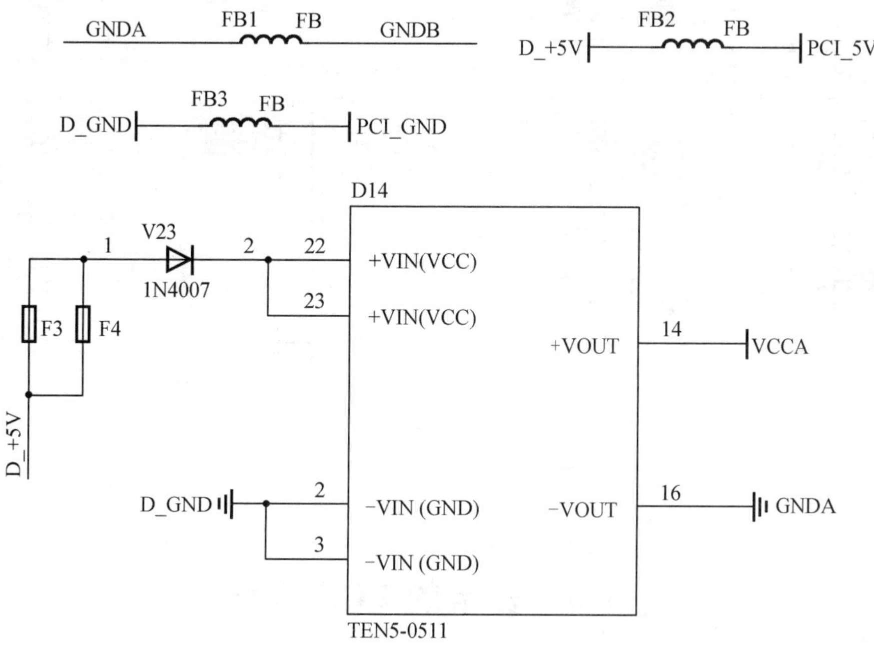

图 5.34　5 V 转 12 V 和 5 V(VCC)

5.4.7　时钟电路和系统整体原理图

板卡系统时钟为 33 MHz,采用相应频率的晶振实现,时钟电路如图 5.35 所示。系统整体原理图顶层如图 5.36 所示。

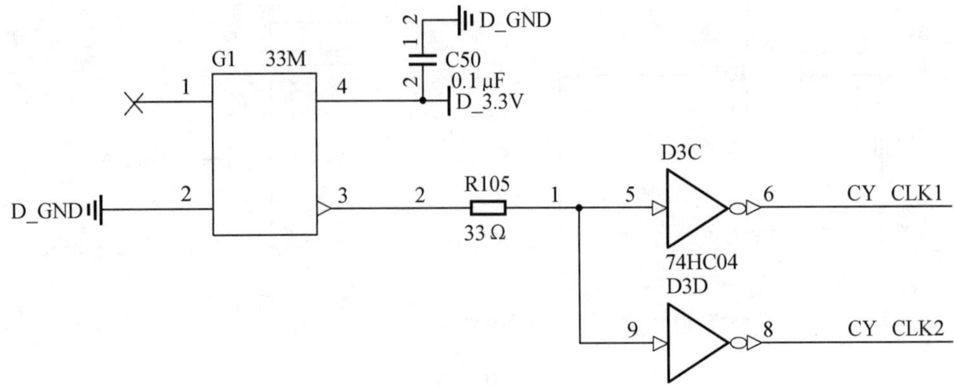

图 5.35　时钟电路

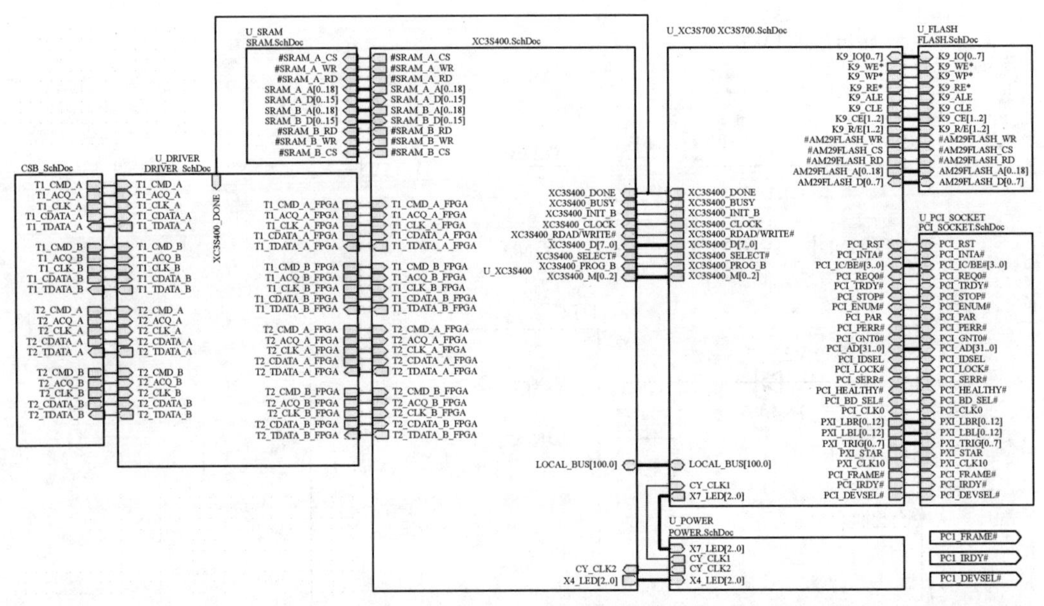

图 5.36　系统原理图

5.5　板卡的 PCB 设计

5.5.1　CPCI 板卡规范研究

1. CPCI 端接终端

适配卡上许多 PCI 总线信号都在 CPCI 连接器接口处串接一个 10 Ω 排终端电阻。需要加终端电阻的信号包括：AD0-AD31、C/BE0#-C/BE3#、PAR、FRAME#、IRDY#、TRDY#、STOP#、LOCK#、IDSEL、DEVSEL#、PERR#、SERR#及 RST#。

以下信号如果被适配器引用时，也需要端接终端电阻：INTA#、INTB#、INTC#、INTD#、AD32-AD63、C/BE4#-C/BE7#、REQ64#、ACK64#及 PAR64。

以下信号则不需要端接终端电阻:CLK、REQ#及 GNT#。

端接终端可以减小每块适配卡对 PCI 背板的影响。电阻应设置在信号连接器引脚的 15.2 mm(0.6 英尺)内。驱动 REQ#信号的外围适配器必须在驱动引脚处(而不是在连接器的端接电阻处)串接一个端接电阻,这个终端电阻的大小由缓冲器的输出决定。系统插槽适配器上,需要在驱动引脚处连接一个串联电阻,这个驱动引脚为每个插槽提供 CLK 信号。应驱动缓冲器输出特性的要求,每块系统插槽适配器的 GNT#信号处同样需要在驱动引脚处串接一个端接电阻。

2. 外围适配器信号端接长度

对于 32 位或 64 位信号,其信号端接长度应小于或等于 63.5 mm(2.5 英尺),这个长度是指从连接器引脚经端接或排终端电阻到 PCI 设备引脚的距离。这个长度要比 PCI 规范中要求的长度大,但是同样包含电阻的总轮廓长度。

外围适配器 PCI 时钟信号长度应为 63.5 mm±2.54 mm(2.5 inches±0.1 inches),并且每块适配器只能挂接一个负载。

任意外围适配器上,每个 PCI 信号只能承载最多一个 PCI 负载。连接一个以上负载的外围适配器不符合 CPCI 技术规范,也不能与之相兼容。

3. 上拉电阻

PCI 规范所需的上拉电阻必须位于系统槽适配器上。5 V 环境下上拉电阻为 1.0 kΩ,3.3 V 环境下为 2.7 kΩ。所有这些电阻值都是在假定有 9 个负载且电阻误差为 5% 的情况下给定的。信号上拉定位所需的上拉电阻必须连接在适配器中端接终端电阻的旁边。上拉电阻的端接长度应小于 0.5 英尺(15.24 cm),并且这个端接长度包含上拉电阻尺寸长度。

对控制信号所需的上拉电阻需要进一步说明,所有系统槽适配器都必须为 64 位数据扩展信号提供上拉电阻,包括 AD[63::32],C/BE[7::4]#以及 PAR64。

当系统槽适配器为 32 位时,必须为 REQ64#和 ACK64#信号提供上拉电阻,即使系统适配器没有使用这些信号。上面的要求适用于 64 位外围适配器用在 32 位或 64 位系统适配器的情形。上拉电阻同时可以阻止 64 位适配器上 REQ64#和 ACK64#信号漂移。使用 GNT#信号的每块外围适配器都需要接一个 100 kΩ 的上拉电阻,用来阻止漂移输入。

4. 33 MHz PCI 时钟分配

系统槽适配器需要给系统中的所有 PCI 外围设备提供时钟信号,也包括系统槽适配板上的设备。外围适配板上的时钟信号由 CPCI 背板提供。33 MHz 系统之上的任意两个 PCI 设备之间,输入到集成电路的时钟会有最大为 2 ns 的时钟倾斜。

时钟倾斜是指任意 PCI 时钟信号最大传播时延与最小传播时延的差值。CPCI 系统中引起时钟倾斜的因素有两个:

(1)背板时钟倾斜。CPCI 背板为系统上的所有适配槽提供时钟信号。选择路线和拓扑网络的不同会引起时钟倾斜。同样定义了最大时钟延迟,这是个在系统的设计阶段必须考虑的因素,它必须符合整个系统对时钟倾斜的要求。

(2)系统槽适配板时钟倾斜。这个时钟倾斜是由所有 PCI 时钟信号在板上的路由不同引起的,也同时用于时钟分配的集成电路驱动器类型有关。板上时钟路由必须被设计成能够弥补背板时钟分配时引起的传播延迟,也需要满足整个系统的时钟倾斜要求。

5.5.2 PCB 板层设置

Compact PCI 规范要求 3U 标准的 PCB 板厚为 1.6±0.2 mm,而且 CPCI 信号线的特征阻抗必须在 65 ohm±10% 范围内。由于 PCB 走线的特征阻抗与其几何尺寸、到参考层的距离以及绝缘层的介电常数密切相关,因此在设计 PCB 板层结构时必须综合考虑这些因素。设计中考虑到布线的复杂性,使用了 6 个金属层,其中 4 个信号走线层、1 个电源参考层、1 个地参考层。在进行 PCB 布局布线前,借助 Mentor Graphics 的仿真软件 HyperLynx7.5 设计板层结构,其结果见表 5.1。

表 5.1 PCB 板层设置

层类型	厚度/mil	介电常数	线宽/mil	阻抗/ohm
信号顶层	0.7	—	6	64.3
介质层	5.5	4.5	—	—
GND 电源层	0.7	—	—	—
介质层	9	4.5	—	—
信号三层	0.7	—	6	64.5
介质层	30	4.5	—	—
信号四层	0.7	—	6	64.5
介质层	9	4.5	—	—
电源层	0.7	—	—	—
介质层	5.5	4.5	—	—
信号底层	0.7	—	6	64.3

PCB 采用 FR4 介质材料,金属铜布线。计算 PCB 层次结构时,只能从厂商处获取介电常数 Er 的大致浮动范围,因而采用了 Er 的中间值 4.5。表 5.1 的结果显示 PCB 的走线阻抗已满足 CPCI 规范要求,PCB 总板厚为 63.2 mils(即 1.605 3 mm),同样符合要求。由于制造工艺的限制,PCB 在制作过程中难免有一定的尺寸偏差,实际数据会与仿真值有一些出入,但 CPCI 规范规定了数值浮动范围,而仿真结果数值几乎位于浮动范围的中心,故实际结果不会大幅超出规定范围。

5.5.3 PCB 布线

1. 布线注意事项

PCB 布线拐角处铜线空间形状的变化也会改变其特征阻抗,特别是 90°拐角处铜线宽度的增加会产生额外的寄生电容,延长信号的变化时间,一般采用 45°或 135°拐角代替 90°的拐角布线,可以有效地减少拐角的影响。

为减少信号串扰,应增加信号走线的间距,降低线间耦合程度;增加线宽,减少信号线线与参考层距离,增加信号线与参考层的耦合度;减少信号间的平行路径,在相邻层尽量垂直布线,降低耦合度。

为削弱电源噪声的影响,要尽量降低电源网络阻抗,如设置电源层、地层可大幅降低网络阻抗,电源 I/O 的连接也需使用低阻抗的布线。在信号布线中,需要避免跨越不连续的参考层,减少信号间的公用参考层回路,降低回路耦合程度。

2. 等长布线

高速信号的有效建立保持窗口比较小,要让数据和控制信号都落在有效窗口内,数据、时钟或数据之间、控制信号之间的走线长度差异就很小。具体允许的偏差可以通过计算时延来得到。其实一般来说,时序逻辑信号要满足建立时间和保持时间并有一定的余量。只要满足这个条件,信号是可以不严格等长的。然而,实际情况是,对于高速信号来说(例如 DDR2、DDR3、FSB),在设计时无法知道时序是否满足建立时间和保持时间要求(影响因素太多,包括芯片内部走线和容性负载造成的延时差别都要考虑,很难通过计算估算出实际值),必须在芯片内部设置可控延时器件(通过寄存器控制延时),然后扫描寄存器的值来尝试各种延时,并通过观察信号(直接看波形,测量建立保持时间)来确定延时值使其满足建立时间和保持时间要求。不过同一类信号一般只对其中一根或几根信号线来做这种观察,为了使所有信号都满足时序要求,只好规定同一类信号布线全部严格等长。在实际布线时,时钟信号线等长到 2 500 mils,其他信号线等长到 2 000 mils,其中终端电阻距信号接口的线长要小于等于 600 mils。

5.5.4　PCI IP 核

1. PCI_MT64 IP 核的原理和结构

用 FPGA 设计实现 PCI,由于设计需要完成 66 MHz、64 位宽度数据传输,且在主模式下 DMA 控制器才能工作,因此选择了 PCI_MT64。PCI_MT64 是支持 33 MHz 和 66 MHz 工作频率 64 位 PCI 总线,支持主、从模式的 PCI IP 功能模块。当其宽度为 64 位、系统时钟为 66 MHz 时,峰值传输速率为 528 MB/s。其主要由 8 个模块组成,如图 5.37 所示。

参数配置寄存器是供参数确定的寄存器,包括设备识别、供应商识别、分类代码、修订版本、基址寄存器和子系统供应商等信息。在设计中 ALTERA 公司提供了参数化的图形界面,用户只需按 PCI 协议输入或选择合理的值即可完成该寄存器的配置。

PCI 侧地址/数据缓冲模块用来缓存 PCI 总线侧的地址/数据输入和输出信号;PCI 侧主/从模式控制模块用于控制 PCI 总线的主设备和从设备的各种时序操作;Local 侧主/从模式控制模块用于控制 PCI_MT64 与本地逻辑的各种操作;Local 侧地址/数据/命令/字节使能模块接收和输出用户侧的所有地址、数据、命令、字节使能等信号;奇偶校验模块用于对数据/地址/命令进行奇偶校验。

2. PCI IP 核在 CPCI 数据采集卡的应用设计

PCI_MT64 IP 核在 CPCI 数据采集卡中的功能是与 CPCI 总线之间的通信和数据传输,并做奇偶校验以保证正确性,即将复杂的 CPCI 总线信号转换为相对简单易操作的 CPCI 本地总线信号。它从 CPCI 总线侧获得传输命令和读写数据的地址后,一方面对这个操作命令做出反应,将其传达给本地逻辑,另一方面将 CPCI 总线传送过来的数据地址

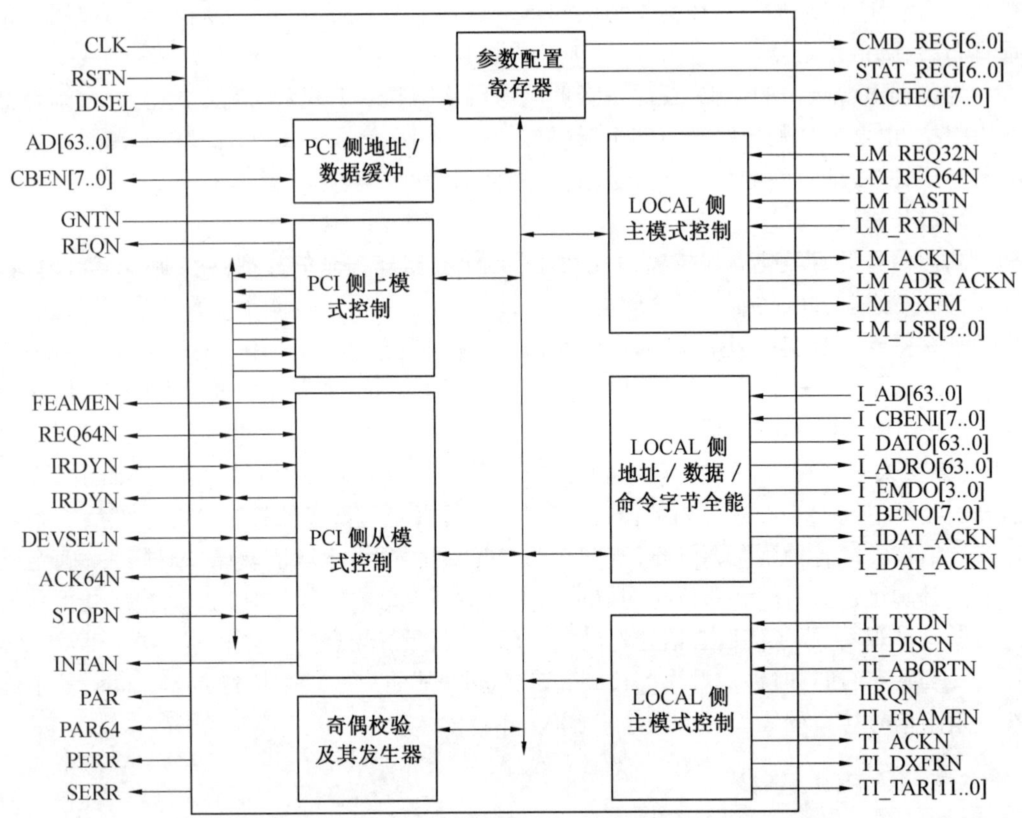

图 5.37　PCI_MT64 核的结构

映射为本地逻辑可识别的地址。当本地端总线准备好后,PCI IP 核会收到本地逻辑做出的响应信号,然后根据主从模式,读/写命令的不同执行相应的时序。简单地说,它是 CPCI 总线和本地逻辑的桥梁,所以首先要设计 CPCI 本地侧逻辑以实现 PCI IP 核功能验证,如图 5.38 所示。

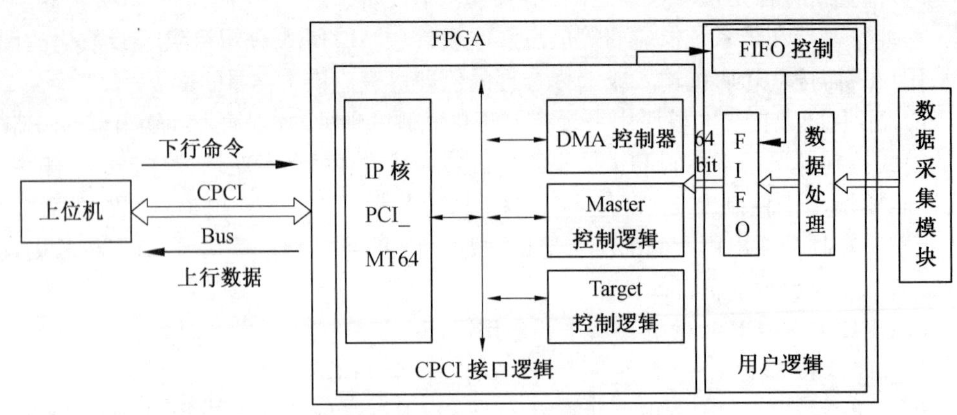

图 5.38　设计 CPCI 本地侧逻辑

以上设计能快速评估 PCI IP 核的功能，当 PCI_MT64 作为一个主设备时，主模式控制逻辑连接 DMA 控制器来完成一次 PCI 主模式读、写传输。当 PCI_MT64 作为一个从设备时，它触发从模式控制逻辑来执行一次从模式传输。CPCI 数据采集卡使用 DMA 方式上传数据，即将数据采集模块的数据处理后，缓存到 FIFO，从 FIFO 中传输数据到上位机 使用从模式写传输并发送控制命令到板卡不同寄存器。当进行一次从模式传输时，PCI IP 核不能启动总线操作，只能依赖于主设备从其中读取数据或向其传送数据，相关设计较为简单，而 DMA 模式是 PCI_MT64 配合自主设计的 DMA 控制器来实现的，所以 DMA 控制器是整个设计的关键。

5.5.5 WinDriver 驱动程序设计

当前 Windows 环境下用于 PCI 设备驱动开发的工具主要是 DDK、DriverStudio 以及 WinDriver。前两者功能强大，但是开发者需要熟知操作系统的体系结构、汇编语言和设备驱动程序结构体系方法，还需要具备丰富的驱动程序开发经验，否则可能造成软件不稳定甚至系统崩溃，另外，前两者开发周期较长。而 Jungo 公司开发的 WinDriver 改变了传统的驱动程序开发方法，其整个驱动程序中的所有函数都是在用户态下工作，使开发者不需要掌握前两者所需的预备知识就可以开发出与之相媲美的程序。

为了实现在主控计算机和信号处理板之间快速通信，采用了 CPCI 并行总线技术，信号处理板采用内嵌 PCI 模块的 DSP6416 芯片。软件开发基于 Windows 平台和 VC++6.0 编程环境，为了便于应用程序调用驱动程序，按照模块化的软件设计思想，驱动程序以 DLL 动态链接库的形式封装。为提高工作效率、缩短开发周期，开发工具选用 WinDriver。

WinDriver 是一套设备驱动程序开发组件，其目的在于方便程序员快速开发出 PCI、ISA、CPCI 和 PCIE 等设备的 Windows 驱动程序。

1. WinDriver 原理

WinDriver 的体系架构分为两种模式：用户模式和内核模式。对硬件进行操作时，开发者应用程序调用 WinDriver 用户模式的库函数，用户模式的库函数再调用 WinDriver 内核，WinDriver 内核再调用操作系统底层函数实现对硬件的最终访问。其与硬件模板、用户驱动程序、用户应用程序之间的关系即体系架构。对于某些在用户模式下不能实现的高性能硬件驱动程序，可通过 WinDriver 的内核插件功能实现：在用户模式下完成编程和调试，不做任何修改，直接将该高性能要求的程序模块植入内核插件，WinDriver 即从内核模式下调用该程序模块。

2. WinDriver 特点

作为一款实用的驱动程序开发工具包，WinDriver 的主要优点和特征如下：

(1)通过内核插件功能能够实现用户模式的易用和内核模式的高性能。

(2)友好的驱动向导允许不写一行代码即可实现硬件诊断。

(3)支持所有 PCI/PCMCIA/CardBus/ISA/EISA/CompactPCI/PCIExpress 设备，与制造商无关。

(4)可以利用常见的软件开发平台，例如：MSDEV/Visual C/C++、Borland Delphi、Visual Basic 6.0 等。

(5) 开发者不需要知道 DDK、ETK、DDI 及任何其他系统层面的编程知识。

(6) 支持 I/O、DMA 中断处理和直接访问板卡映射的存储器。

(7) 支持多 CPU 及多 PCI 总线平台。

3. 用 WinDriver 开发驱动程序

利用 WinDriver 开发驱动程序有两种方式:一是通过驱动程序向导生成驱动程序框架,再对框架程序进行修改和调试;二是直接编写驱动程序。

驱动程序向导开发方式包括:板卡检测、诊断;生成驱动程序框架;调试、编译驱动程序。

直接编写代码方式包括:①包含 WinDriver 相关的头文件;②WinDriver 库函数调用。

5.6　板卡调试

5.6.1　焊接与电气测试

CPCI 板卡中元器件大多采用贴片封装,手工焊接比较困难,FPGA 芯片则需要回流焊机,所以本项目中主要芯片的焊接交给了专业工人来做,其他的电阻、电容及排阻则采用手工焊接。CPCI 板卡焊接完成后的实物如图 5.39 所示。

在焊接完成之后,需要对板子进行简单的电气测试,以确保板子没有短路或断路的地方。板子供电之后,用电压表在预留的电压测试孔处测得各处的实际电压为:PCI_5V(4.8 V),1.2 V(1.19 V),3.3 V(3.26 V),VCCA(4.96 V),12 V(11.96 V)。由此可以看出,测试电压虽然与规定电压不完全相同,但误差很小,在误差允许范围内。而且,经检查发现 3.3 V、1.2 V 电压转换模块的正负极画反,最终采用飞线纠正。

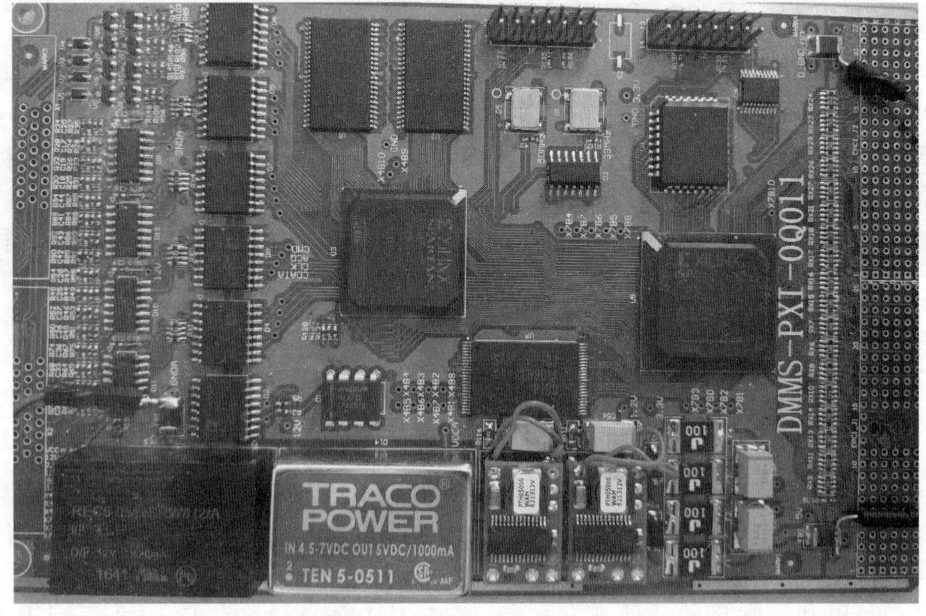

图 5.39　CPCI 板卡实物图

5.6.2　电气通路检测

在确保板卡无短路和断路,正常可用后,要对板卡的电气通路进行测试。即确保信号能在板卡双向传输。无论在板卡的哪一侧加输入信号都能在另一侧接收到相同的信号。这里采用示波器作为信号源,产生一定频率的方波,在板卡的另一侧用示波器观测接收波形,示波器和板卡连接检测如图 5.40 所示,示波器观测接收波形如图 5.41 所示。

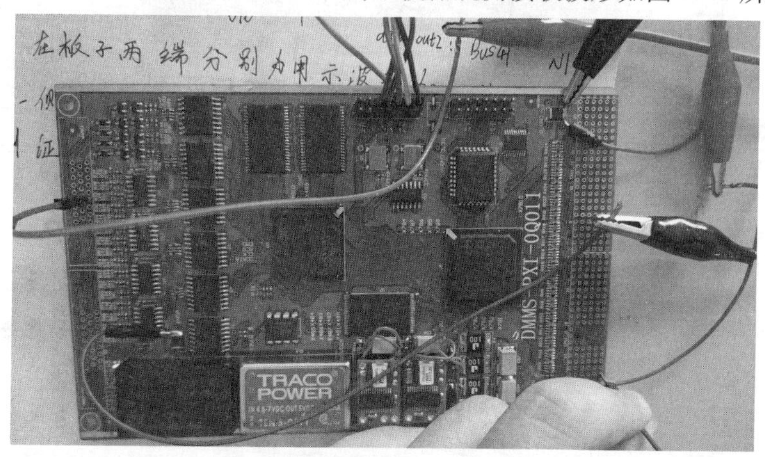

图 5.40　示波器和板卡连接检测

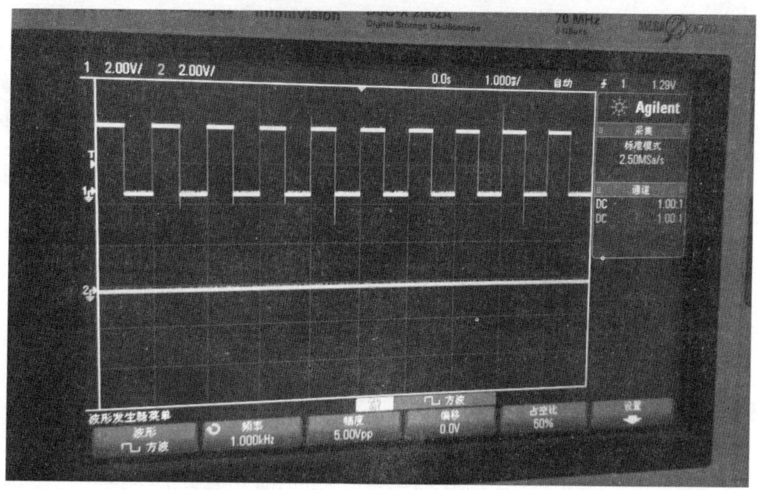

图 5.41　示波器观测接收波形

经检测发现板卡电气通路完好,信号可以进行双向传输。实际在应用过程中,XC3S400AN 侧的信号输出处需要外接 10 kΩ 上拉电阻才能检测到信号,这里为模拟实际情况,采用 Multisim 进行仿真,仿真结果如图 5.42 和图 5.43 所示。

由图 5.42 和图 5.43 可以看出,在实际应用过程中加入了上拉电阻,板卡可以完整接收到波形。为保证正确性,不只是在板卡两端进行了信号测试,还用示波器在信号通路的每一处进行了测量,最终确定了板卡信号通路的完整性。综上,板卡信号通路完好,能导通信号。

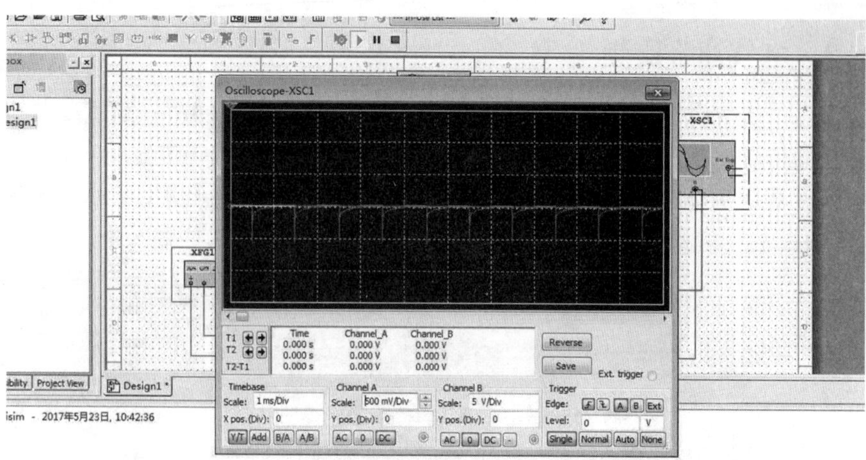

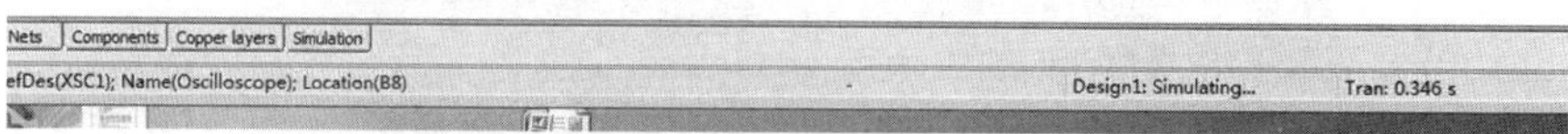

图 5.42　未接上拉电阻时 Multisim 仿真波形

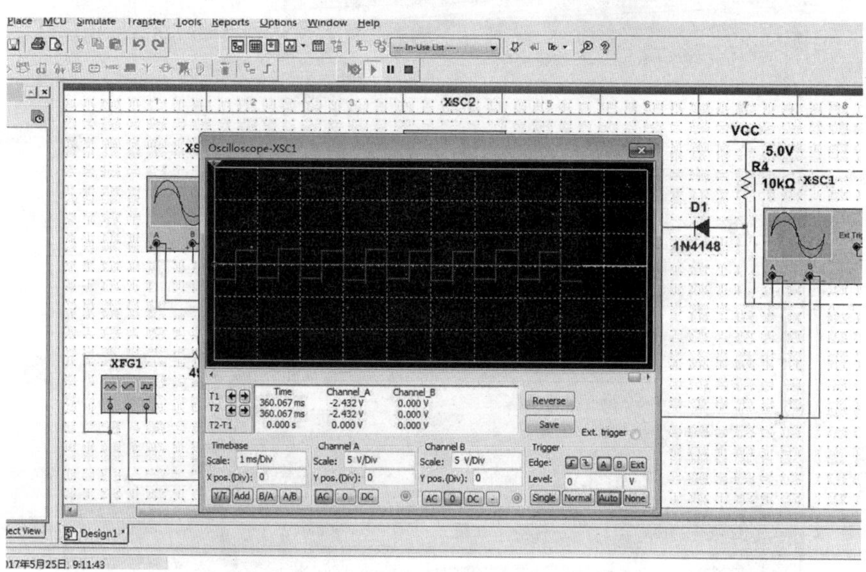

图 5.43　接入上拉电阻时 Multisim 仿真波形

5.6.3　模块功能测试

1. ISE 软件的安装与学习

(1)ISE 工程的建立。

本项目采用 XLINX 公司 SPARTAN3 系列的 XC3S700AN 芯片,ISE 为 XLINX 的开发套件,下文就以基于 FPGA 的流水灯例程来介绍一下 ISE 的使用流程。

①基本界面。

ISE 的基本界面如图 5.44 所示。与 Windows 常用的文件操作一样,ISE14.9 中也有:

New(新建文件)、Open(打开文件)、Save(保存文件)、Save As(另存文件)、Print(打印文件)和 Exit(退出)等相关的文件操作。以上这些操作可以在菜单栏“File”子菜单下选择命令,也可以应用快捷键或者工具栏的图标进行快捷操作。

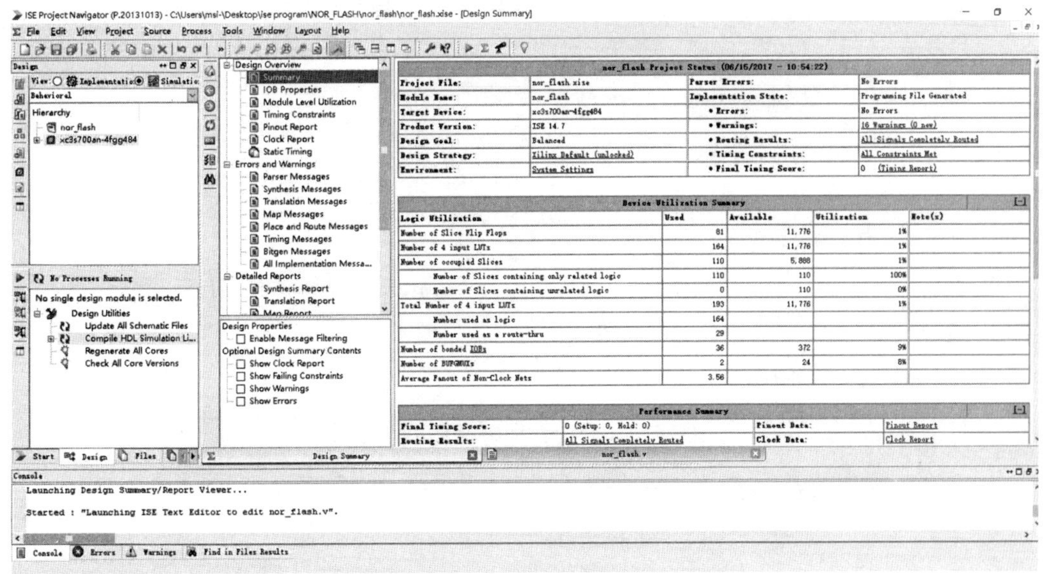

图 5.44　ISE 的基本界面

②创建工程。

打开软件,点击“File”→“New project”。

(2)使用 ISE 仿真测试。

①在功能模块生成没有错误之后,新建一个测试工程,点击“New Source”,如图 5.45 所示。

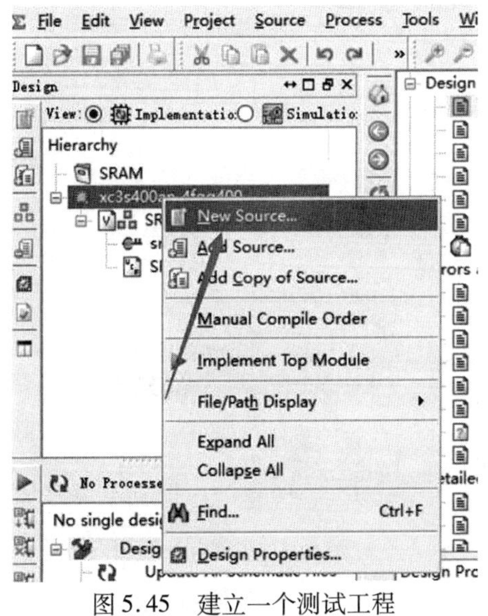

图 5.45　建立一个测试工程

②点击“Verilog Test Fixture”,命名文件,之后点击“Next”“Finish”直到文件建立,如图 5.46 所示。

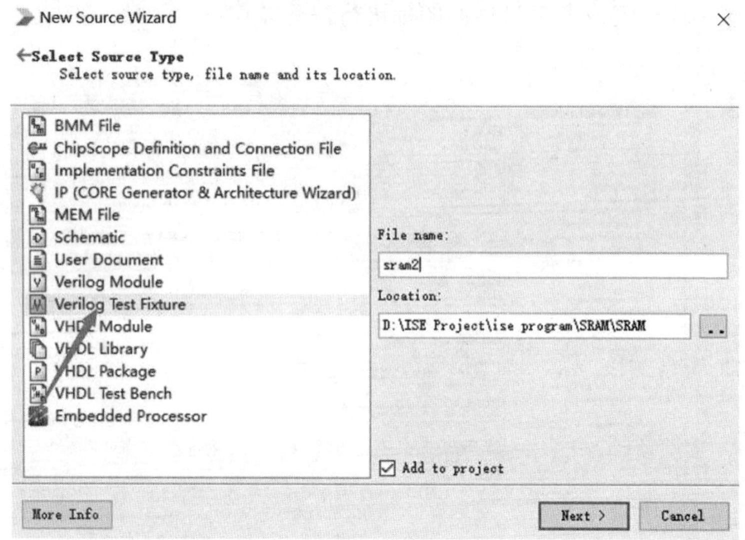

图 5.46　建立文件

③点击“Simulation”,打开仿真界面。写好仿真程序后,点击“Simulate Behavioral Model”,运行仿真,如图 5.47 所示。

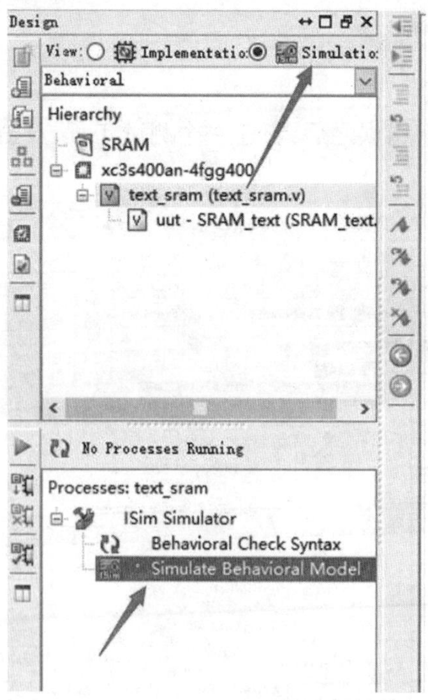

图 5.47　运行仿真

④点击箭头所指按钮,可开始仿真与暂停仿真。

2. SRAM 模块测试

(1)读操作时序。

在不断电的情况下,用地址线控制读 SRAM,将 OE、LB、UB、CE 拉低,WE 拉高,给出相应的地址即可读出相关的数据,如图 5.48 所示。

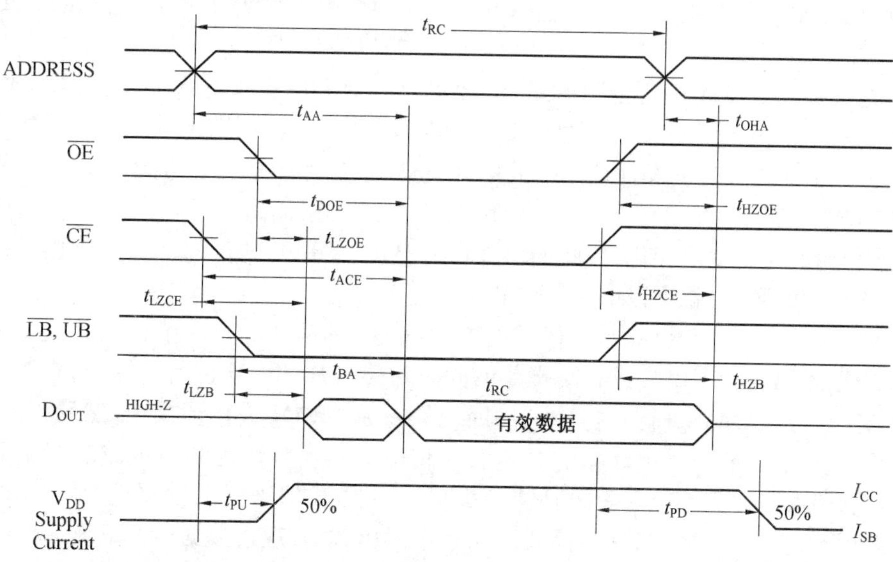

图 5.48　读操作时序图

(2)写操作时序。

首先把 OE 信号拉高,CE、UB、LB 信号拉低,写入相应的地址和数据,将 WE 拉低,即可将数据写入相应的地址,如图 5.49 所示。

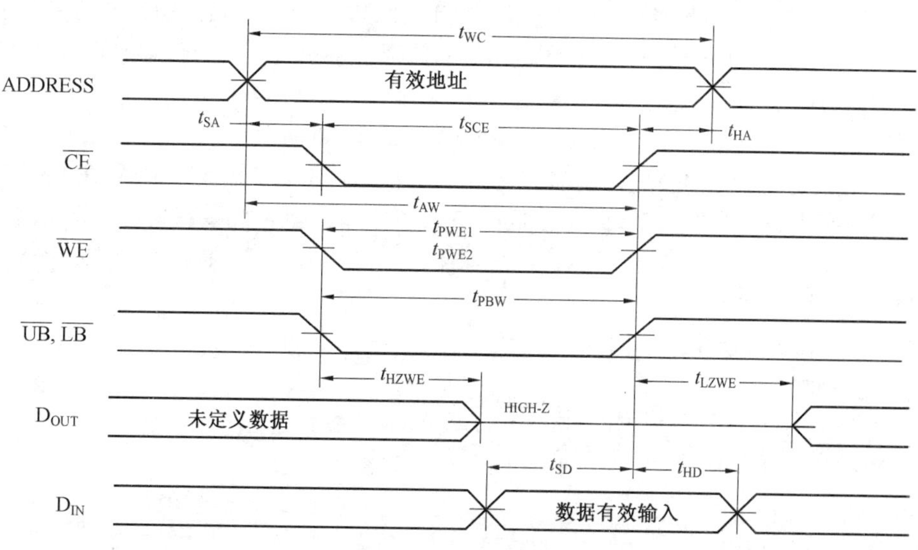

图 5.49　写操作时序图

(3)SRAM 读写程序代码。

用状态机来读写转换。当读选通为低电平时,进行读数据。当写选通为低电平时,进行写数据。当写选通为低电平时，写入数据线上的数据，当写选通为高电平时，写入的数据为高阻态。

(4) SRAM 测试。

测试思路：向 SRAM 中写入一个数据，然后再读出来，如果读写数据相同，那么测试波形中的 led 最低位会由 1 变为 0，在仿真时序图中会由 1 变为 0，即代表测试成功，否则测试失败。

首先对每片 SRAM 进行读写测试，主要思路是向 SRAM 里写入一组自增的数据，然后再利用 chipscope 读出来看数据的对错。具体实现方法为：利用延时计时器令数据和地址每隔 1 s 自加 1，在数据和地址不变的期间，也就是这 1 s 内，先产生写请求信号将数据写入 SRAM，然后再产生读请求信号，将刚写进去的数据读出来。在完成这一遍读写之后，数据和地址才会发生变化，如此循环，就可完成对 SRAM 的读写测试。读出的结果是一组连续自增的数据，就可以证明 SRAM 读写正常。

在测试之后，进行 SRAM 乒乓读写的程序编写。SRAM 的乒乓读写操作就是在第一个读写周期对第一片 SRAM 进行写操作的同时对第二片 SRAM 进行读操作，在第二个读写周期对第二片 SRAM 进行写操作的同时对第一片 SRAM 进行读操作，然后一直循环。乒乓读写操作的目的是实现数据的高速实时传输。实现方法是利用示波器产生 250 Hz 的脉冲，脉冲占空比为 50%，采样时钟为 1 kHz，这样我们采得的数据就是 11001100 循环，将它写到两片 SRAM 中，然后再从 SRAM 中读出数据，观察数据是否正确。

因为 SRAM 数据是 16 位的，所以采样 16 次之后将 16 个采样值合成一个 16 位数，然后再写入 SRAM。现规定一个乒乓周期为 1 000 个数据写和 1 000 个数据读即 16 000 个采样时钟周期。地址从 0 ~ 999 自加。

在实际编写过程中要十分注意时序问题。因为有两个时钟，一个采样时钟，一个数据产生时钟，它们不一定是同步的，这样就要考虑到异步时钟的同步问题。常用的方法是用寄存器打两拍，就是将信号经过两个 D 触发器，用输出后的信号，这样就完成了异步时钟的同步问题。

3. FLASH 模块测试

NOR FLASH 的特点是芯片内执行（XIP，eXecute In Place），这样应用程序可以直接在 FLASH 闪存内运行，不必再把代码读到系统 RAM 中。NOR 的传输效率很高，在 1 ~ 4 MB 的小容量时具有很高的成本效益，但是很低的写入和擦除速度大大影响到它的性能。NAND 的结构能提供极高的单元密度，可以达到高存储密度，并且写入和擦除的速度也很快。

(1) 功能块原理图。

NOR FLASH 功能块原理图如图 5.50 所示。

(2) 引脚配置。

①地址线，A0 ~ A18 为 NOR FLASH 的 19 根地址线。

②数据线，D0 ~ D7 为 NOR FLASH 的 8 根数据线。

③CE#，片选端。

④OE#，输出使能端。

⑤WE#，写使能端。

⑥VCC，电源端(3 V)。

⑦GND，地端。

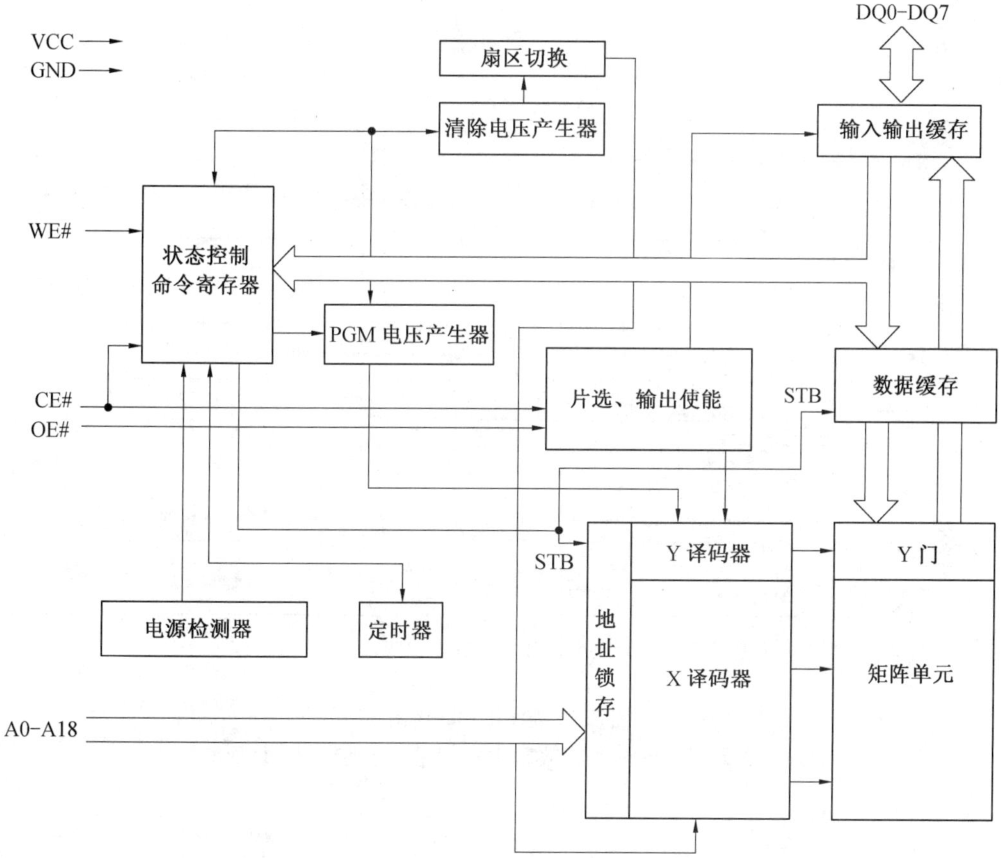

图 5.50　功能块原理图

(3)时序图。

以下为本程序所用到的各指令时序图,分别如图 5.51 ~5.53 所示。

①读操作时序图。

②程序操作时序图

③擦除指令时序图

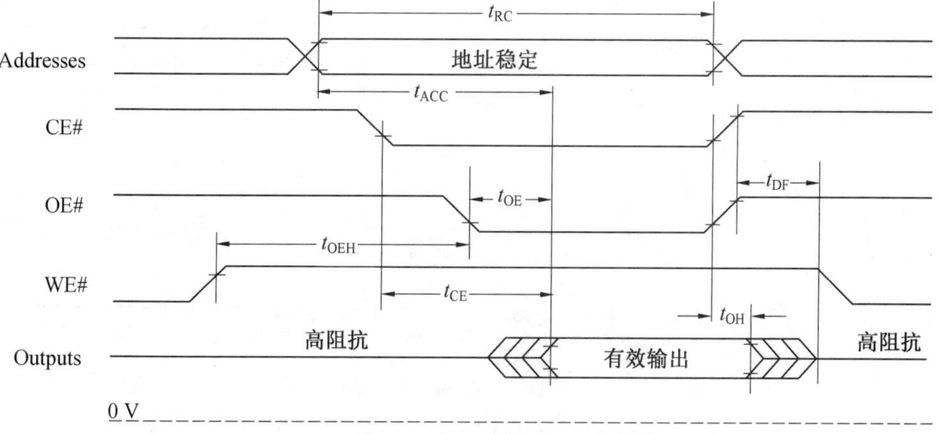

图 5.51　读操作时序图

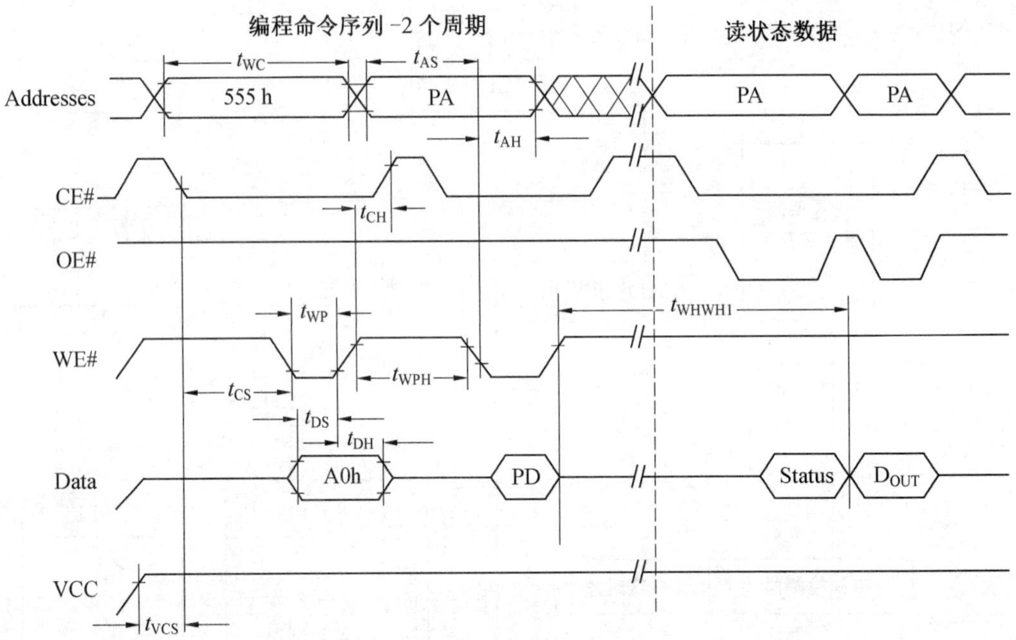

图 5.52 程序操作时序图

PA—编辑地址;PD—编程数据;D_{OUT}—是真实的编程数据地址

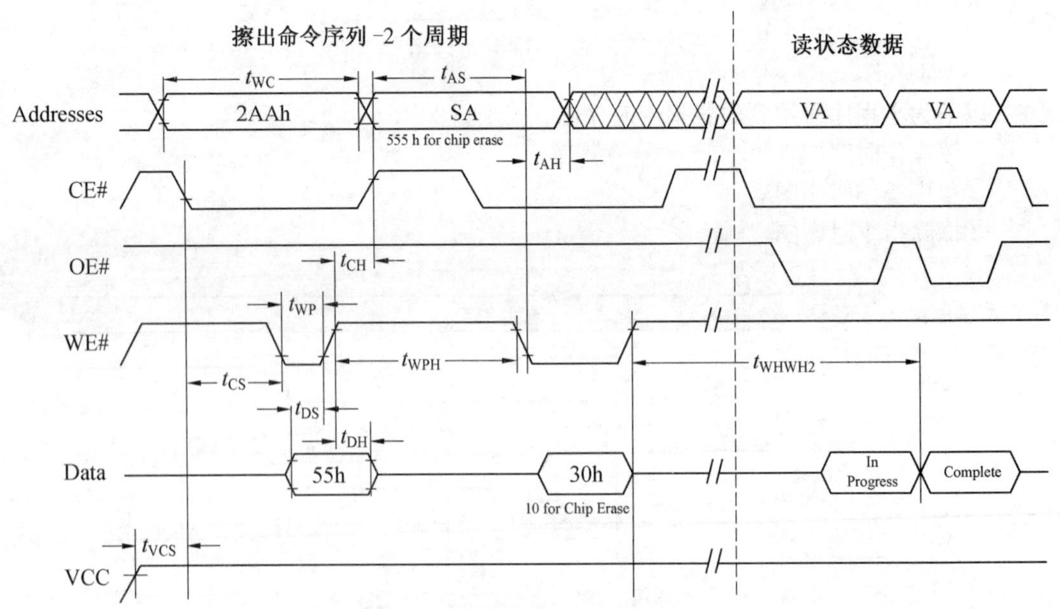

图 5.53　擦除指令时序图

SA—擦出扇区地址;VA—读状态数据有效地址

(4)扇区地址表。

扇区地址表见表 5.2。

表 5.2　扇区地址

扇区	A18	A17	A16	十六进制地址范围
SA0	0	0	0	00000h-0FFFFh
SA1	0	0	1	10000h-1FFFFh
SA2	0	1	0	20000h-2FFFFh
SA3	0	1	1	30000h-3FFFFh
SA4	1	0	0	40000h-4FFFFh
SA5	1	0	1	50000h-5FFFFh
SA6	1	1	0	60000h-6FFFFh
SA7	1	1	1	70000h-7FFFFh

(5)程序流程图。

一般指令流程图和擦除指令流程图分别如图 5.54 和图 5.55 所示。

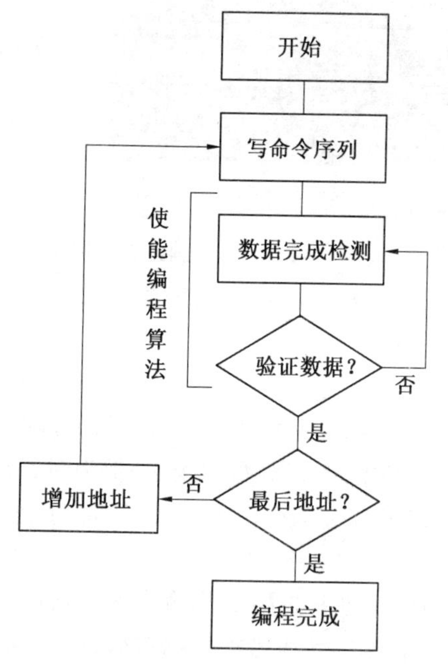

图 5.54　一般指令流程图

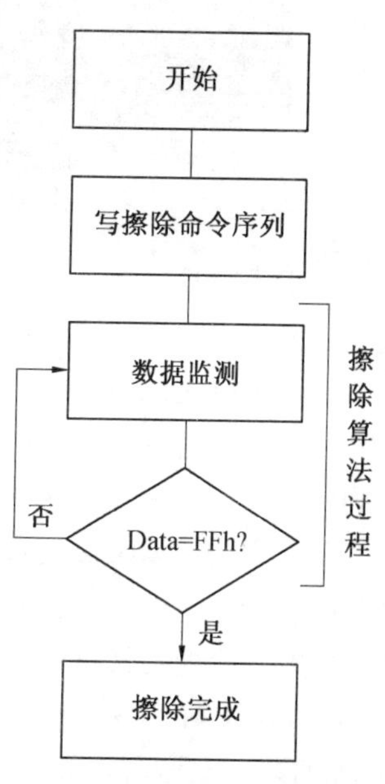

图 5.55　擦除指令流程图

(6)NOR FLASH 程序。

①命令表。

本程序所用到的命令为片擦除命令、写命令、读命令。片擦除命令占用六个循环,写命令占用四个循环,读命令占用两个循环。

②完成数据的输入。

本状态机的状态分为片擦除、数据写入、数据读出三部分循环。

FLASH 读写测试:先写再读,由于 FLASH 掉电后不会丢失数据,所以读数据之前应先断一下电,再通电进行读取数据,来测试掉电后数据是否会丢失。另外还需注意的是在写之前要对 FLASH 进行擦除操作,写操作只能将 1 变成 0,只有擦除操作才能将 0 变为 1。

NOR FLASH 读写:系统上电会自动进入读模式,擦除操作和写操作需要四个或六个周期来完成,每一个周期都要把相应的命令写入 FLASH 中的某一命令寄存器中(不同型号的 FLASH 有不同的命令,详见芯片手册)。

测试方法:先进行整块擦除操作大约需 11 s,然后写入两个数据,断电后再执行读操作,利用 LED 的亮灭来判断数据是否一致,如图 5.56 所示。

图 5.56　FLASH 测试结果

有三个 LED 灯,第一个 LED 亮代表第一个数写入和读取一致,第二个 LED 灯亮代表第二个数写入和读取一致,第三个 LED 灯亮代表擦除成功。测试中三个 LED 灯依次亮起,代表 FLASH 模块测试成功。

4. FPGA 芯片数据互传测试

为了确保 PCI 协议能在板卡上实现,两片 FPGA 芯片间的数据互传测试是必不可少的。芯片之间有 70 根 LOCAL BUS 总线,现规定其中 16 根为数据线,一根为时钟线,一根为有效信号线,还有一根为接收信号线,一共 19 根线被使用。因为是双向的,所以就是 38 根 LOCAL BUS 线被定义,以此来实现简单的并行数据传输。

以 XC3S400AN 到 XC3S700AN 方向为例,16 根数据线用来传输数据,时钟线负责将 XC3S400AN 的数据发送时钟发给 XC3S700AN,有效信号线传输数据有效信号,接收信号线是由 XC3S700AN 发送给 XC3S400AN 的数据接收完成的信号。

由于没有合适的信号源,现让芯片内部产生一组有规律的数据来发送。XC3S400AN 中产生一组自加数据,XC3S700AN 中产生一组自减数据,规定报头为 AA55。接收和发送规则为一个报头后面跟着一个有效数据,只有接收到了正确的报头且有效信号为高电平时,才能接收报头后面的数据,接收完返回一个接收完成信号,芯片间数据互传仿真如图 5.57 所示。

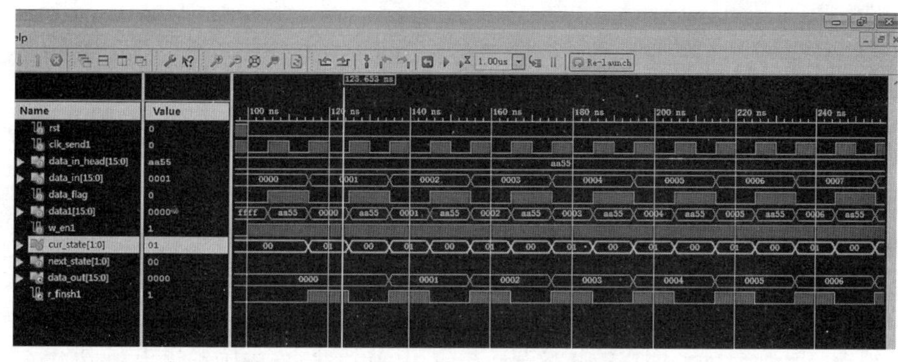

图 5.57　芯片间数据互传仿真

由仿真结果可以看出 data1 为芯片内一组加上了报头的自加数据,数据有效信号一直为高,因为数据一直在规定的有效范围内。接收完成信号会在接收完一个数据后变为高且存在一个时钟周期。data_out 为接收的数据,可以看到接收的数据去掉了报头且接收正确。此次测试是用 chipscope 从芯片中抓取出来的信号,可以看到无论是从哪块芯片向另一块芯片传输,都可以完整、正确接收到数据。由此可以证明芯片间是可以实现数据双向传输的。

本章小结

本章分析了 CPCI 板卡规范,PCI 总线协议,理解了高频数字电路设计方法和高速数据采集传输原理,完成了基于 FPGA 的 CPCI 板卡的硬件部分。经仿真测试和硬件测试表明,板卡已达到了要求的性能指标,为 PCI 协议的运行提供了很好的硬件环境。完成的主要工作和创新如下:

(1)提出了用 FPGA 代替专用接口芯片的思路,把大量的数字芯片集成到 FPGA 里,节省了板卡面积,占用资源少,具有很强的灵活性。

(2)完成了电路板原理图、印制电路板和内部控制逻辑的设计。

(3)完成了所有的模块仿真测试和硬件的电气和功能测试,确保了板卡的实用性。

(4)由于采用 Verilog 语言进行硬件描述,系统的调试变得非常简单(原因在于随时可以修改程序,只需重新下载即可),因此可以节省大量调试费用。

设计中还存在很多不足之处和需要加以改进的地方,具体情况如下:

(1)在 PCB 制作方面,信号的完整性和干扰的隔离不能完全保证,由于缺少关键芯片的 IBIS 模型,无法对 PCB 进行准确仿真,可以考虑修改布局布线来保证信号的完整性。

(2)在硬件调试方面,考虑不够周全,在单个模块测试完之后应尽量将所有的模块串起来进行整体测试。

(3)在其他方面,必然还存在着尚未发现的不足,在今后的工作中将进一步去发现并予以完善。

参考文献

[1] 刘鑫. 中国 CompactPCI/PXI 技术发展与应用[J]. 测控技术,2004,23(6):1-3.

[2] 刘鑫,周金莲. 总线工控机技术的现状与应用[J]. 电子技术应用,2002,(07):2-3.

[3] 刘泽祥. 现场总线技术[M]. 北京:机械工业出版社,2005.

[4] 叶金华. FPGA 嵌入式应用系统开发典型实例[M]. 北京:中国电力出版社,2005:40-60.

[5] 臧铁钢,唐才峰. Protel DXP 电路设计与应用[M]. 北京:中国铁道出版,2005.

[6] LOSCE R M. A gray code based ordering for documents on shelves classification for browsing and retrieval[J]. Journal of the American Society for Information Science, 1992, 3(4):312-322.

[7] 罗朝霞,高书莉. CPLD/FPGA 设计及应用[M]. 北京:人民邮电出版社,2007.

[8] 刘绍汉,林杜生,刘新民. VHDL 芯片设计[M]. 北京:清华大学出版社,2004.

[9] 简育华. 基于 WinDriver 的 Windows 驱动程序开发[J]. 火控雷达技术,2011(1):68-70.

第6章 SPARTAN开发板制作

6.1 引　　言

随着EDA技术的不断发展,设计行业对熟练掌握EDA开发的高素质大学毕业生需求量逐渐增加,对技术的需求也反映到教学和科研领域中,现在EDA技术相关课程是高校相关专业必不可少的课程。而大部分院校EDA技术课程教学过程使用EDA实验箱进行,这种实验方式开设成本低,可重复编程,设计方法在EDA设计中具有典型性和通用性。如果采用自己设计的实验箱将会有更好的针对性。Spartan系列FPGA是XILINX公司可编程逻辑产品中的高性价比产品的代表。Spartan6系列是一类低成本、高容量的FPGA,能在功耗、性能、成本之间很好的平衡。因此本章尝试将其应用于EDA实验箱中,设计实现一个Spartan6实验箱。

实验箱的设计过程分为两大部分:硬件设计和案例设计与实现。对于硬件设计部分,首先,通过多年教学经验设计了实验箱预计要完成的功能,给实验箱添加数码管、LED灯、按键拨键、蜂鸣器、串口、VGA模块;其次,电源采用220 V交流电转5 V和3.3 V直流电来满足实验箱的供电;最后,研究了各个模块的设计细节。对于案例设计与实现部分,通过针对各个模块编写相应的应用程序来验证各个模块的硬件设计和硬件组装是否正确。另外还讨论研究了Spartan6实验箱的可升级性,编写比较复杂的程序,需要各个模块一起来实现,验证了只要芯片的存储空间加大,就可以实现复杂的程序烧录和EDA高级教学。

利用本章方案设计并完成的基于Spartan6的实验箱,可以应用于高校EDA教学。

6.2 系统分析

开发板一般由嵌入式系统开发者根据开发需求自己订制,也可由用户自行研究设计。常见的开发板有单片机、ARM、FPGA、CPLD、DSP、MIPS和PPC等,这里选择CPLD。

1. 方案:CPLD

CPLD(Complex Programmable Logic Device,复杂可编程逻辑器件),是从PAL和GAL器件发展出来的,相对而言规模大,结构复杂,是一种用户根据需要而自行构造逻辑功能的数字集成电路。其基本设计方法是借助集成开发软件平台,用原理图、硬件描述语言等方法生成相应的目标文件,通过下载电缆将代码传送到目标芯片从而实现设计的数字系统。

CPLD 具有编程灵活、集成度高、设计开发周期短、适用范围宽、开发工具先进、设计制造成本低、对设计者的硬件经验要求低、标准产品无需测试、保密性强、价格大众化等特点,可实现较大规模的电路设计,因此被广泛应用于产品的原型设计和产品生产之中。几乎所有应用中小规模通用数字集成电路的场合均可应用 CPLD 器件。CPLD 器件已成为电子产品不可缺少的组成部分,它的设计和应用成为电子工程师必备的一种技能。

尽管 FPGA 和 CPLD 都是可编程 ASIC 器件,有很多共同特点,但由于 CPLD 和 FPGA 结构上的差异,它们还具有各自的特点。

(1)CPLD 适合完成各种算法和组合逻辑,FPGA 适合完成时序逻辑。换句话说,FPGA 适合于触发器丰富的结构,而 CPLD 适合于触发器有限而乘积项丰富的结构。

(2)CPLD 的连续式布线结构决定了它的时序延迟是均匀的和可预测的,而 FPGA 的分段式布线结构决定了其时序延迟的不可预测性。

(3)在编程上 FPGA 比 CPLD 具有更大的灵活性。CPLD 通过修改具有固定内部连线电路的逻辑功能来编程,FPGA 主要通过改变内部连线的布线来编程。FPGA 可在逻辑门下编程,而 CPLD 是在逻辑块下编程。

(4)FPGA 的集成度比 CPLD 高,具有更复杂的布线结构和逻辑实现。

(5)CPLD 比 FPGA 使用起来更方便。CPLD 的编程采用 E2PROM 或 FASTFLASH 技术,无需外部存储器芯片,使用简单。而 FPGA 的编程信息需存放在外部存储器上,使用方法复杂。

(6)CPLD 的速度比 FPGA 快,并且具有较大的时间可预测性。这是由于 FPGA 是门级编程,并且 CLB 之间采用分布式互联,而 CPLD 是逻辑块级编程,并且其逻辑块之间的互联是集总式的。

(7)在编程方式上,CPLD 主要是基于 E2PROM 或 FLASH 存储器编程,编程次数可达 1 万次,优点是系统断电时编程信息也不丢失。CPLD 又可分为在编程器上编程和在系统编程两类。FPGA 大部分是基于 SRAM 编程,编程信息在系统断电时会丢失,每次上电时,从器件外部将编程数据重新写入 SRAM 中。优点是可以编程任意次,可在工作中快速编程,从而实现板级和系统级的动态置。

(8)CPLD 保密性好,FPGA 保密性差。

(9)一般情况下,CPLD 的功耗要比 FPGA 大,且集成度越高越明显。

经过几十年的发展,许多公司都开发出了 CPLD 可编程逻辑器件。比较典型的是 ALTERA、LATTICE 和 XILINX 世界三大权威公司的产品,这里我们采用 ALTERA 公司的 MAX II 系列 EPM570T144C5N 芯片和 MAX 3000 系列 EPM3032A 芯片。

ALTERA 口袋实验板是一个实际应用的系统,采用此实验板设计相关 EDA 实验,为相关专业的学生进行 EDA 实验提供硬件支持,可以用 Verilog 和 VHDL 两种语言编程,实用性强。它可以实现乐曲演奏、数字钟等功能,以及用组合逻辑设计、计数器、字符发声器、OLED 显示来控制实验、实现警报器温度计等功能。

2. Altera 口袋实验板主要特点

(1)系统功能强大:采用 ALTERA 公司的 MAX II 系列主流 CPLD。

(2)I/O 扩展能力强:引出 88 个 I/O 端口,都是独立的 I/O 不存在端口复用的问题,方便用户测试和扩展应用。

(3)电源稳压:为保持电源电压稳定,采用 AMS1117 系列稳压芯片。

(4)LED 指示运行:当电源开关打开,会有一个电源指示 LED 点亮。

(5)下载模式:支持 JTAG 下载调试。

(6)可开展实验项目:组合逻辑设计、组合电路、触发器功能实现、贪吃蛇、自动售货机设计、LCD 显示控制实验等其他项目。

3. ALTERA 口袋实验板系统配置

(1)CPLD 芯片:ALTERA 公司的 MAX II 系列 EPM570T144C5 芯片,具有 144 个引脚,采用 TQFP 封装。

(2)有源晶振:30 MHz(外部时钟)。

(3)电源芯片:AMS1117-3.3。

(4)滤波电容:采用贴片铝电解电容。

(5)下载调试接口:JTAG 调试接口。

(6)引出 I/O 数目:88 个,独立 I/O 接。

(7)4 个独立 LED 和电源指示 LED 以及 1 块分辨率为 128×64 的 OLED。

6.3　外壳设计

本节简要介绍利用 SOLIDWORKS 软件进行 Spartan 开发板外壳设计的过程。

6.3.1　背景

SOLIDWORKS 软件是美国 SOLIDWORKS 公司开发的三维 CAD 产品,是实行数字化设计的造型软件,在国际上得到广泛应用,其操作界面如图 6.1 所示。SOLIDWORKS 具有开放的系统,可实现产品的三维建模、装配校验、运动仿真、加工仿真、数控加工及加工工艺的制定,以保证产品从设计、工程分析、加工模拟、产品制造过程中数据的一致性,从而实现产品的数字化设计和制造。

图 6.1　操作界面

6.3.2　操作界面简介

(1)新建一个文件。

单击“文件”→“新建”→选择要新建的文件类型→“确定”即可完成。

(2)文件类型。

文件类型主要分为“零件”“装配体”和“工程图”三种,如图 6.2 所示。其中,零件是单一设计零部件的 3D 展现,装配体是多个零件或装配体组合在一起的 3D 排列,工程图是常见的三视图,通常属于零件或装配体。

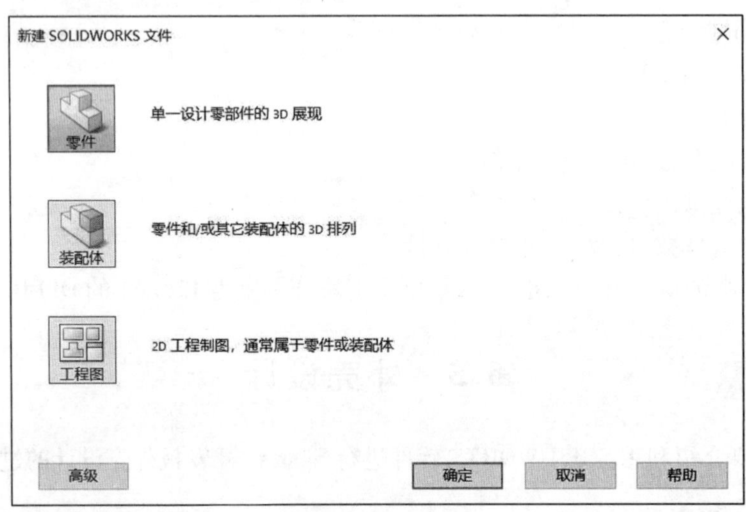

图 6.2　文件类型

(3)草图绘制。

文件新建完成后,即可进行草图绘制,操作界面左侧为设计树,可以查看操作历史,选定操作基准面等一系列操作,每次进行绘制前都要先选定一个基准面。操作界面上侧为一些基本操作,可以实现点、线、面、矩形、圆形、椭圆、多边形等一系列二维图形的绘制,可以进行尺寸标注,并有一定的辅助绘图工具,如图 6.3 所示。

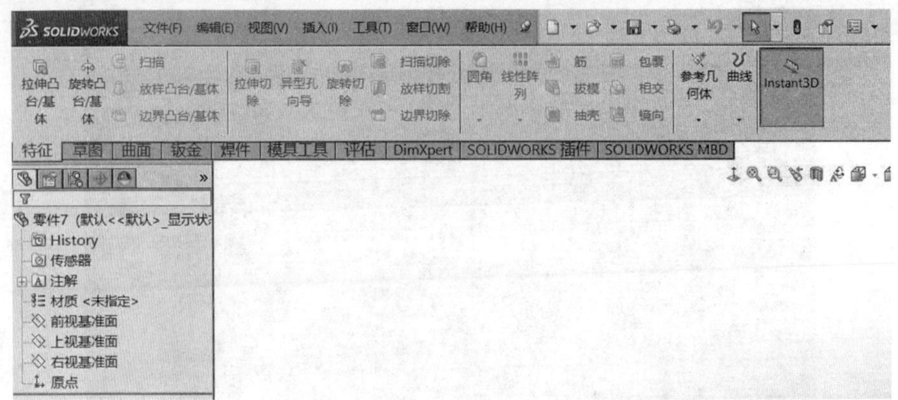

图 6.3　基本操作指令

在草图绘制的基础上，还可以对二维图形进行拉伸、旋转、扫描、切割等操作，从而将其转换为三维图形。还可以将所绘图形根据实际生产需要转换为钣金、焊件、模具等操作模式。

6.3.3　开发板的外壳设计

(1) 根据 Spartan 扩展板和核心板的外廓尺寸，设计其外壳的长、宽、高。外壳应该预留一定的空间用于放置导线等器件，所以设置长为 300 mm，宽为 253 mm，高为 54 mm，如图 6.4 所示。

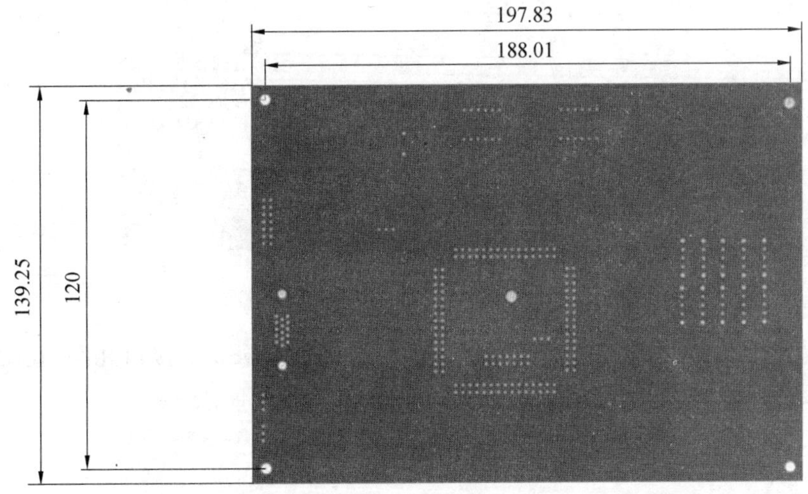

图 6.4　设置扩展板尺寸

(2) 按照尺寸绘制一个中心矩形，然后拉伸，指定拉伸深度，即可得到一个长方体。然后点击“抽壳”指令，指定抽壳厚度为 2 mm，选定基准面，点击“确定”即可得到一个各面等厚的箱壳，如图 6.5 所示。

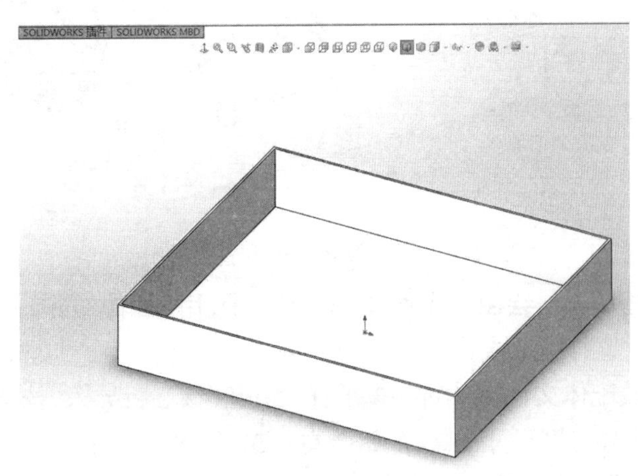

图 6.5　绘制箱壳

(3)由于 Spartan 开发板外壳为钣金加工,需要切口,所以点击钣金中的“切口”命令,选择四条边线,将模型切开,然后选择边线法兰,依次在上方从四个边向内弯折一小段距离,形成一个小的支撑,用来放置上方的盖子。最后根据扩展板固定开口的位置,设计四个支撑立柱,分别用来固定扩展板和盖子,如图 6.6 所示。

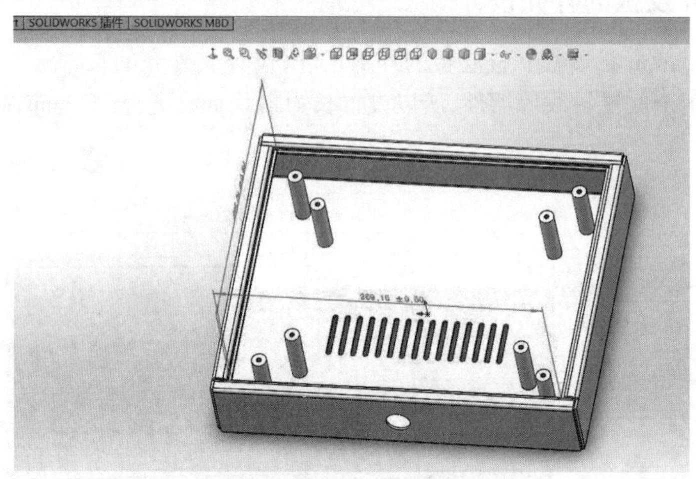

图 6.6　切口、设计支撑立柱

(4)在侧边适当位置使用“拉伸切除”指令,绘制出电源、USB 等接口孔洞,在底面绘制直槽口,用来通风降温,可用“阵列”指令复制安放,如图 6.7 所示。

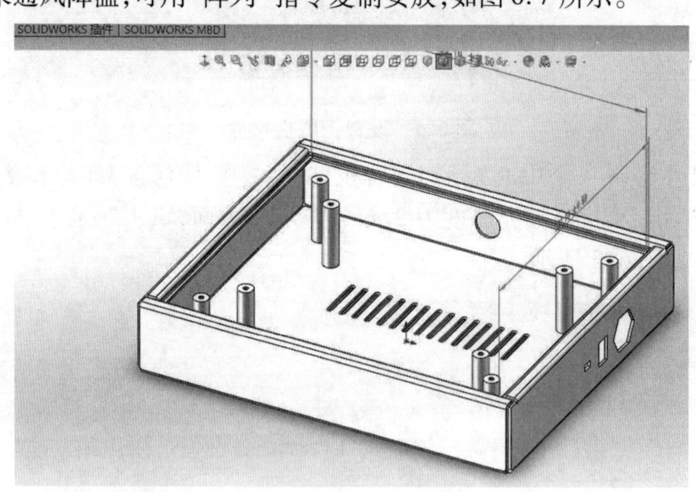

图 6.7　绘制电源、USB 和直槽孔洞

(5)用类似上述的方法绘制一个厚 2 mm 的盖子,用“拉伸切除”指令将扩展板位置留出来,并在固定位置打好螺栓孔,如图 6.8 所示。

(6)新建一个装配体文件,将箱壳、盖子、扩展板和核心板导入,按照指定位置进行配合,从标准零件库中导入同尺寸的螺栓,组装在一起,如图 6.9 所示。

(7)检验校核,零件之间没有干涉重合,即可。

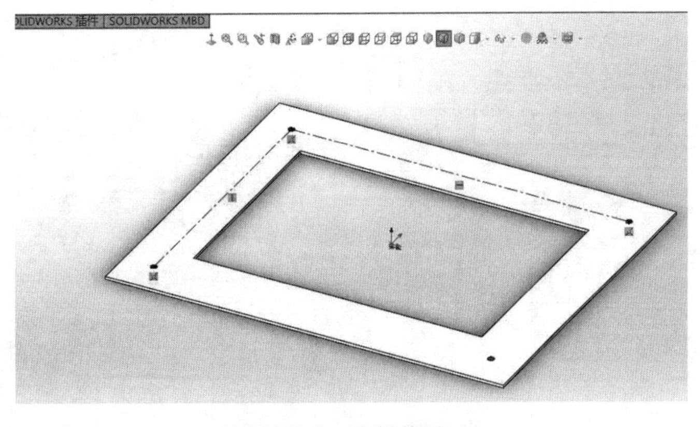

图 6.8　绘制盖子

图 6.9　开发板外壳

6.4　系统硬件实现

本章设计的 Spartan 开发板硬件包括两个部分，即开发板最小系统和外围电路。本节简要介绍利用 Altium Designer 软件进行开发板系统硬件设计的过程。

6.4.1　开发工具介绍

Altium Designer 是 Altium 公司推出的一款软件，将原理图设计、电路仿真、PCB 绘制编辑、拓扑逻辑自动布线、信号完整性分析和设计输出等技术完美融合，是一款常用的原理图绘制与 PCB 设计软件，其主操作界面如图 6.10 所示。Altium Designer 综合了电子产品一体化开发所需的所有必需技术和功能，在单一设计环境中集成板级和 FPGA 系统设计、基于 FPGA 和分立处理器的嵌入式软件开发以及 PCB 版图设计、编辑和制造，并集成了现代设计数据管理功能，使得 Altium Designer 成为一个既满足当前、也满足未来开发需求的完整电子产品开发的解决方案。

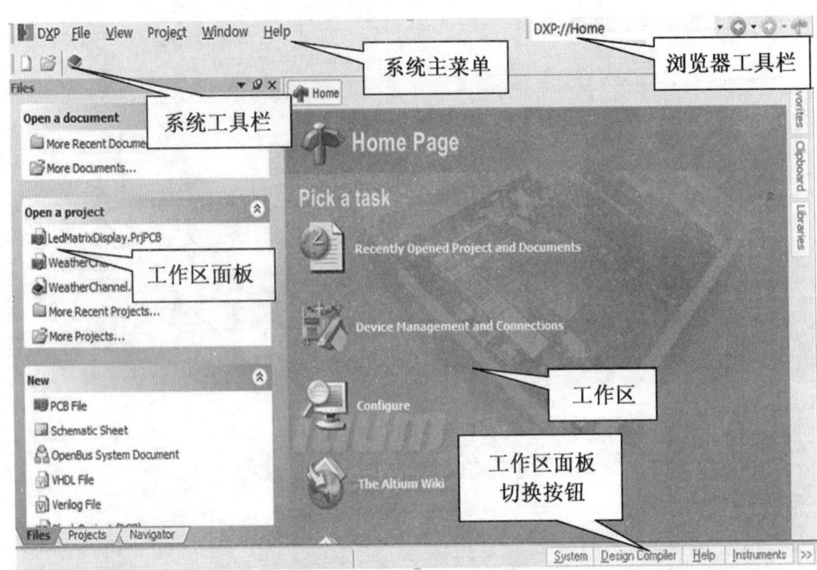

图 6.10　Altium Designer 的主操作界面

本节使用 Altium Designer 19 完成 Spartan 开发板的电路原理图和 PCB 板图的设计，原理图设计流程如图 6.11 所示。使用 Altium Designer 需要建立工程文件(ProPCB)、原理图文件(SchDoc)、PCB 文件(PcbDoc)、原理图库文件(SchLib)与封装库文件(PcbLib)这五种文件，通过工具栏可以完成操作。

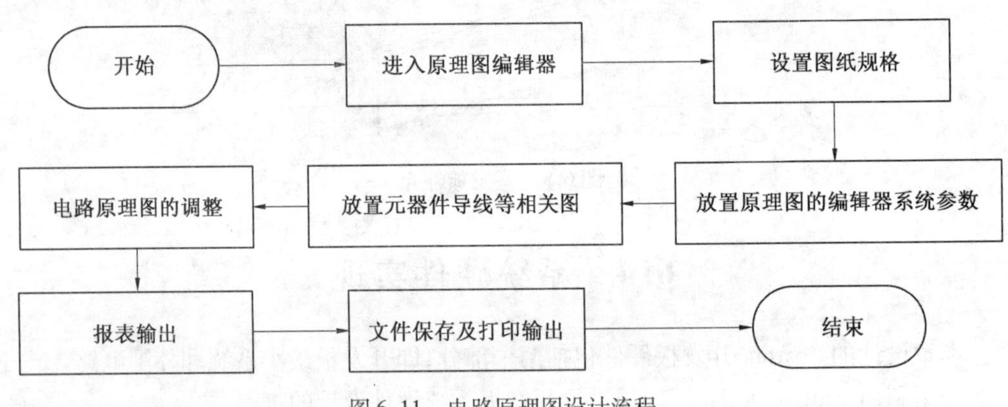

图 6.11　电路原理图设计流程

6.4.2　最小系统板设计

Spartan 开发板系统框图如图 6.12 所示，其中 Spartan 开发板控制中心，即最小系统板的结构主要包括电源、配置电路、电压转换电路、复位电路、振荡电路、PROM、I/O 接口和指示 LED，其 PCB 如图 6.13 所示。

1. 电源系统设计

实验箱系统主要用到+5 V、+3.3 V 这两个等级直流电压，其中 5 V 电压负责向外围器件供电，3.3 V 电压分别为 FPGA 芯片的 I/O 口与内核供电。为了 FPGA 芯片稳定运行，必须减小其所需的电压纹波。

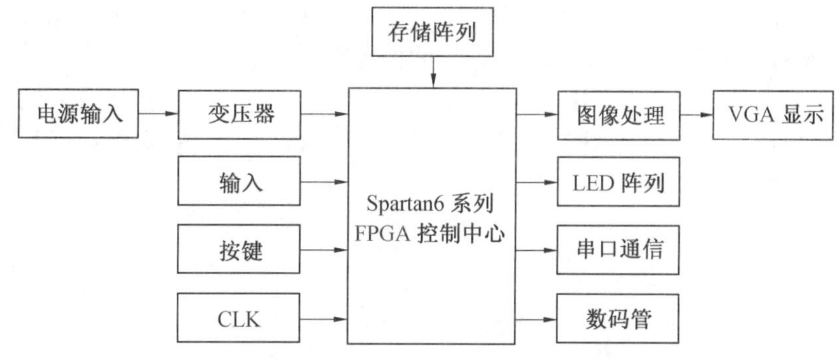

图 6.12　Spartan 开发板系统框图

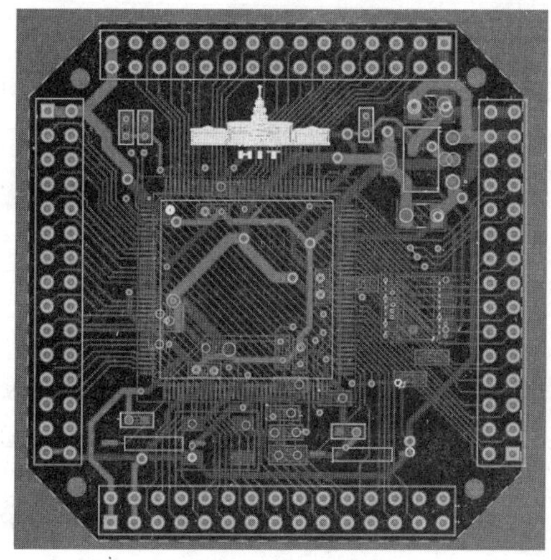

(a) 最小系统板 PCB 图

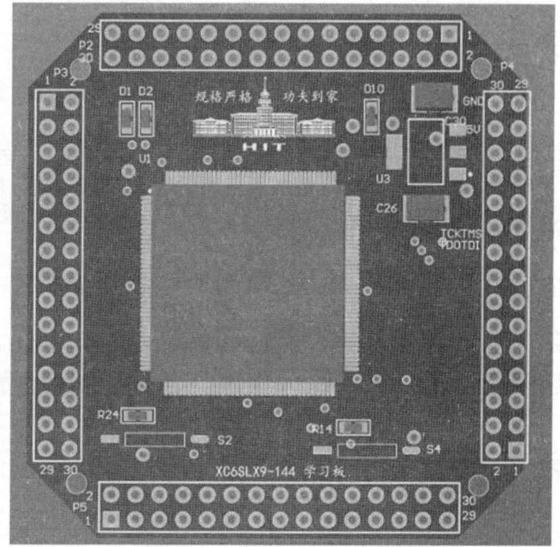

(b) 最小系统板 3D 视图

图 6.13　最小系统板 PCB 图

首先要利用 LM7812 产生 12 V 通信系统电源并用 LED 灯指示是否正在运行。220 V 的交流电通过变压器变压后流入整流桥进行整流，再经由稳压器 LM7812 稳定输出+12 V 电压。为了让电压稳定、减小纹波，增强抗干扰能力，本系统采用一个 100 pF 的无极性电容和一个 470 μF 的电解电容对整流桥整流后的电压进行滤波，再利用一个 100 pF 的无极性电容和一个 330 μF 的电解电容对稳压三极管输出的+12 V 电压进行滤波，如图 6.14 所示。

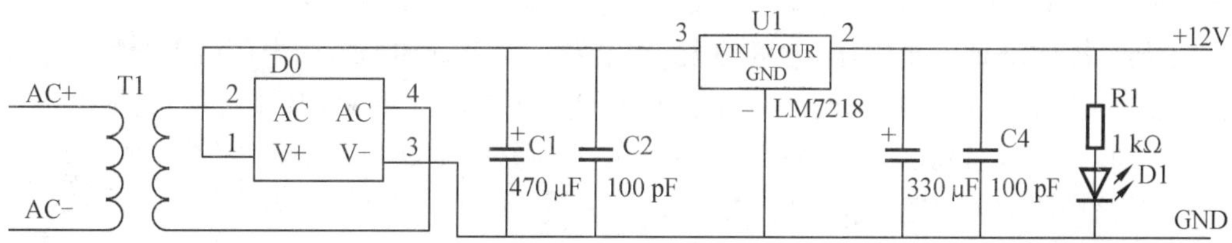

图 6.14　电源系统

由+12 V 电压经过 LM7805 低压电源芯片进行+5 V 电压转换,并通过由陶瓷电容和电解电容组成的滤波电容滤波后,输出+5 V 的稳定电压。

3.3 V 的稳定直流电压采用 LM1117-3.3VLDO 电源芯片产生,其最大输出电流为 800 mA,供电电路同样增加了滤波电容对输出电压进行滤波。电源指示灯的 3.3 V 和 5 V切换显示如图 6.15 所示。

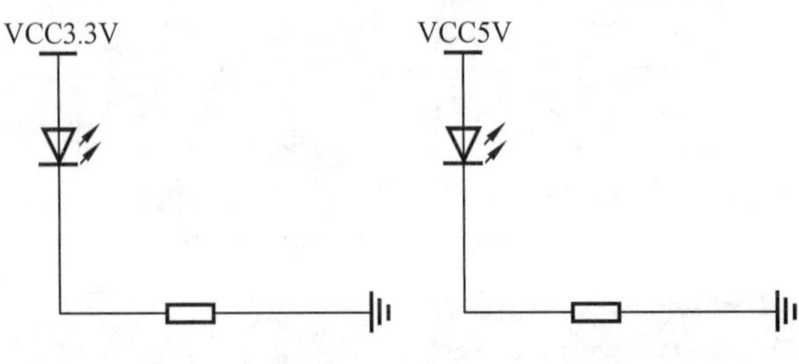

图 6.15　电源指示灯

2. 串口模块

当设备之间交换信息时,必须有线路将其连接,通过线路上电压的改变来达到交换数据的目的。若采用双线连接进行单向通信,一次传送一位数据信息和控制信息,如 8 位数据信息分 8 次传送完毕,这种方式称为串行通信。串行通信方式由于配线少、容易实现,在通信领域被广泛应用。常用的串行通信标准有:RS232、RS422、RS485、USB 和 IEEE-1394 等,它们的主要区别在于传输距离和稳定性方面。考虑本系统的数据传输速度和传送距离,选择 RS232 通信标准。在串行接口连接中,按连接方式可分为:面向连接和无连接。无连接原理比较简单,通信双方无握手过程。一方如有数据需要发送,则立即通过串行接口发送出去,另一方被动接收。该方式能够达到较高的通信速率,但不能保证数据传输的可靠性,常用于对数据可靠性要求不高的场合,如语音、图像等。面向连接方式则不同,甲方有数据发送请求时,向乙方发送"请求发送数据"命令,乙方收到后,如准备就绪,则回送确认信息,甲方得到乙方的认可后方可发送数据。大多数情况下,乙方要对收到的数据进行校验,校验正确发送"通信终止"命令,否则发送"重发"命令。面向连接的串行通信过程实现起来要复杂得多,常用于数据文件的传输。VGA 串口通信模块电路如图 6.16所示。

3. 发光二极管的显示模块

发光二极管是半导体二极管的一种,可以把电能转化成光能,常简写为 LED(light emitting diode)。发光二极管与普通二极管一样也具有单向导电性。给发光二极管加上正向电压(大于 LED 的正向压降)就会发光,给发光二极管加上负向电压就不会发光。发光二极管的发光亮度与通过的工作电流成正比,一般情况下,LED 的正向工作电流在 10 mA 左右,若电流过大时会损坏 LED,因此使用时必须串联限流电阻以控制通过管子的电流。限流电阻 R 可用公式(6.1)计算:

$$R=\left(\frac{E-U_{\mathrm{F}}}{I_{\mathrm{F}}}\right) \tag{6.1}$$

式中:E 为电源电压,U_{F} 为 LED 的正向压降,I_{F} 为 LED 的工作电流

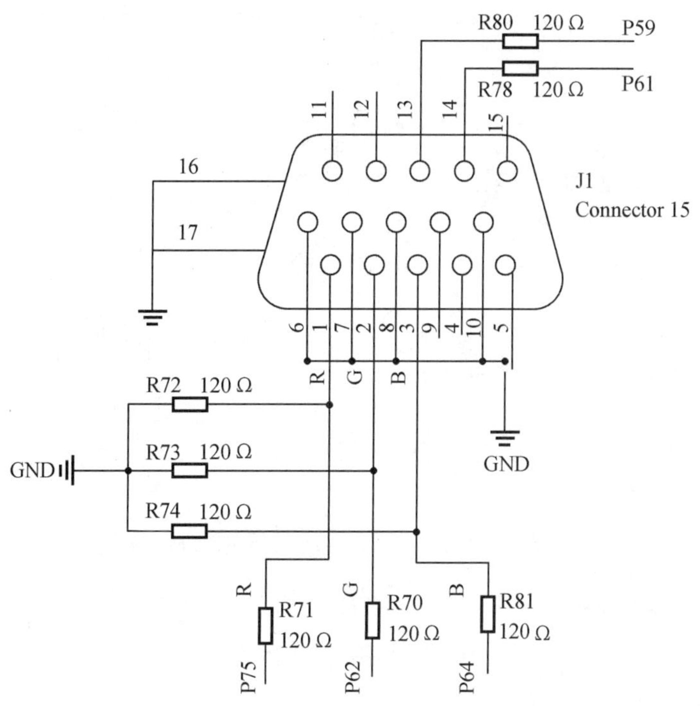

图6.16 VGA串口通信模块电路

普通发光二极管的正向饱和压降为1.4～2.1 V，正向工作电流为5～20 mA。LED广泛应用于各种电子电路、家电、仪表等设备中，做电源或电平指示。

独立发光二极管模块如图6.17所示，电阻(470 Ω)，连接需要使用的单片机I/O口。I/O口端低电平时LED点亮，高电平时LED熄灭。

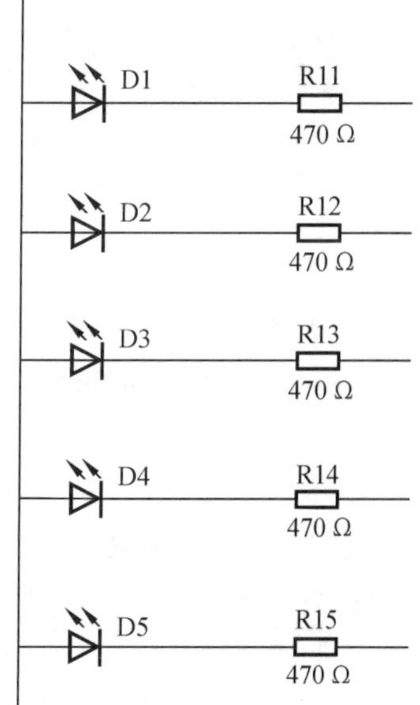

图6.17 发光二极管模块

4. 蜂鸣器模块

蜂鸣器主要分为压电式蜂鸣器和电磁式蜂鸣器两种类型。压电式蜂鸣器主要由多谐振荡器、压电蜂鸣片、阻抗匹配器、共鸣箱和外壳等组成。多谐振荡器由晶体管或集成电路构成。当接通电源后(1.5～15 V直流工作电压)，多谐振荡器起振，输出1.5～2.5 kHz的音频信号，阻抗匹配器推动压电蜂鸣片发声。

电磁式蜂鸣器由振荡器、电磁线圈、磁铁、振动膜片及外壳等组成。接通电源后，振荡器产生的音频信号电流通过电磁线圈，使电磁线圈产生磁场。振动膜片在电磁线圈和磁铁的相互作用下，周期性的振动发声。实验箱上蜂鸣器驱动原理为通过FPGA的引脚驱动蜂鸣器发声，不同的频率使蜂鸣器发出不同的音调。蜂鸣器模块如图6.18所示。

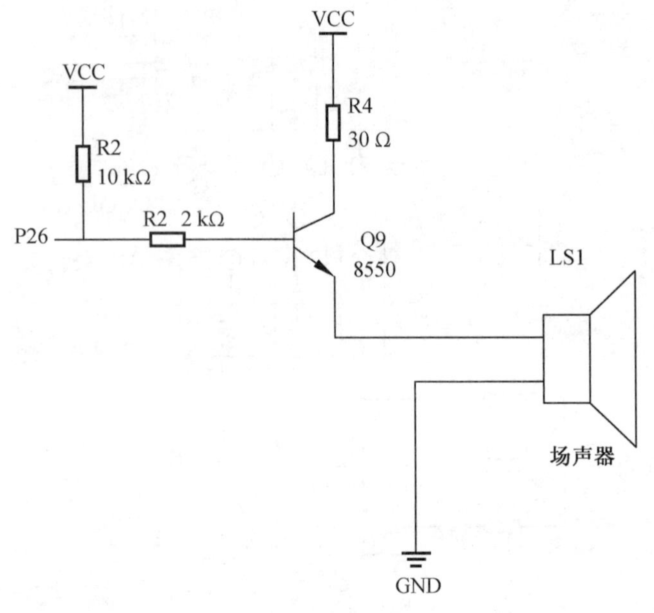

图 6.18　蜂鸣器模块

5. 键盘模块

(1)独立键盘部分。

去抖概念:按键是机械器件,按下或者松开时有固定的机械抖动,抖动图如图 6.19 所示。

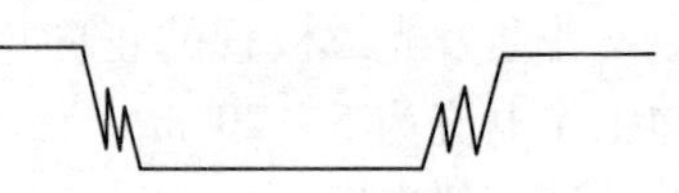

图 6.19　实际按键抖动图

由图 6.19 可以看出按键按下和松开的瞬间出现机械抖动,这个抖动时间虽然很短,一般为 10～15 ms,不同按键抖动不同,但对应单片机来说,很轻松就能检测到,单片机是微秒级别。但这个结果并不是我们需要的,实际上只进行一次按键操作,但单片机有可能执行了多次按键结果,这就是抖动造成的,所以大多数产品在实际使用中都有按键去抖功能。按键去抖分为硬件去抖和软件去抖,硬件去抖最简单的就是按键两端并联电容,电容大小根据实验而定。软件去抖使用方便,不增加硬件成本,容易调试,所以现在大多使用软件去抖。

软件去抖原理:

①检测到按键按下后进行 10～15 ms 延时,用于跳过这个抖动区域。

②延时后再检测按键状态,如果没有按下表明是抖动或者干扰造成,如果仍旧按下,可以认为是真正的按下并进行对应的操作。

③同样按键释放后也要进行去抖延时,延时后检测按键是否真正松开。

(2)拨键键盘部分。

拨键模块控制机理和按键相似,只不过拨键不会自动复位,需要人为拨动复位。

图 6.20 为独立按键电路,把对应的端口赋值高电平,即“1”,按键按下,端口被拉低至低电平,即“0”,通过检测该端口的电平即可判断按键是否按下。

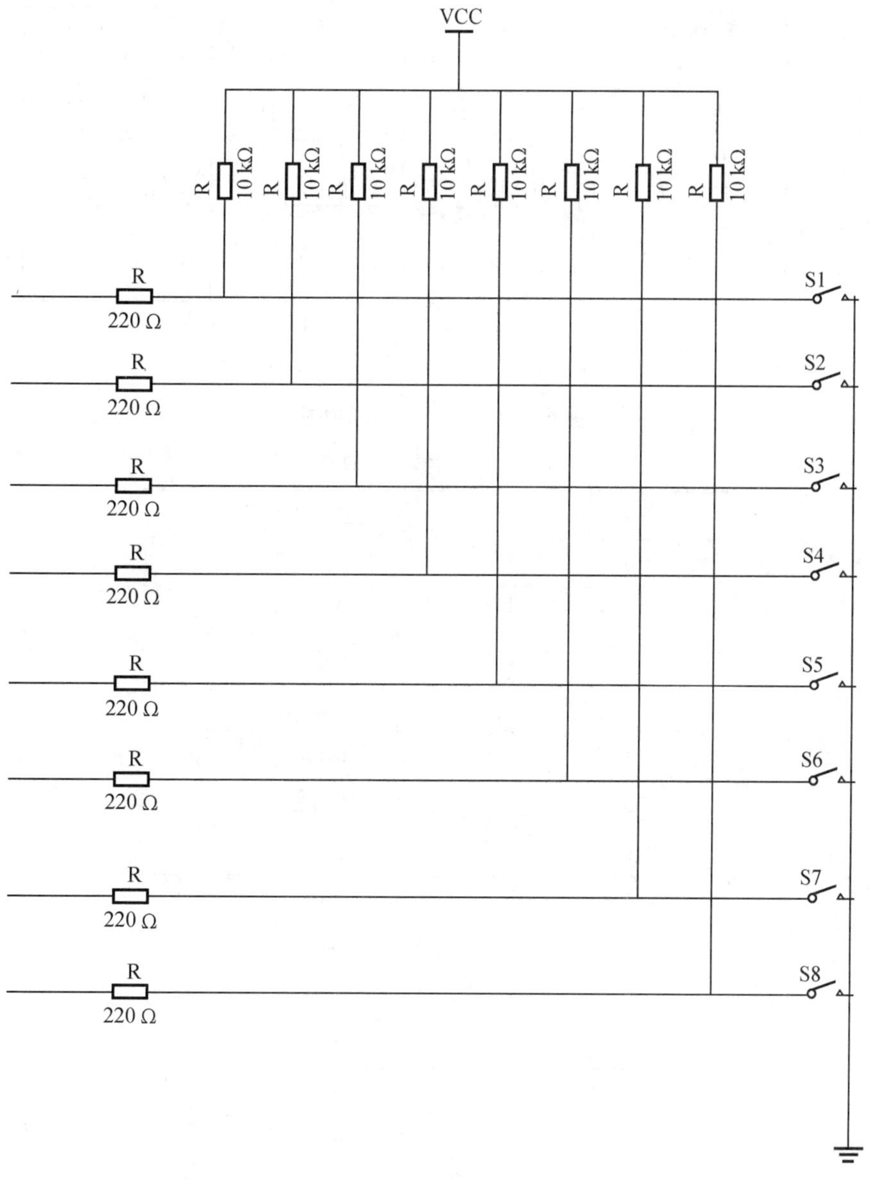

图 6.20　独立按键电路

6. 数码管模块

如图 6.21 所示,两个独立的共阴极数码管用于演示静态实验。共阴极数码管的各数字的编码见表 6.1。静态显示的特点是每个数码管的段选必须接一个 8 位数据线来保持显示的字形码。当送入一次字形码后,显示字形可一直保持,直到送入新字形码为止。这种方法的优点是占用 CPU 时间少,显示便于监测和控制。缺点是硬件电路比较复杂,成本较高。

表 6.1 所示是共阴极数码管显示 0 ~ 9 和 A ~ F 所对应的 16 进制表示。

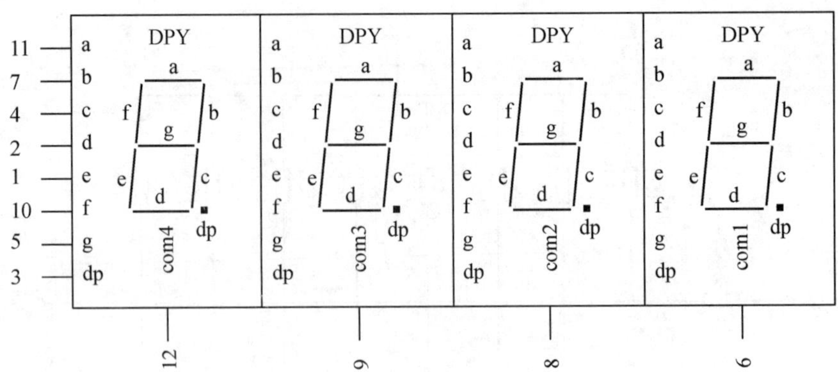

图 6.21　数码管设计原理图

表 6.1　共阴数码管码表

16 进制数字	八段数码管编码
0	0x3f
1	0x06
2	0x5b
3	0x4f
4	0x66
5	0x6d
6	0x7d
7	0x07
8	0x7f
9	0x6f
A	0x77
B	0x7c
C	0x39
D	0x5e
E	0x79
F	0x71
无显示	0x00

7. FPGA 电压转换电路

本项目中所用 FPGA 芯片正常工作需要两种电平，其中内核需要 1.2 V，外部 I/O 需要电压为 3.3 V。为满足设计需求，电路设计中我们提供两种电压供电方式，通过电压转换芯片 AMS1117 将输入电压转换到 FPGA 器件正常工作电压。具体电路如图 6.22 所示。

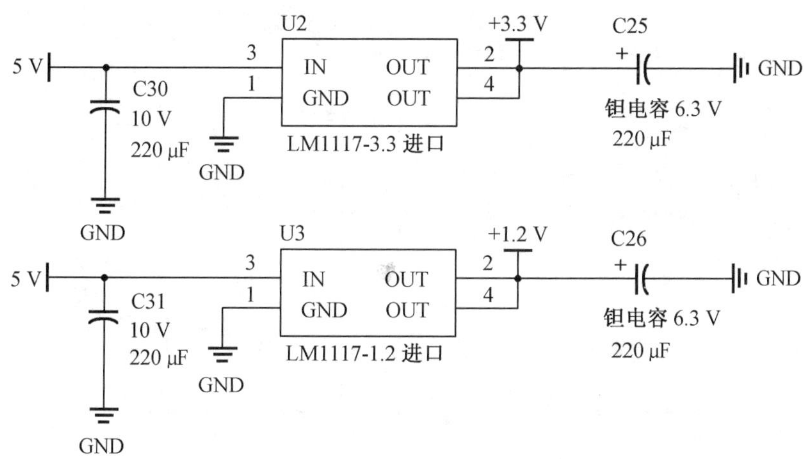

图 6.22　电压转换电路

其中电容 C25 、C26 和 C30、C31 则主要是对电源进行滤波。电路中电感的主要作用是通直流阻交流的作用,滤过相应的交流信号。芯片 AMS1117 是一个电压转换芯片,目的是获得 FPGA 正常工作的电压及电流。

8. 有源晶振电路

无源晶振是有两个引脚的无极性元件,其自身无法震荡,需要借助时钟产生电路才可以完成震荡,其信号电平可变,适合各种电压形式的震荡。

有源晶振是有四个引脚的器件,内部包含振荡器,所以无需芯片的片内振荡器或其他时钟产生电路就可以正常工作,而且电平信号稳定,连接电路相对简单,所以这里我们选用有源晶振作为我们的晶振电路。时钟产生电路如图 6.23 所示,时钟为 50 MHz。

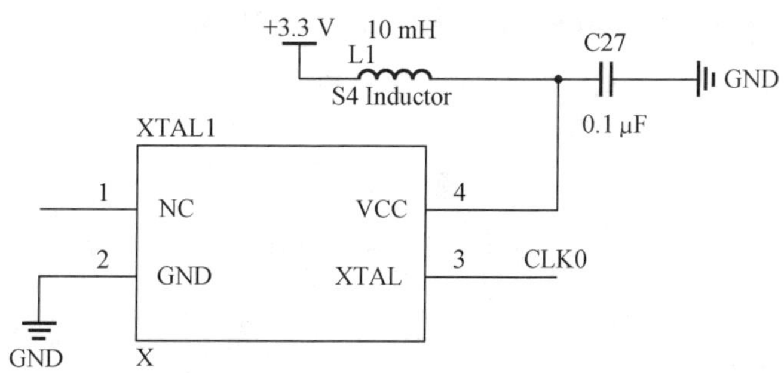

图 6.23　时钟产生电路

9. 配置电路

使用 FPGA 进行片上可编程操作时,由于 FPGA 在运行过程中需要大量的数据交换和信息存储,所以就需要一个 PROM 进行高速缓存和其进行数据交换处理。

这里将 PROM 芯片的输入/输出信号、时钟信号和控制信号端口直接和 FPGA 的 I/O 直接相连,但要注意将控制信号用 4.7 kΩ 电阻上拉以提高电路的驱动能力。PROM 芯片采用 XCF04SVO20C,其存储容量为 128 M。配置电路如图 6.24 所示。

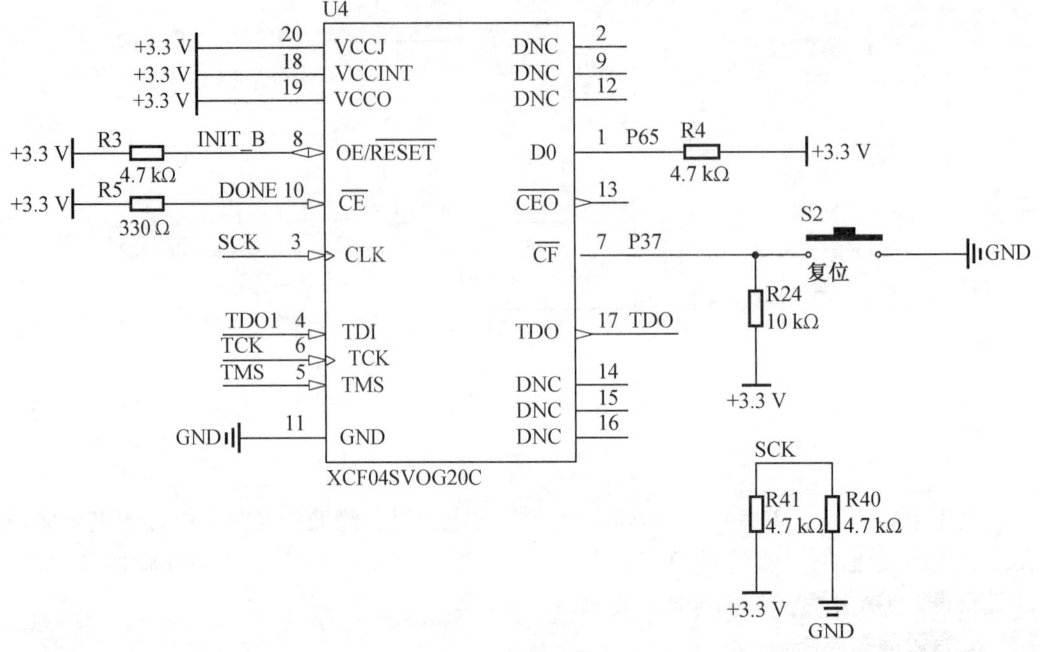

图 6.24　配置电路

由于 FPGA 在运行过程中需要大量的数据交换和信息存储需求，所以就需要一个 PROM 进行高速缓存和其进行数据交换处理。这里使用存储容量为 128 M 的 XCF04SVO20C 芯片。

电压电源为 3 V ~ 3.6 V；工作温度为 -40 ~ 85 ℃；封装/外壳：20-TSSOP (0.173, 4.40 mm 宽)，20-TSSOP。VCCJ，VCCINT，VCCO 都接高电平。

核心芯片采用 XC6SLX9-3TQG144I，根据数据手册把相应的电源引脚接入高低电平，其他模块接入 I/O 口即可，如图 6.25 所示。

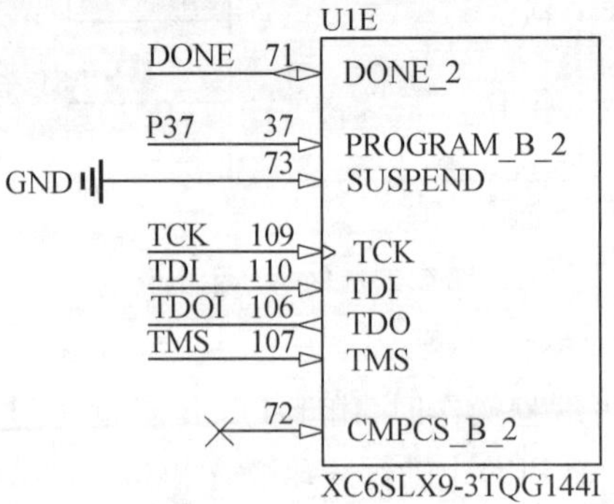

图 6.25　芯片接入电路

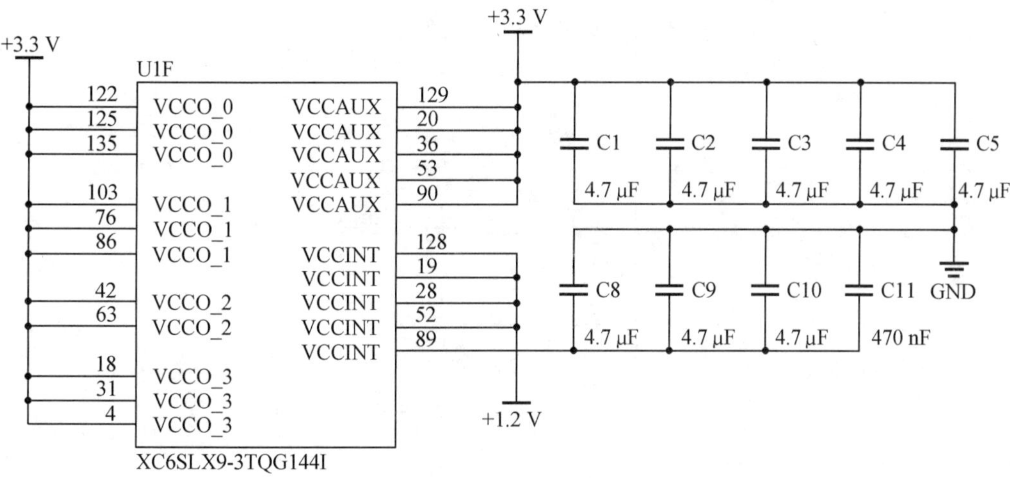

续图 6.25

6.4.2 开发板外围电路设计

开发板外围电路主要包括 LED、数码管、按键、蜂鸣器、VGA 接口、232 接口、温度传感器等硬件资源,如图 6.26 所示。利用这些外围器件可以做一些接口实验及综合性实验。

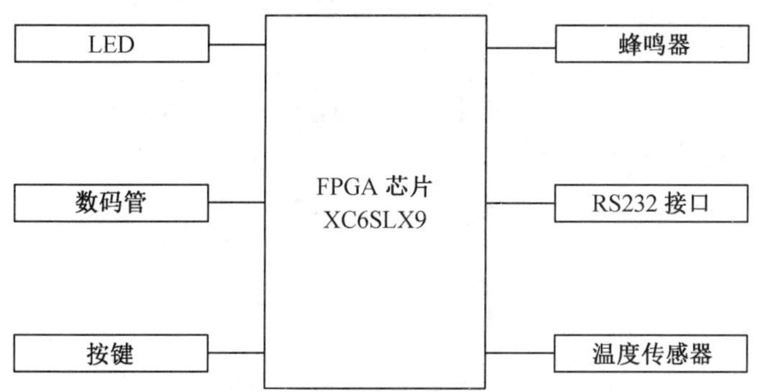

图 6.26 开发板外围电路

1. LED 发光二极管

本项目使用 16 个 LED 发光二极管,电路如图 6.27 所示。为保护二极管,在二极管与 I/O 口之间串联一个 470 Ω 电阻。当 I/O 口输出低电平时二极管亮,当 I/O 口输出高电平时 LED 亮。

2. 按键

本项目包含 16 个按键,如图 6.28 所示,按键一端接地,一端接 3.3V 电压,当按键按下时,I/O 口为高电平,不按时 I/O 口为低电平。就这样,在按键按下再抬起的过程中就产生了一个上升沿与一个下降沿。

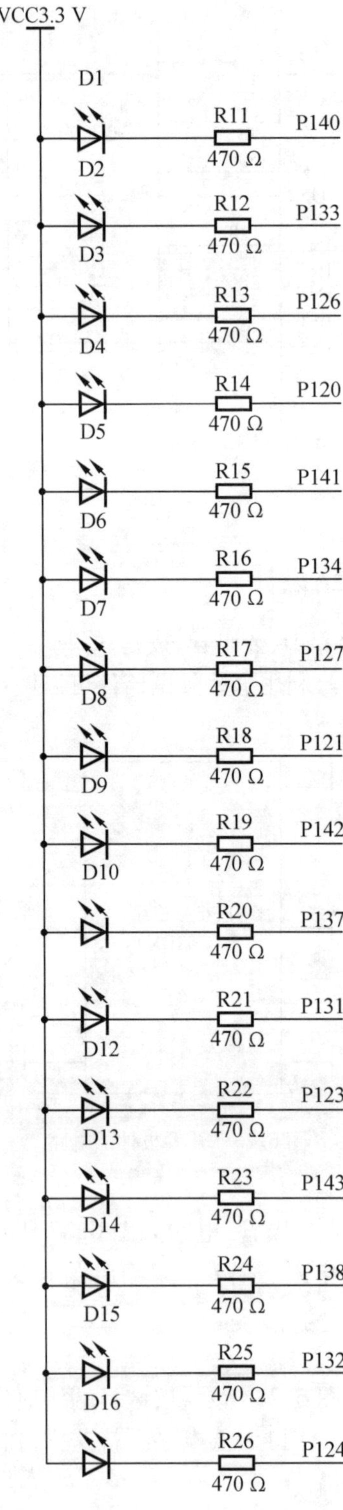
VCC3.3 V
D1
R11
470 Ω
P140
D2
R12
470 Ω
P133
D3
R13
470 Ω
P126
D4
R14
470 Ω
P120
D5
R15
470 Ω
P141
D6
R16
470 Ω
P134
D7
R17
470 Ω
P127
D8
R18
470 Ω
P121
D9
R19
470 Ω
P142
D10
R20
470 Ω
P137
R21
470 Ω
P131
D12
R22
470 Ω
P123
D13
R23
470 Ω
P143
D14
R24
470 Ω
P138
D15
R25
470 Ω
P132
D16
R26
470 Ω
P124

图 6.27　LED 电路

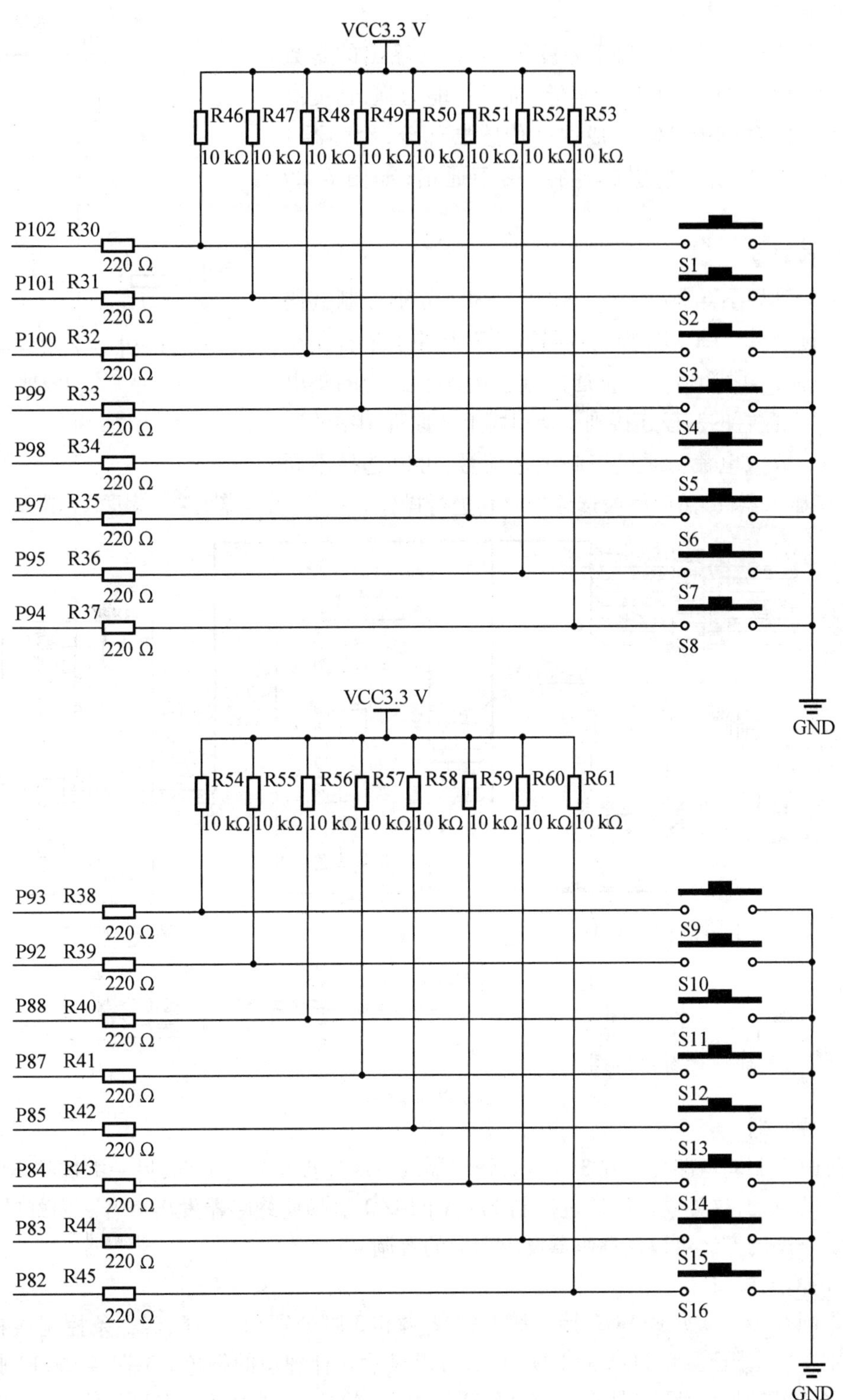

VCC3.3 V
R46 R47 R48 R49 R50 R51 R52 R53
10 kΩ 10 kΩ 10 kΩ 10 kΩ 10 kΩ 10 kΩ 10 kΩ 10 kΩ
P102 R30 220 Ω
P101 R31 220 Ω
P100 R32 220 Ω
P99 R33 220 Ω
P98 R34 220 Ω
P97 R35 220 Ω
P95 R36 220 Ω
P94 R37 220 Ω
S1 S2 S3 S4 S5 S6 S7 S8
GND
VCC3.3 V
R54 R55 R56 R57 R58 R59 R60 R61
10 kΩ 10 kΩ 10 kΩ 10 kΩ 10 kΩ 10 kΩ 10 kΩ 10 kΩ
P93 R38 220 Ω
P92 R39 220 Ω
P88 R40 220 Ω
P87 R41 220 Ω
P85 R42 220 Ω
P84 R43 220 Ω
P83 R44 220 Ω
P82 R45 220 Ω
S9 S10 S11 S12 S13 S14 S15 S16
GND

图 6.28　按键电路

3. 温度传感器

DS18B20 是常用的数字温度传感器,其输出的是数字信号,具有体积小,硬件开销低,抗干扰能力强,精度高的特点。使用 DS18B20 组成温度传感器部分,传感器 1 号引脚与核心板 P40 引脚连接,用于通信,如图 6.29 所示。

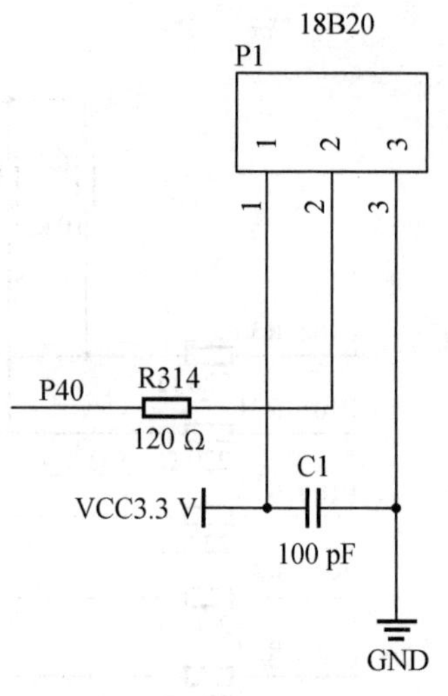

图 6.29　温度传感器电路

4. 数码管

数码管如图 6.30 所示。SSL0 ~ SSL7 分别控制数码管的位选信号。La ~ Lg 控制数码管的 7 个段,Ldp 控制小数点,它们是段选信号。位选信号连接到三极管的集电极,再将三极管的基极连接到 I/O 引脚上。原理图中的三极管用于放大电流。通过控制位选信号,可以选择不同的 LED 显示器件,然后使段选信号对其进行操作。

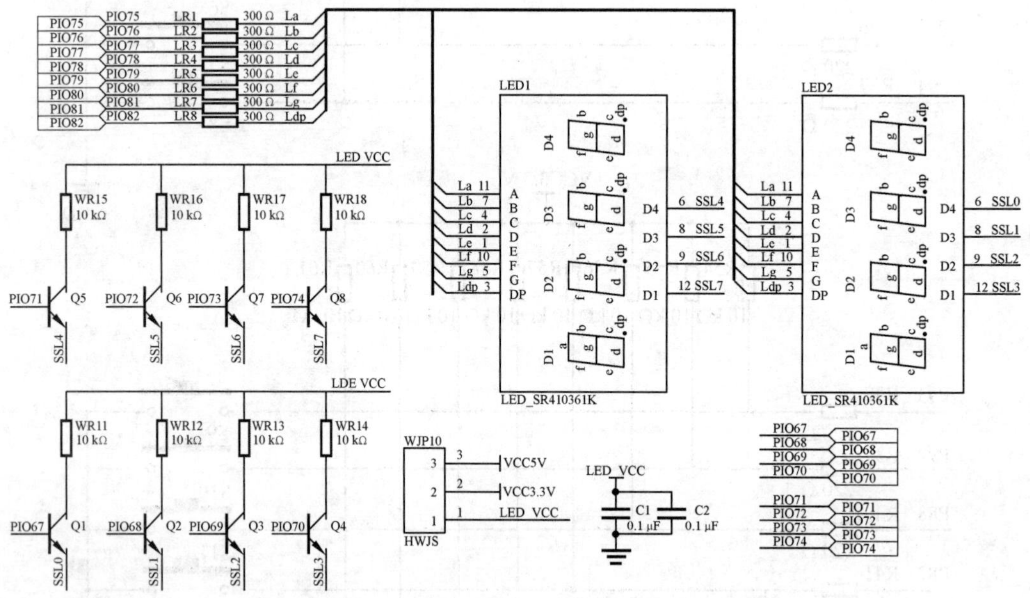

图 6.30　数码管

5. 蜂鸣器

蜂鸣器驱动电路如图 6.31 所示,蜂鸣器的一端连接 5 V 的电源,另一端连接 NPN 型三极管的驱动,这样就可以通过控制 FPGA 的 I/O 引脚使蜂鸣器发出声音。向蜂鸣器发送一定频率的方波可以使蜂鸣器发出相应的音调。

6. VGA 接口

如图 6.31(c)所示,VGA 接口的 1 脚、2 脚和 3 脚分别和红、绿、蓝三条控制线相连,并分别串联电阻连到 FPGA 的 I/O 口上,可以显示 8 种理想的颜色。3 脚、4 脚、13 脚、14 脚和 15 脚接地,6 脚和 7 脚分别接 VGAHS 和 VGAVS,VGAHS 和 VGAVS 信号是 TTL 电平,分别控制着 VGA 显示器的水平扫描和垂直扫描信号。

7. 232 接口

RS232 接口是一种计算机上的通信接口，是目前最常用的一种串行通信接口之一，如图 6.31(b)所示。这里使用的 MAX232CSE 芯片是 CMOS 双 RS232 发送器及接收器，采用负电压供电，以 9 个引脚的形态出现，RX 引脚接收数据，TX 引脚发送数据，其相关模块如图 6.31(d)所示。

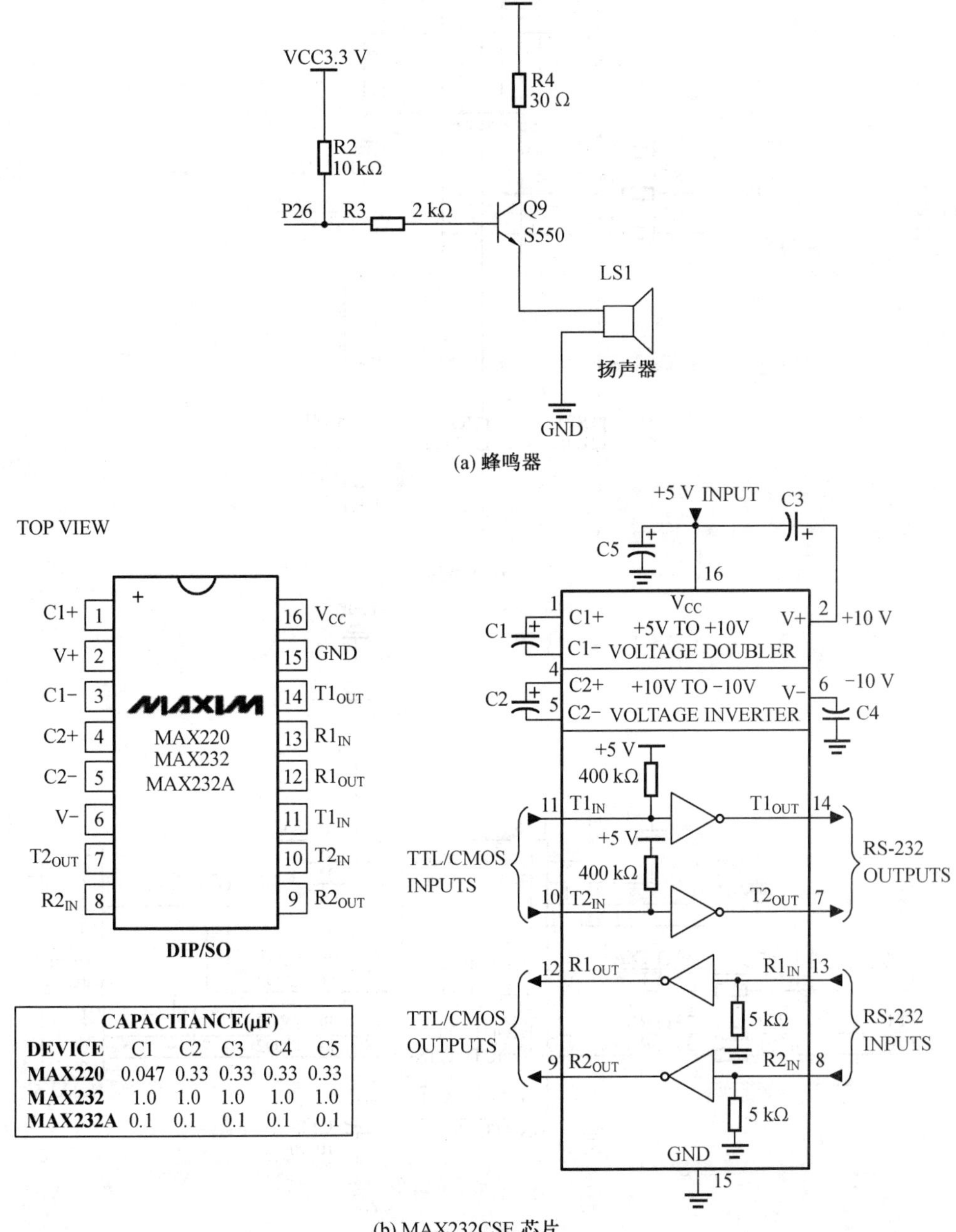

CAPACITANCE(μF)

DEVICE	C1	C2	C3	C4	C5
MAX220	0.047	0.33	0.33	0.33	0.33
MAX232	1.0	1.0	1.0	1.0	1.0
MAX232A	0.1	0.1	0.1	0.1	0.1

(a) 蜂鸣器

(b) MAX232CSE 芯片

图 6.31　外围电路及接口

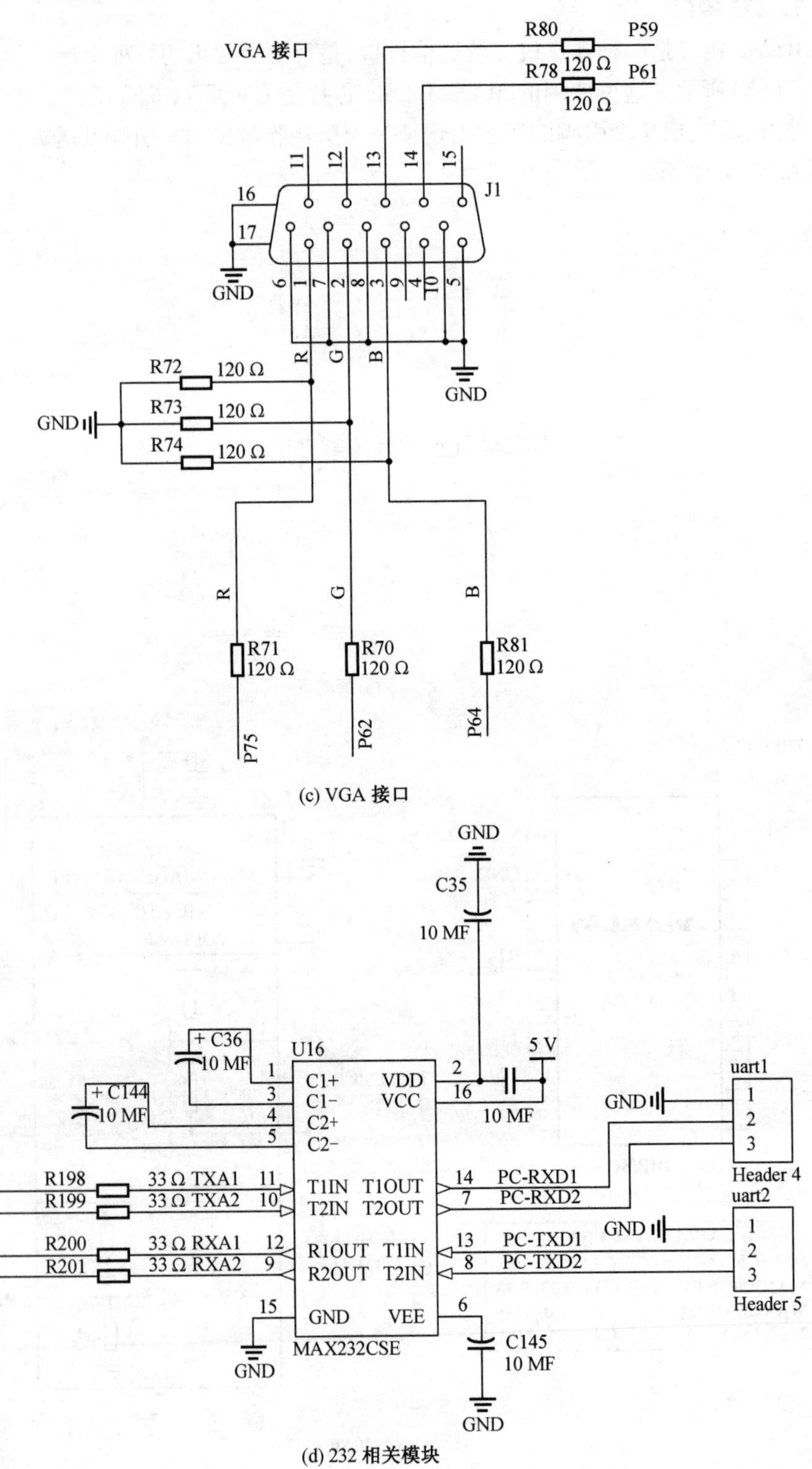

(c) VGA 接口

(d) 232 相关模块

续图 6.31

6.4.3　外围电路模块的 PCB 版图

(1)本项目设计的外围电路模块的 PCB 板如图 6.32 所示。

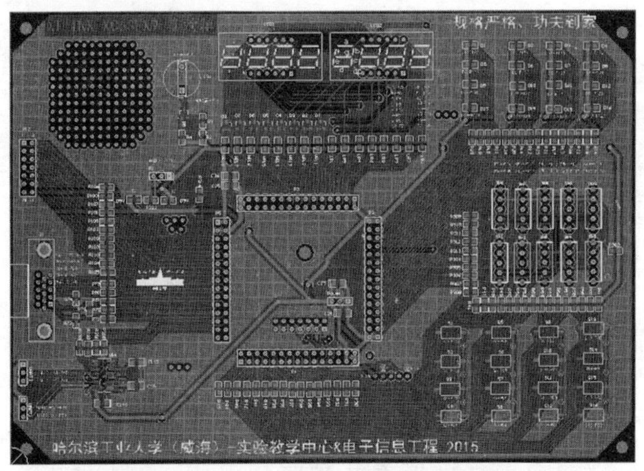

图 6.32　外围电路模块 PCB 板图

(2)本项目设计的外围电路模块实物图如图 6.33 所示。

图 6.33　外围电路模块实物图

6.5　开发板性能测试

6.5.1　ISE 编码器简介

Foundation Series ISE(简称 ISE)是由著名的可编程器件开发 XILINX 公司提供的集成化开发平台。ISE 具有界面良好、操作简单的特点,再加上 XILINX 的 FPGA 芯片占有很大的市场,使得 ISE 成了非常通用的 FPGA 工具软件。

1. ISE 简介

ISE 的主要功能包括设计输入、综合、仿真、实现和下载。

(1)设计输入。

ISE 软件提供的设计输入工具包括用于 HDL 代码输入和报告查看的 ISE 文本编辑器

(TextEditor),用于原理图编辑的工具 ECS(Engineering Capture System),用于 P CORE 的 COREGenerator,用于状态机设计的 StateCAD,以及用于约束文件编辑的 Constraint Editor 等。

(2)综合。

ISE 的综合工具不但包括了 XILINX 自身提供的综合工具 xsr,同时还可以集成 MentorGraphics 公司的 LeonardoSpectrum 和 Synplicity 公司的 Synplify。

(3)仿真。

ISE 本身自带了图形化波形编辑功能的仿真工具 HDL Bencher,同时又提供了使用 ModelTechnology 公司的 ModelSim 进行仿真的接口。

(4)实现。

ISE 的实现功能包括了翻译(Translate)、映射(Map)、布局布线(Place and Route)等。

(5)下载。

下载功能包括了 BitGen,用于将布局布线后的设计文件转换为比特流(Bitstream)文件,还包括了 iMPACT 功能,用于进行设备配置和通信,控制将程序烧写到 FPGA 芯片中去。

使用 ISE 进行 FPGA 设计的各个过程可能涉及的设计工具见表 6.2。

表 6.2　ISE 设计过程的设计工具

设计输入	综合	仿真	实现	下载
HDL 文本编辑器	XST FPGA Express	HDL Bencher ModelSim	Translate Map Place and Route	iMPACT PROM File Formatter
ECS 原理图编辑器				
StateCAD 状态机编辑器				
Constraint Editor				
LeonardoSpectrum				

(6)ISE 主界面:本项目采用的是 ISE 14.2 版本,因为这个版本能更好地兼容 Windows 8 64 位系统。

6.5.2　流水灯案例设计与实现

1. LED 灯的发光原理

LED 是一种固态的半导体器件,可以直接把电能转化为光能。LED 的心脏是一个半导体的晶片:晶片的一端附在一个支架上,是负极,另一端连接电源的正极,使整个晶片被环氧树脂封装起来。半导体晶片由两部分组成,一部分是 P 型半导体,在它里面空穴占主导地位,另一端是 N 型半导体,在这边主要是电子,中间通常是 1 ~ 5 个周期的量子。当电流通过导线作用于这个晶片时,电子和空穴就会被推向量子阱,在量子阱内电子跟空穴复合,然后就会以光子的形式发出能量,这就是 LED 发光的原理。而光的波长也就是光的颜色,是由形成 P-N 结的材料决定的。

2. 设计思路

首先要明确的是 LED 灯的每一次流动都需要时间间隔。也就是说,16 盏 LED 灯所对应的状态只有经过一段时间延迟后才能发生改变。根据这种思路,在开始设计之前要提出两个问题:第一,LED 灯的状态需要多久发生一次改变?第二,LED 灯的状态根据什么发生改变?对于第一个问题,可以通过设计计时器来控制时间,如每 0.5 s(即 2 Hz)就产生一个周期的时钟或时钟使能信号;对于第二个问题,LED 灯的状态可以在生成的2 Hz 时钟上升沿发生改变,也可以在时钟使能信号下发生改变。但在 FPGA 设计技巧中推荐同步设计,于是本设计放弃采用产生时钟信号的方案,而是选择时钟使能信号。其对应的时序如图 6.34 所示。

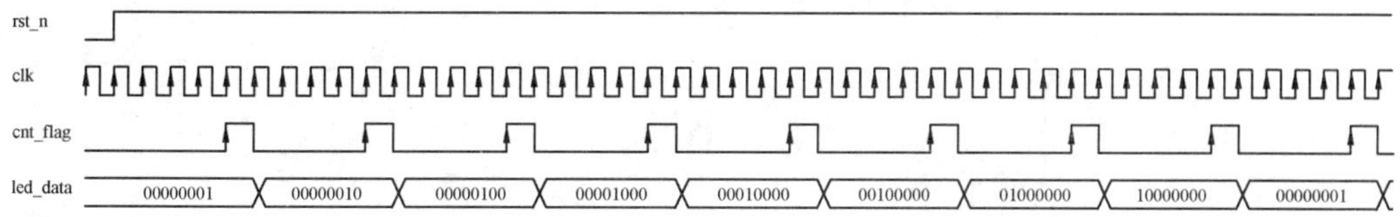

图 6.34 流水灯时序图

3. 设计实现

在计时器的作用下,每隔 0.5 s 就产生一个高电平的时钟使能信号,而当检测到时钟使能信号为高电平时,LED 灯状态发生改变,这样就实现了流水灯的效果。

流水灯的 Verilog 程序如下:

```
module LED_WATER(
    clk,led
    );
input clk;
output[15:0]led;
reg[15:0]led;
reg[24:0]counter;
always@(posedge clk)
    begin
        if(counter==25'd25000000)
            begin
                led<=led<<1;   //移位运算符,从 1111,左移一位变成 11110,位
                                宽为四,就变成 1110,然后依次为 1100 和 1000
                counter<=25'b0;
                if(led==16'b0)
                    led<=16'b1111_1111_1111_1110;
            end
        elsecounter<=counter+1;
    end
endmodule
```

6.5.3　蜂鸣器的发声控制案例设计与实现

1. 设计思路

如图 6.35 所示，蜂鸣器的负极接 GDND，蜂鸣器的正极接到三极管的发射极 E，三极管的基级 B 经过限流电阻后由 FPGA 的引脚控制，当 I/O 口输出低电平时，三极管截止，没有电流流过线圈，蜂鸣器不发声；当输出高电平时，三极管导通，蜂鸣器的电流形成回路，发出声音。程序中改变 FPGA 的 I/O 输出波形的频率，就可以调整、控制蜂鸣器音调。另外，改变 I/O 输出电平的高低电平占空比，则可以控制蜂鸣器的声音大小，本实验中我们仅改变音调，不改变声音大小。

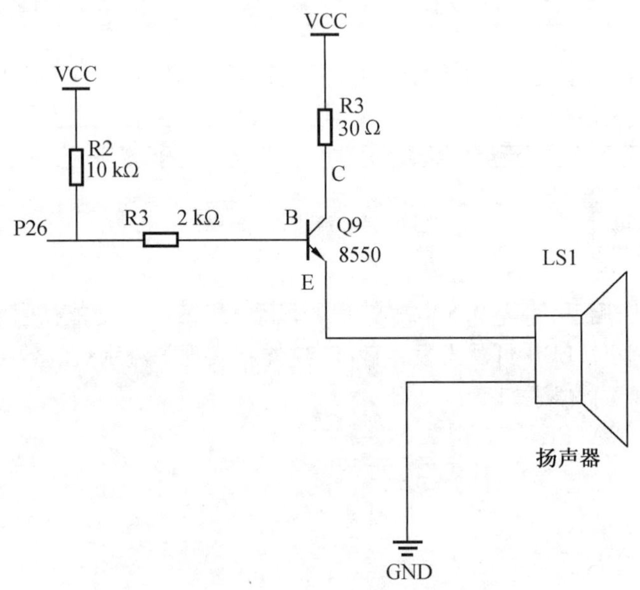

图 6.35　蜂鸣器原理图

2. 设计实现

蜂鸣器的 Verilog 程序如下：

```
modulebeep(clk,beep);
inputclk;
outputbeep;
reg beep_r;
reg[27:0]count;                    //加入计数器
assign beep = beep_r;
always@ (posedge clk)
begin
    count <= count + 1'b1;
end
always @ (count[9])
begin
    beep_r = ! (count[13]&count[24]&count[27]);
```

```
end
endmodule
```

6.5.4　数码管动态显示案例设计与实现

1. 数码管原理

七段数码管是电子开发过程中常用的输出显示设备。在实验系统中使用的是两个四位一体、共阴极型七段数码管。由于七段数码管公共端连接到 GND(共阴极型),当数码管中的一个段被输入高电平时,则相应的段被点亮,反之则不亮。共阳极性的数码管与之相反。四位一体的七段数码管在单个静态数码管的基础上加入了用于选择哪一位数码管的位选信号端口。八个数码管的 a、b、c、d、e、f、g、h、dp 都连在了一起,8 个数码管分别由各自的位选信号来控制,被选通的数码管显示数据,其余关闭。

2. 设计思路

设计主要由三个模块组成:接收模块 M1、数值处理模块 M2、编码锁存模块 M3,其中硬件上的并行性操作主要体现在模块 M2 和 M3 上,根据具体应用通过复制模块 M2 和 M3 实现了并行显示。利用 FPGA 的逻辑资源换取系统的性能,从而消除抖动。其中,接收模块 M1 的功能是根据 UART 规范接收外部的串行输入数据,数据转换成并行数据,同时将转换得到的并行数据打入内部寄存器中,数值处理模块 M2 的功能是将模块 M1 寄存器暂存的 16 位二进制数据转换成十进制,同时输出相应的控制信号;译码锁存模块 M3 的功能是将编码信号转为数码管码型信号,同时在数据更新以前保持原来数据的正常显示。

3. 设计实现

本章设计了数码管由 0 ~ 9 的循环显示,数码管循环计数程序如下:

```
module sled(seg,dig,clock,);
input clock;
output [7:0] seg;               //数码管段码输出
output [2:0] dig;               //数码管位码输出
reg [7:0] seg;                  //数码管段码输出寄存器
reg [2:0] dig;                  //数码管位码输出寄存器
reg [3:0] disp_dat;             //显示数据寄存器
reg [36:0] count;               //定义计数寄存器
always @ (posedge clock)
begin
count = count + 1'b1;
dig= 8'b00000000;               //verilog 位宽赋值不要求相等,右边位宽大就
                                  截位,尾款小就在高位补零
dig=3'b111;
end
always @ (count[24])
begin
disp_dat = count[28:25];        //去掉了拼接运算符{}
```

```
end
always @ ( disp_dat)
begin case( disp_dat)
4'h0: seg = 8'hc0;                    //显示"0"
4'h1: seg = 8'hf9;                    //显示"1"
4'h2: seg = 8'ha4;                    //显示"2"
4'h3: seg = 8'hb0;                    //显示"3"
4'h4: seg = 8'h99;                    //显示"4"
4'h5: seg = 8'h92;                    //显示"5"
4'h6: seg = 8'h82;                    //显示"6"
4'h7: seg = 8'hf8;                    //显示"7"
4'h8: seg = 8'h80;                    //显示"8"
4'h9: seg = 8'h90;                    //显示"9"
4'ha:seg = 8'h88;                     //显示"a"
4'hb: seg = 8'h83;                    //显示"b"
4'hc: seg = 8'hc6;                    //显示"c"
4'hd: seg = 8'ha1;                    //显示"d"
4'he: seg = 8'h86;                    //显示"e"
4'hf: seg = 8'h8e;                    //显示"f"
endcase
end
endmodule
```

4. 实物展示

数码管循环显示的实物图如图 6.36 所示。

(a) 数码管显示 2

(b) 数码管显示 1

图 6.36　数码管显示实物展示

6.5.5　按键控制案例设计与实现

1. 独立按键与矩阵按键

键盘是实现人机交互的重要计算机输入设备，其中按键按照结构原理可分为两类，一类是触点式开关按键，如机械式开关、导电橡胶式开关等；另一类是无触点式开关按键，如电气式按键，磁感应按键等。按键按照接口原理可分为编码键盘和非编码键盘，编码键盘是用硬件来实现对键的识别，非编码键盘由软件来实现按键的识别。非编码键盘按连接方式可分为独立按键和矩阵按键。

独立按键的特点是每个按键占用一条 I/O 线，当按键数量较多时，I/O 口利用率不高，但程序编制简单，适合所需按键较少的场合。矩阵按键的特点是电路连接复杂，软件编程较复杂，但 I/O 口利用率高，适合需要大量按键的场合。

2. 设计思路

在数字电路中，电压信号只有两种情况，高电平和低电平，用数字来记录就是 1 和 0。当用程序去控制一个 LED 发光管的亮和灭时，LED 发光管在通过一定电流时亮，不通电时灭。为了不让 LED 通过太大的电流把它烧坏，我们还要串上限流电阻。一般 LED 需要 10 mA 左右电流点亮，我们就将 LED 接在电源 VCC 和 I/O 口之间，中间串上电阻，当 I/O 输出低电平时，灯就亮了，反之，灯就灭了。

当按键按下和弹开时，I/O 端口呈现不同的电平。独立按键接口电路可以设计成当按键按下时，单片机 I/O 端口为高电平或者低电平，本实验箱采取的是按下键盘呈高电平。

3. 设计实现

以 4 个按键控制 4 个 LED 小灯为例，按键控制程序如下所示，按键按下，小灯亮，按键抬起，小灯灭。

```
module key_led(
    key,led
    );
    input[3:0] key;
    output[3:0] led;
    reg[3:0] led_r;
    reg[3:0] butten;
    assign led=led_r;          //寄存器 butten 来存储 key 的信息，然后经过判断传
                                 输给灯，中间再经过一个寄存器 led_r
    always@ (key)              //寄存器 led_r 再控制的灯的信号
    begin
        butten=key;
        case(butten)
            8'b1110:led_r=8'b1110;
            8'b1101:led_r=8'b1101;
```

```
            8'b1011:led_r=8'b1011;
            8'b0111:led_r=8'b0111;
            default:led_r=8'b1111;
        endcase
    end
endmodule
```

4. 实物展示

按键控制 LED 灯亮灭按列设计的实物展示如图 6.37 所示。

(a) 按键控制小灯 1

(b) 按键控制小灯 2

(c) 按键控制小灯 3

(d) 按键控制小灯 4

图 6.37　按键控制实物展示

6.5.6　VGA 显示案例设计与实现

1. VGA 串口显示原理

输入信号:时钟信号 clk(1 bit)。

输出信号:RGB 信号 VRGB(3 bit),行同步信号 HS(1 bit),场同步信号 VS(1 bit)。

说明:VGA 是一种比较简单的视频信号接口,其使用扫描的方式在屏幕上输出像素。我们不考虑显示器内部的实现方案,从 VGA 接口本身进行讨论。VGA 行场信号介绍见表 6.3。

表 6.3　VGA 行场信号介绍

行/列	同步脉冲	后沿脉冲	显示脉冲	前沿脉冲	总帧长	单位
列(场周期)	2	33	480	10	525	行周期
行(行周期)	96	48	640	16	800	时钟周期

同步信号:以 640×480@ 59.94 Hz(60 Hz)显示器为例,每帧包含 525 个行周期;每个行周期包含 800 个时钟周期,其中 640 个为有效输出周期。周期格式及信号示意如图 6.38所示。

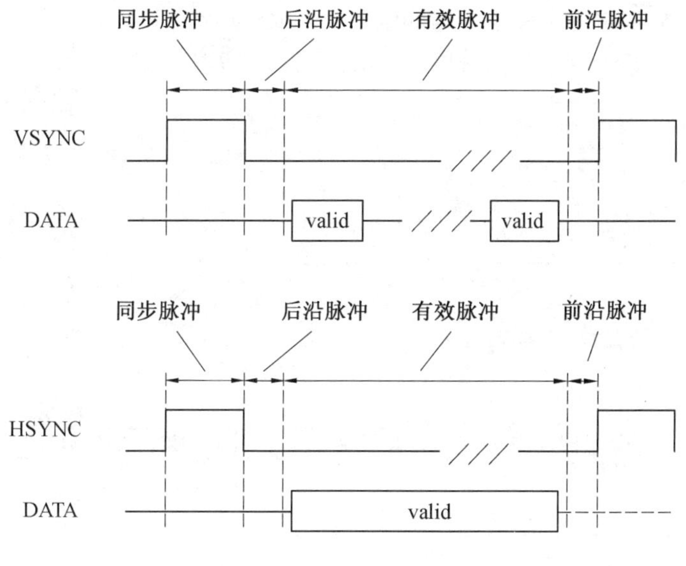

图 6.38　VGA 同步信号示意图

由以上分析可知,640×480@ 59.94 Hz(60 Hz)显示器需要至少 535×800×59.94 约 25 MHz的时钟频率。

RGB 信号:事实上,VGA 接口中的 R、G、B 三个信号都是模拟信号,根据电压信号大小确定具体颜色分量,在本次实验中,由于 DAC 电路较为复杂,我们用数字信号代替模拟信号。因此,我们仅能显示 8 种颜色。

常见的彩色显示器一般由阴极射线管(CRT)构成,彩色由 GRB(Green Red Blue)基色组成。显示采用逐行扫描的方式解决,阴极射线枪发出电子束打在涂有荧光粉的荧光屏上,产生 GRB 基色,合成一个彩色像素。扫描从屏幕的左上方开始,从左到右,从上到下,逐行扫描,每扫完一行,电子束回到屏幕的左边下一行的起始位置。在这期间,CRT 对电子束进行消隐,每行结束时,用行同步信号进行行同步;扫描完所有行,用场同步信号进行场同步,并使扫描回到屏幕的左上方,同时进行场消隐,并预备进行下一次的扫描。

计算机内部以数字方式生成的显示图像信息,被显卡中的数字/模拟转换器转变为 R、G、B 三原色信号和行、场同步信号,信号通过电缆传输到显示设备中。对于模拟显示设备,如模拟 CRT 显示器,信号被直接送到相应的处理电路,驱动控制显像管生成图像。设计 VGA 控制器的关键是产生符合 VGA 接口协议规定的行同步和场同步信号。

h_sync:水平同步信号(负脉冲),每个水平扫描周期显示器刷新一行。

v_sync:垂直同步信号(负脉冲),每个垂直扫描周期显示器刷新一帧。

2. VGA 显示工作过程

以屏幕左上角的像素作为原点(1,1)。当显示器接收到控制器输出的 v_sync 信号时,则开始一个新的垂直刷新循环,同时控制器输出 h_sync 信号。当经过 $P+Q=1.084$ ms的时间后,准备开始水平刷新循环,当 h_sync 信号的下降沿到来时,即开始刷新第一行(行数加 1)。再经过 $B+C=5.66$ s 的时间后,开始刷新第一行的第一个像素(列数加 1),并按照所需的时钟频率,刷新此行中其余像素。直到显示器接收到下一个h_sync 信号后,开始刷新第二行。重复此过程,直至刷新到屏幕的底部。当刷新了最下面一行的最后一个像素后,显示器即完成了一帧的刷新,控制器又输出 v_sync 信号,显示器又开始一个新的垂直刷新循环。系统的软件设计思路如图 6.39 所示。

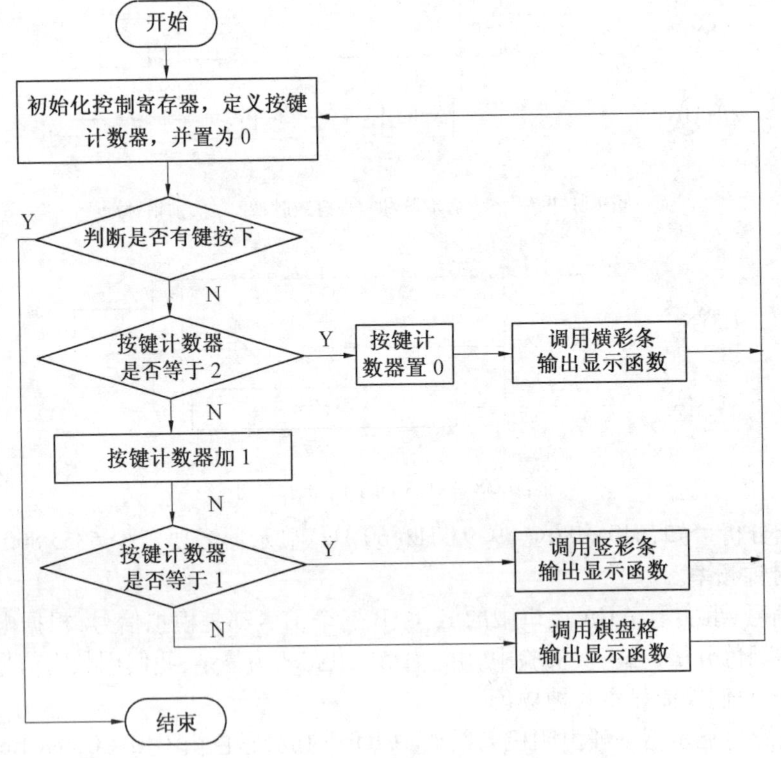

图 6.39　系统的软件设计

3. 设计实现

彩条和棋盘格显示和切换部分程序如下:

```
always @ (posedge vga_clk)
begin
   case(switch[1:0])
```

```
        2'd0: data <= h_dat;                    //选择横彩条
        2'd1: data <= v_dat;                    //选择竖彩条
        2'd2: data <=(v_dat ^ h_dat);           //产生棋盘格
        2'd3: data <=(v_dat  ~^ h_dat);         //产生棋盘格
    endcase
  end
  always @ (posedge vga_clk)                    //产生竖彩条
  begin
  if(hcount < 223)
    v_dat <= 3'h7;                              //白
  else if(hcount < 303)
    v_dat <= 3'h6;                              //黄
  else if(hcount < 383)
    v_dat <= 3'h5;                              //青
  else if(hcount < 463)
    v_dat <= 3'h4;                              //绿
  else if(hcount < 543)
    v_dat <= 3'h3;                              //紫
  else if(hcount < 623)
    v_dat <= 3'h2;                              //红
  else if(hcount < 703)
    v_dat <= 3'h1;                              //蓝
  else
    v_dat <= 3'h0;                              //黑
  end
  always @ (posedge vga_clk)                    //产生横彩条
  begin
  if(vcount < 94)
    h_dat <= 3'h7;                              //白
  else if(vcount < 154)
    h_dat <= 3'h6;                              //黄
  else if(vcount < 214)
    h_dat <= 3'h5;                              //青
  else if(vcount < 274)
    h_dat <= 3'h4;                              //绿
  else if(vcount < 334)
    h_dat <= 3'h3;                              //紫
  else if(vcount < 394)
    h_dat <= 3'h2;                              //红
```

```
else if(vcount < 454)
    h_dat <= 3'h1;                    //蓝
else
    h_dat <= 3'h0;                    //黑
end
endmodule
```

4. 实物展示

实验箱实物展示如 6.40 所示。

图 6.40　Spartan 实验箱实物

VGA 显示彩条和棋盘格的实物展示如 6.41 所示。

(a) 棋盘格显示(一)

(b) 棋盘格显示(二)

(c) 竖彩条显示

(d) 横彩条显示

图 6.41　VGA 显示实物展示

本章小结

本章首先分析了开发板需要完成的功能,设计了 FPGA 最小系统以及 FPGA 外围电路原理图的各个组成部分。其中 FPGA 最小系统主要包括下载电路、电源转换电路、存储电路、复位电路等相关配置电路,其主要功能是保证 FPGA 芯片正常工作。FPGA 外围电路其中主要包括 16 个 LED、16 个按键、八段数码管、蜂鸣器、VGA 接口。其主要功能是实现 FPGA 芯片的扩展。

然后,通过 ISE 编程对实验箱各个模块进行了案例设计与实现,分别设计了流水灯案例、蜂鸣器发声案例、数码管循环显示案例、按键控制案例设计、VGA 显示案例设计。几乎涵盖了每个模块,验证了实验箱在硬件设计和硬件组装之后,芯片、各个外围模块和芯片与模块之间的联系都很成功,能够正常使用。通过这些案例设计,表明了本 Spartam6 系列 FPGA 实验箱能够完成流水灯、数码管、蜂鸣器发声、按键控制、VGA 显示等设计,完全可以用此实验箱来进行 EDA 教学。

参考文献

[1] 黄继业,陈龙. EDA 技术与 Verilog HDL[M]. 3 版. 北京:清华大学出版社,2017.
[2] 何宾. Xilinx Vivado 数字设计权威指南:从数字逻辑、Verilog HDL、嵌入式系统到图像处理[M]. 2 版. 北京:电子工业出版社,2019.
[3] 王诚,薛小刚. Xilinx ISE 使用详解[M]. 北京:人民邮电出版社,2005.
[4] 徐文波,田耘. Xilinx FPGA 开发实用教程[M]. 2 版. 北京:清华大学出版社,2012.
[5] 北京兆迪科技有限公司. SolidWorks 产品设计[M]. 北京:机械工业出版社,2019.
[6] 罗杰. Verilog HDL 与 FPGA 数字系统设计[M]. 北京:机械工业出版社,2015.
[7] 陈欣波,伍刚. 基于 FPGA 的现代数字电路设计[M]. 北京:北京理工大学出版社,2019.
[8] 刘岚. 数字电路的 FPGA 设计与实现(基础篇)[M]. 北京:机械工业出版社,2015.
[9] (美)佛洛依德. 数字电子技术[M]. 10 版. 北京:电子工业出版社,2014.

第7章　航模无刷直流电机调速器

7.1　背景介绍

7.1.1　电动机的分类

一个世纪以来，电动机(Motor)作为能够把电能转换成机械能的一种机电能量转换装置，其应用已遍及国民经济的各个领域以及人们的日常生活中。电动机按结构及工作原理可分为直流电动机、异步电动机和同步电动机，如图7.1所示。同步电动机可分为永磁同步电动机、磁阻同步电动机和磁滞同步电动机。异步电动机可分为感应电动机和交流换向器电动机。感应电动机分为单相异步电动机、三相异步电动机和罩极异步电动机等。交流换向器电动机分为单相串励电动机、交直流两用电动机和推斥电动机。

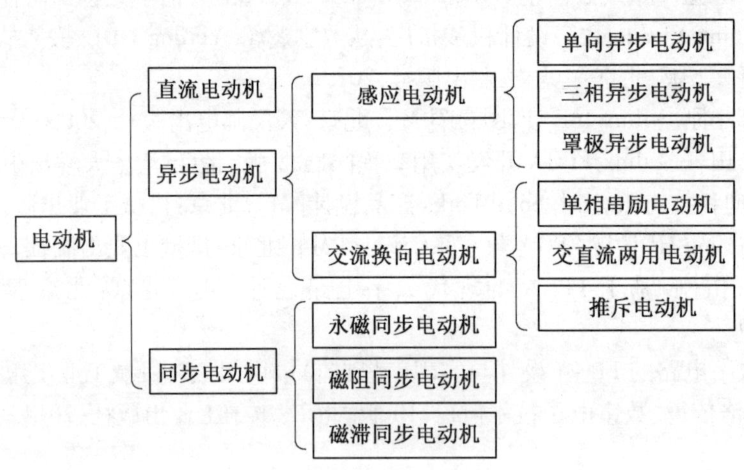

图7.1　电动机按结构及工作原理分类

电动机按工作电源可分为交流电动机和直流电动机，如图7.2所示。交流电动机按照相数可分为单相电动机和三相电动机。直流电动机是依靠直流工作电压运行的电动机，广泛应用于收录机、录像机、影碟机、电动剃须刀、电吹风、电子表、玩具等。直流电动机按结构及工作原理可分为有刷直流电动机和无刷直流电动机。有刷直流电动机可分为永磁直流电动机和电磁直流电动机。永磁直流电动机又分为稀土永磁直流电动机、铁氧体永磁直流电动机和铝镍钴永磁直流电动机。电磁直流电动机又分为串励直流电动机、并励直流电动机、他励直流电动机和复励直流电动机。

有刷电动机的永磁体是固定不动的，线圈绕在转子上，通过一个电刷跟换相器接触间断来改变磁场方向，从而保持转子持续转动。无刷直流电动机的机械特性和调节特性的线性度好、调速范围广、寿命长、维护方便噪声小，不存在因电刷而引起的一系列问题，所以这种电动机在控制系统中有很大的应用。无刷电动机，顾名思义，这种电机是没有所谓的电刷和换相器的。它的转子是永磁体，而线圈是固定不动的，直接接到外部电源，那么问题就来了，线圈磁场方向怎么改变呢？事实上，无刷电机外部还需要一个电子调速器，这个调速器说白了就是一个电机驱动，它随时都在改变着固定线圈内部电流的方向，保证它跟永磁体之间的作用力是相互排斥，持续转动得以延续。

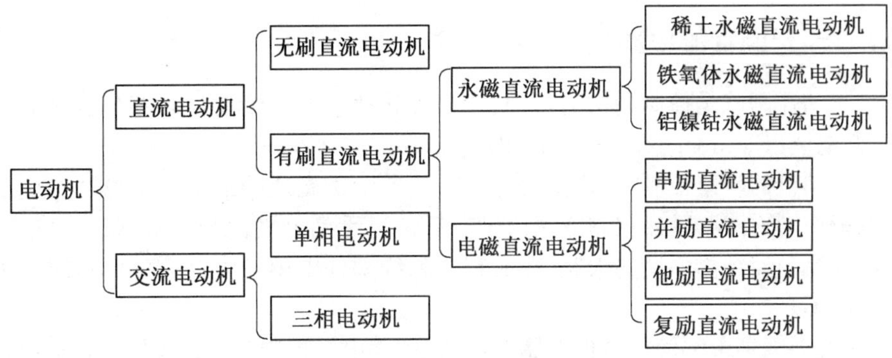

图 7.2　电动机按工作电源种类分类

（1）单相异步电动机按起动与运转方式划分如图 7.3 所示。

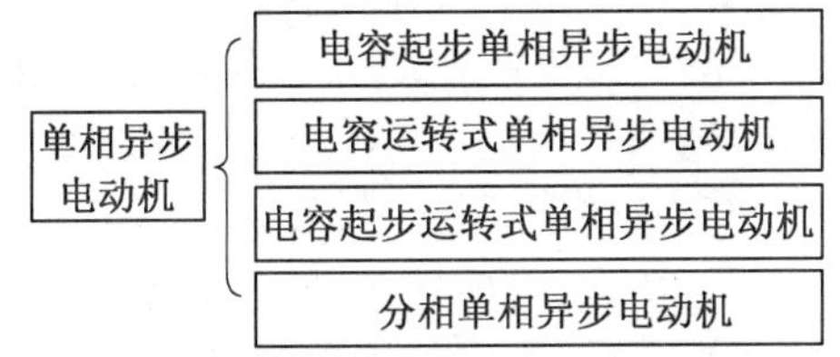

图 7.3　单相异步电动机按起动与运转方式分类

（2）三相异步电动机按转子的结构划分如图 7.4 所示。

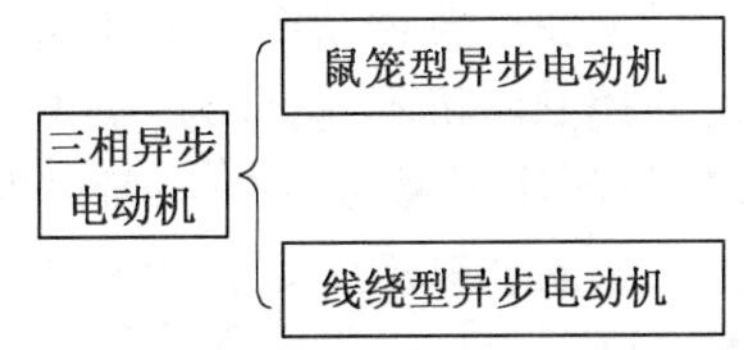

图 7.4　三相异步电动机按转子的结构分类

(3)电动机按用途划分如图7.5所示。

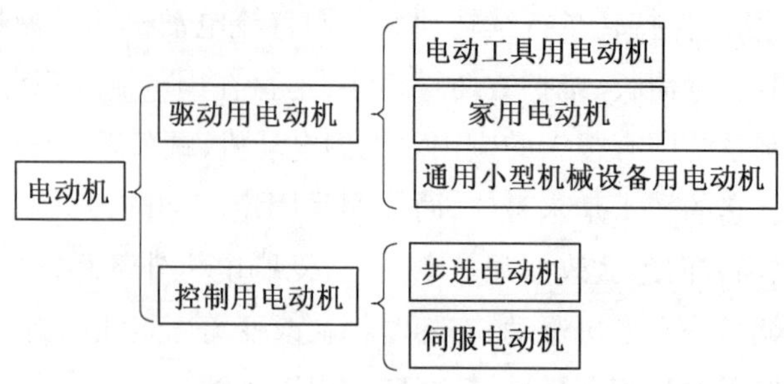

图7.5　电动机按用途划分类

7.1.2　无刷直流电动机

电机驱动控制就是控制电机的转动、停止和转速。电机驱动控制部分也称为电子调速器,简称电调(Electronic Speed Controller,ESC)。

直流电动机的转速控制方法可分为两类:调节励磁磁通的励磁控制方法和调节电枢电压的电枢控制方法。励磁控制方法由于在低速时受到磁极饱和的限制,在高速时受到换向火花和换向器结构强度的限制,造成其励磁线圈的电感较大,动态响应较差,因而使用该方法的不多。

目前,大多数场合都使用电枢控制方法,在使用电枢控制法对直流电动机的电枢电压进行控制和驱动时有两种方式,即线性放大驱动和开关驱动。线性放大驱动方式的优点是控制原理简单、输出波动小、线性好、对邻近电路干扰小,但半导体功率器件在线性区工作时产生热量会消耗大部分电功率,效率低,需要散热,因此线性放大驱动方式只在微小功率直流电动机的驱动中使用。绝大多数直流电动机采用开关驱动方式,通过脉冲宽度调制(Pulse Width Modulator,PWM)来控制电动机电枢电压实现调速。保持电压频率不变宽度可调的脉冲电压,当脉冲最宽时,相当于直流电,功率最大,转速最高。脉冲宽度减小时,相当于直流电电压降低,功率及转速降低。脉宽调制并不是直接调整电机的速度,而是改变电机的功率或扭矩。扭矩增大,换向加快,转速就提高了。

航模、车模、船模和飞碟等玩具模型,有使用柴油动力的,也有用电做能量的,所以就有油动电子调速器和电动电子调速器两种驱动方式。油动的力量比较足,适合大型航模,一般的模型则采用电动的锂电池驱动。电子调速器按用途主要分为航模电调、车模电调和船模电调等。对于航模,尤其是四轴飞行器,由于其特殊性,需要专门的航模电调控制电机的转速。电调驱动电机使模型完成各种动作指令,模仿其真实工作功能,以达到与真实情况相仿的效果。电调对应使用的电机不同,分为有刷电子调速器和无刷电子调速器。在同功率下,有刷电机比无刷电机的体积大几乎一倍,所以现在普遍流行的是用无刷电机作为航模动力。随着航模产业的发展和航模爱好者的不断增加,航模无刷电子调速器逐渐成了航模爱好者关注的对象。

航模无刷电子调速器是根据电子调速器在航空模型上的应用而命名的,如市面上常见的飞盈佳乐航模无刷电子调速器、凤凰航模无刷电子调速器等。此类电子调速器的输入是直流,通常由2~6节锂电池来供电;输出是三相交流,可以直接驱动电机。另外航模无刷电子调速器还有三根信号输出线,用于接收机。信号线可以引出稳定的5 V电压,一般可以带2 ~4个舵机供电。航空模型就是通过遥控对航模无刷电子调速器的控制来调整飞机的各种飞行姿势和动作。

1. 无刷直流电机结构

无刷直流电机由电动机主体和驱动器组成,是一种典型的机电一体化产品。由于无刷直流电动机是以自控式运行的,所以不会像变频调速下重载启动的同步电机那样在转子上另加启动绕组,也不会在负载突变时产生振荡和失步。中小容量的无刷直流电动机的永磁体,现在多采用高磁能级的稀土钕铁硼(Nd-Fe-B)材料。因此,稀土永磁无刷电动机的体积比同容量三相异步电动机缩小了一个机座号。

无刷直流电动机是采用半导体开关器件来实现电子换向的,即用电子开关器件代替传统的接触式换向器和电刷。它具有可靠性高、无换向火花、机械噪声低等优点,广泛应用于高档录音机、录像机、电子仪器及自动化办公设备中。

无刷直流电动机由永磁体转子、多极绕组定子、位置传感器等组成。位置传感按转子位置的变化,沿着一定次序对定子绕组的电流进行换流(即检测转子磁极相对定子绕组的位置,并在确定的位置处产生位置传感信号,经信号转换电路处理后去控制功率开关电路,按一定的逻辑关系进行绕组电流切换)。定子绕组的工作电压由位置传感器输出控制的电子开关电路提供。

2. 无刷直流电机研究意义

无刷直流电动机在电动车和航空航天、计算机外设、商业自动化仪器、工业机器人等众多领域都有普遍的应用。此外,超小体积、小功率无刷直流电机作为能耗低、安装方便、高效的新型电机,还被广泛应用于打印机、传真机、碎纸机、电脑硬盘和其他办公设备,可以说无刷直流电动机的应用在生活中无处不在。结合了新的控制技术、传感器技术以及新的电子设备的这种电动机,提高了家用电器性价比,为社会节约了能源。

无刷直流电动机相对于其他类型的电机来说是一种新型的电机,在民用和工业领域有着相当强大的发展潜力。它的驱动和控制方法和电力电子技术的联系也很紧密。因此,深入的研究无刷直流电机的控制原理,对人们的日常生活和社会的经济发展有着非常重要的意义。

3. 电机调速器

直流电机调速器就是调节直流电动机速度的设备,因此调节直流电动机速度的设备——直流调速器,脉宽调制的全称为Pulse Width Modulator,简称PWM。直流电机调速一般采用脉冲宽度调制,即供电电压是宽度可调的脉冲电压。当脉冲最宽时,相当于直流电,功率最大,转速最高。当脉冲宽度减小时,相当于直流电电压降低,功率及转速降低。脉宽调制(PWM)是调整脉冲的宽度而不是频率。“脉冲宽了”指的是高电平时间长了,低电平时间短了,脉冲频率并没有变。脉宽调制并不是直接调整电机的速度,而是改变电机的功率或扭矩。扭矩大了,换向加快,转速就提高了。

7.1.3 内外转子无刷直流电机的结构

1. 三相二极内转子电机结构

本项目采用无刷电机,其定子绕组的联结方式如图7.6所示(转子未画出,假想是个二极磁铁),三个绕组通过中心的连接点以"Y"形的方式被联结在一起。整个电机就引出三根线 A、B、C。当它们之间两两通电时,有 6 种情况,分别是 AB、AC、BC、BA、CA、CB,注意这是有顺序的。

第一阶段:AB 相通电如图 7.6 所示。当 AB 相通电,则 A 极线圈产生的磁场方向如箭头 1 所示,B 极产生的磁场方向如图箭头 2 所示,产生的合磁场方向即为箭头 3 所示,那么假设其中有一个二极磁铁,根据"磁铁会尽量使自己内部的磁感线方向与外磁感线方向保持一致"原理,则 N 极方向会与箭头 3 所示方向重合。

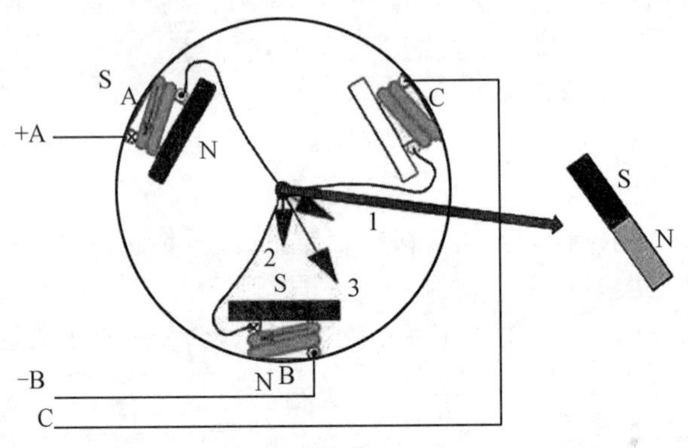

图 7.6　AB 相通电情形

第二阶段:AC 相通电如图 7.7 所示。

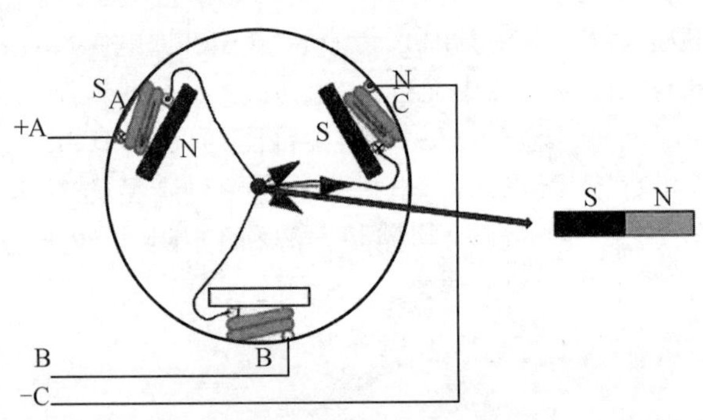

图 7.7　AC 相通电情形

第三阶段:BC 相通电如图 7.8 所示。

第四阶段:BA 相通电如图 7.9 所示。

依此类推,中间磁铁(转子)的状态如图 7.10 和 7.11 所示。AB 相通电,中间的转子(图中未画出)会尽量往合磁场箭头方向对齐,当转子到达图 7.6 所示合磁场箭头方向时,外线圈换相,改成 AC 相通电,这时转子会继续运动,并尽量转向图 7.7 所示的合磁场箭头方向,当转子到达图 7.7 中箭头位置时,外线圈再次换相,改成 BC 相通电,再往后依此类推。每个过程转子旋转 60°,6 个过程内转子正好旋转一周(即 360°),即完成了完整的转动,其中 6 次换相。并且,何时换相只与转子位置有关,而与转速无关。

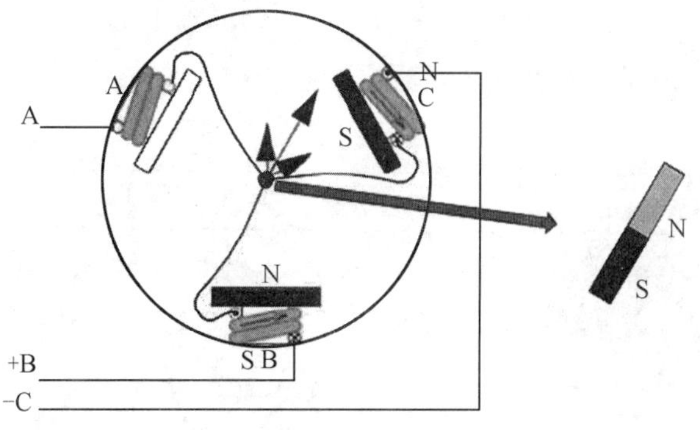

图7.8　BC相通电情形

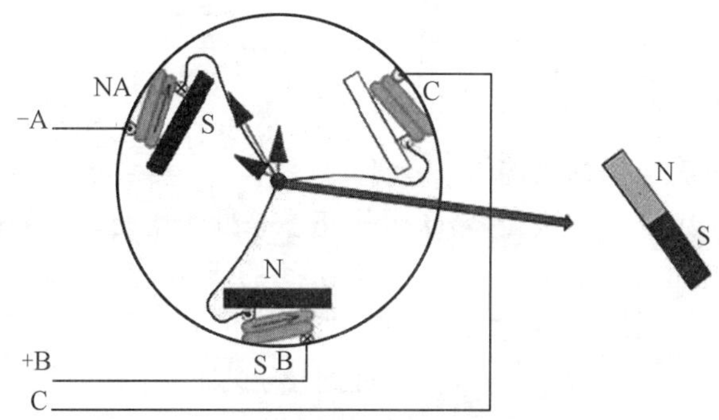

图7.9　BA相通电情形

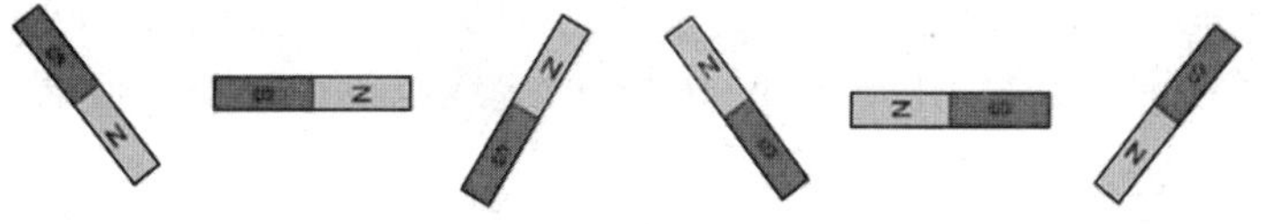

图7.10　中间磁铁(转子)的状态图(一)

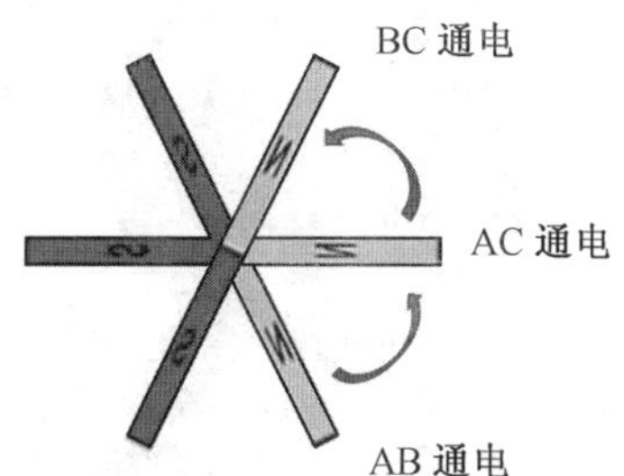

图7.11　中间磁铁(转子)的状态图(二)

2. 三相多绕组多极内转子电机的结构

图7.12(a)是一个3相9绕组6极(3对极)内转子电机结构,它的绕组连线方式见图7.12(b)。从图7.12(b)可见,其三相绕组将中间点连接在一起,属于星形联结方式。一般而言,电机的绕组数量都和永磁极的数量是不一致的(如用7绕组6极,而不是6绕

组 6 极)，这样是为了防止定子的齿与转子的磁钢相吸而对齐，产生类似步进电机的效果，此种情况下转矩会产生很大波动。

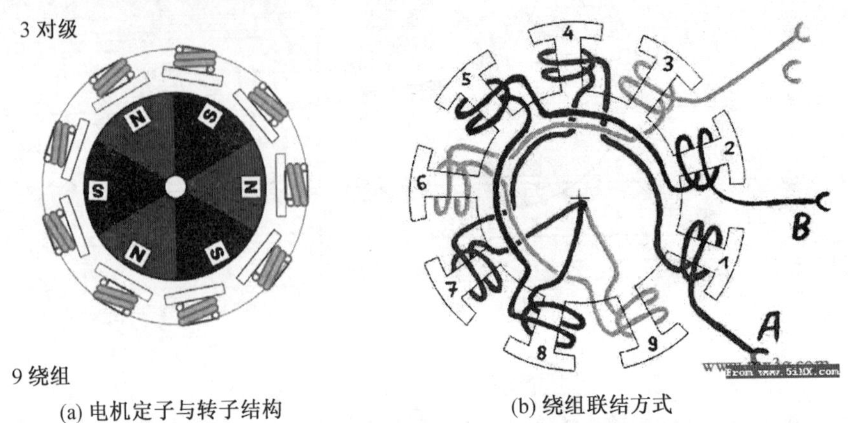

(a) 电机定子与转子结构　　(b) 绕组联结方式

图 7.12　三相九绕组三对极内转子无刷直流电机结构

3. 外转子无刷直流电机的结构

外转子与内转子区别就在于，外转子电机将原来处于中心位置的磁钢做成一片片，贴到了外壳上，电机运行时，是整个外壳在转，而中间的线圈定子不动。外转子无刷直流电机较内转子来说，转子的转动惯量要大很多(因为转子的主要质量都集中在外壳上)，所以转速较内转子电机要慢，通常 KV 值在几百到几千之间，用在航模上可以直接驱动螺旋桨，而省去了机械减速机构。无刷电机 KV 值定义为：转速/V，意思为输入电压每增加 1 V，无刷电机空转转速增加转速值。

同系列同外形尺寸的无刷电机，根据绕线匝数的多少，会表现出不同的 KV 特性。绕线匝数多的，KV 值低，最高输出电流小，扭力大；绕线匝数少的，KV 值高，最高输出电流大，扭力小。

常见一般外转子无刷直流电机的结构如图 7.13 所示。

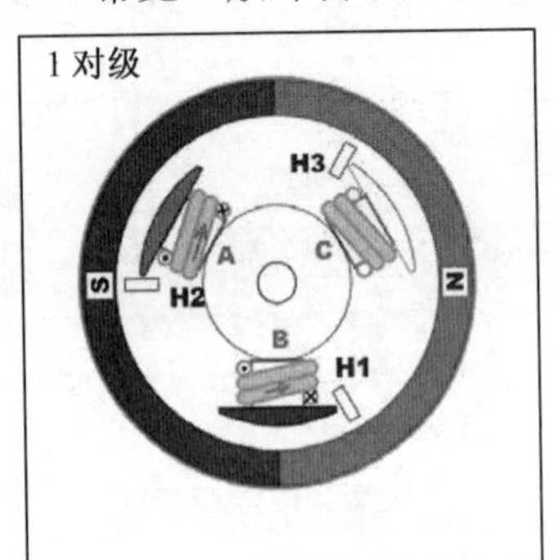

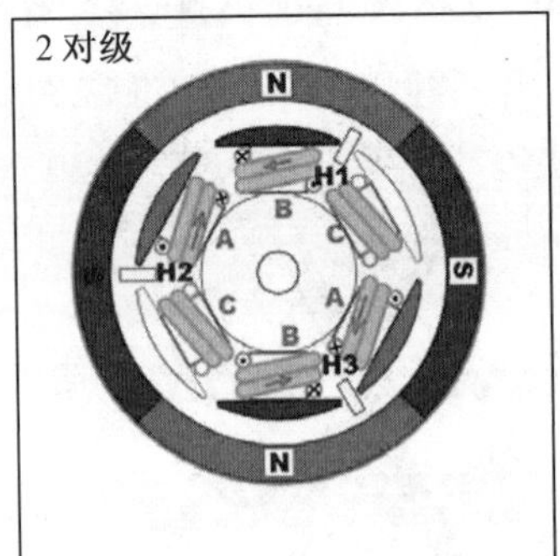

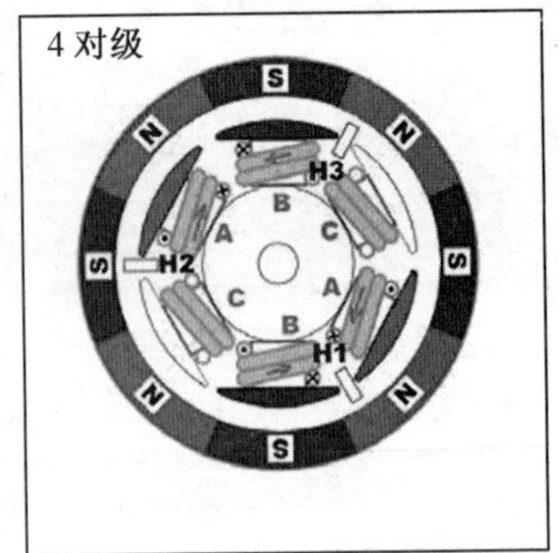

图 7.13　一些常见外转子无刷电机结构

4. 新西达 2212 外转子电机的结构

四轴用得比较多的是新西达的 KV 值为 1 000 的 XXD2212 电机。其结构为 12 绕组 14 极(即 7 对极)，如图 7.14 所示。其结构如下：定子绕组固定在底座上，转轴和外壳固定在一起形成转子插入定子中间的轴承。

图 7.14　XXD2212 电机结构

尽管绕组和磁极的数量可以有许多种变化，其通电次序都是相同的，不管外转子还是内转子电机，都遵循 AB→AC→BC→BA→CA→CB 的顺序进行通电换相，XXD2212 电机两两通电的 6 种情形如图 7.15 所示。

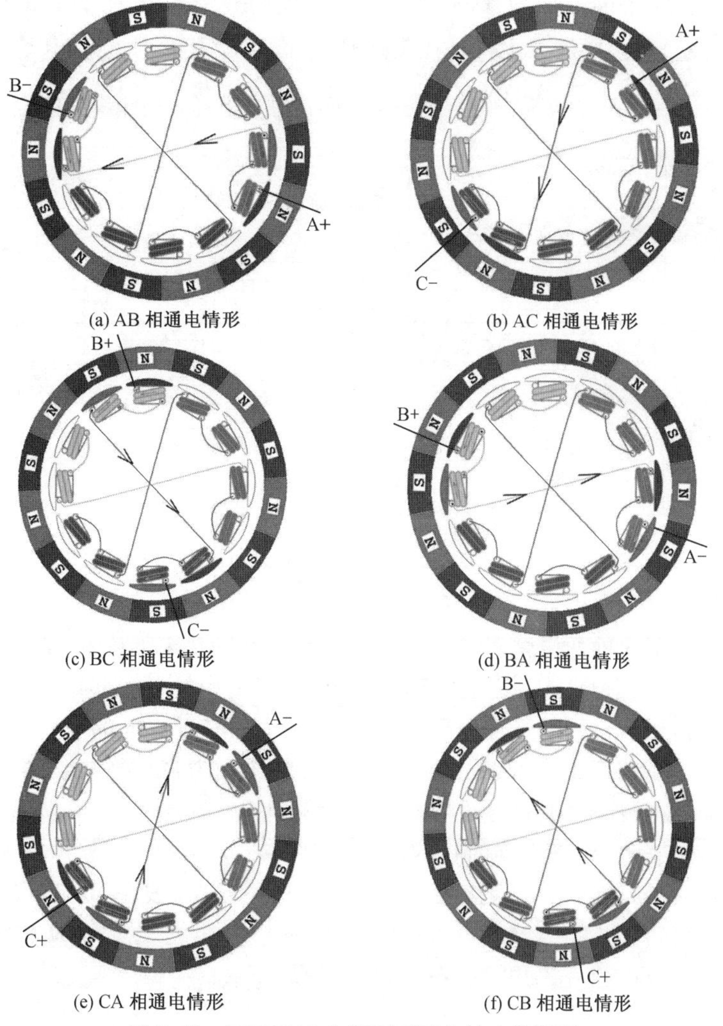

图 7.15　XXD2212 电机两两通电的 6 种情形

7.1.4　无刷直流电机的相关理论

1. 转子磁场的分布情况

目前,国内外对无刷直流电机定义一般有两种:一种定义认为只有梯形波/方波无刷直流电机才可以被称为无刷直流电机,而正弦波无刷电机则被称为永磁同步电机;另一种定义则认为梯形波/方波无刷电机和正弦波无刷电机都是无刷直流电机。本书采用第一种定义,把具有串励直流电机起动特性和并励直流电机调速特性的梯形波/方波无刷直流电机称为无刷直流电机。

内转子磁极的磁感应强度 B 的分布情况如图 7.16 所示。我们预定义磁感应强度方向向外为正,从图中可以看出,在 0°的时候,处于正反方向交界处,磁感应强度为零,之后开始线性增加,在 A 点时达到最大,并保持恒定值不变,直到 B 点开始下降,到 180°的时候下降到零。然后开始负向增长,在 C 点处达到负值最大,并保持恒定负值不变,直到 D 点强度开始减弱,到 0°时又回到零。如果 A 非常接近 0°的位置,上升和下降直线就会非常陡峭,“梯形波”就变成了“方波”。在匀速转动下,各绕组产生的反电动势波形也呈梯形波/方波。

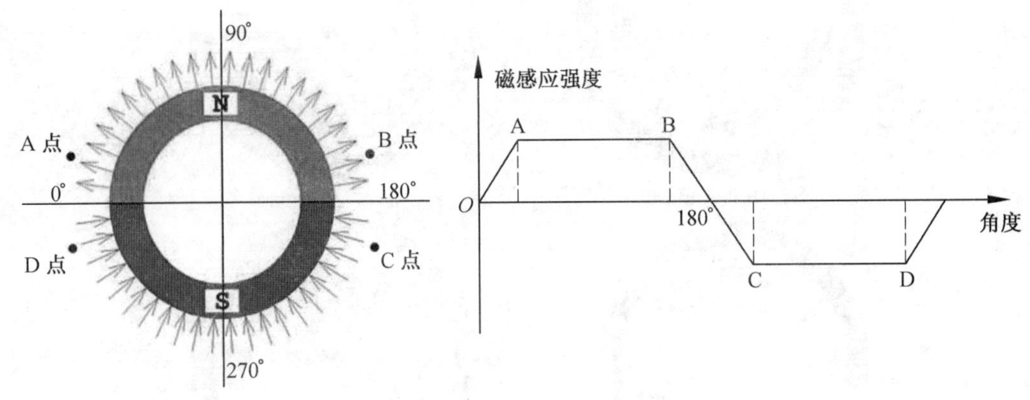

图 7.16　转子磁感应强度分布情况

2. 转子受力分析

图 7.17 画出了 6 种通电情形和 6 个中间过程。在图 7.17(a)中,AB 相通电,电流处于转子产生的磁场内,根据左手定则,我们判断线圈 AA′中的上半部导线 A 受到一个顺时针方向的电磁力,而 AA′的下半部导线 A′也受到一个顺时针方向的电磁力。由于线圈绕组在定子上,定子是固定不动的,故根据作用力与反作用力,定子绕组 AA′会施加给转子一个逆时针方向的反作用力,转子在这个力的作用下,就转起来了。同理,与 AA′的情况类似,BB′也会对转子产生一个逆时针的反作用力。

当转子逆时针转过 60°后,到达图 7.17(b)的位置,这时线圈 BB′已经到达转子磁极的边缘位置了,再转下去就要产生反方向的力了,所以这时就要换相,换成 AC 相通电,见图 7.17(c)。每过 60°换相通电,转子就可以一直转下去。

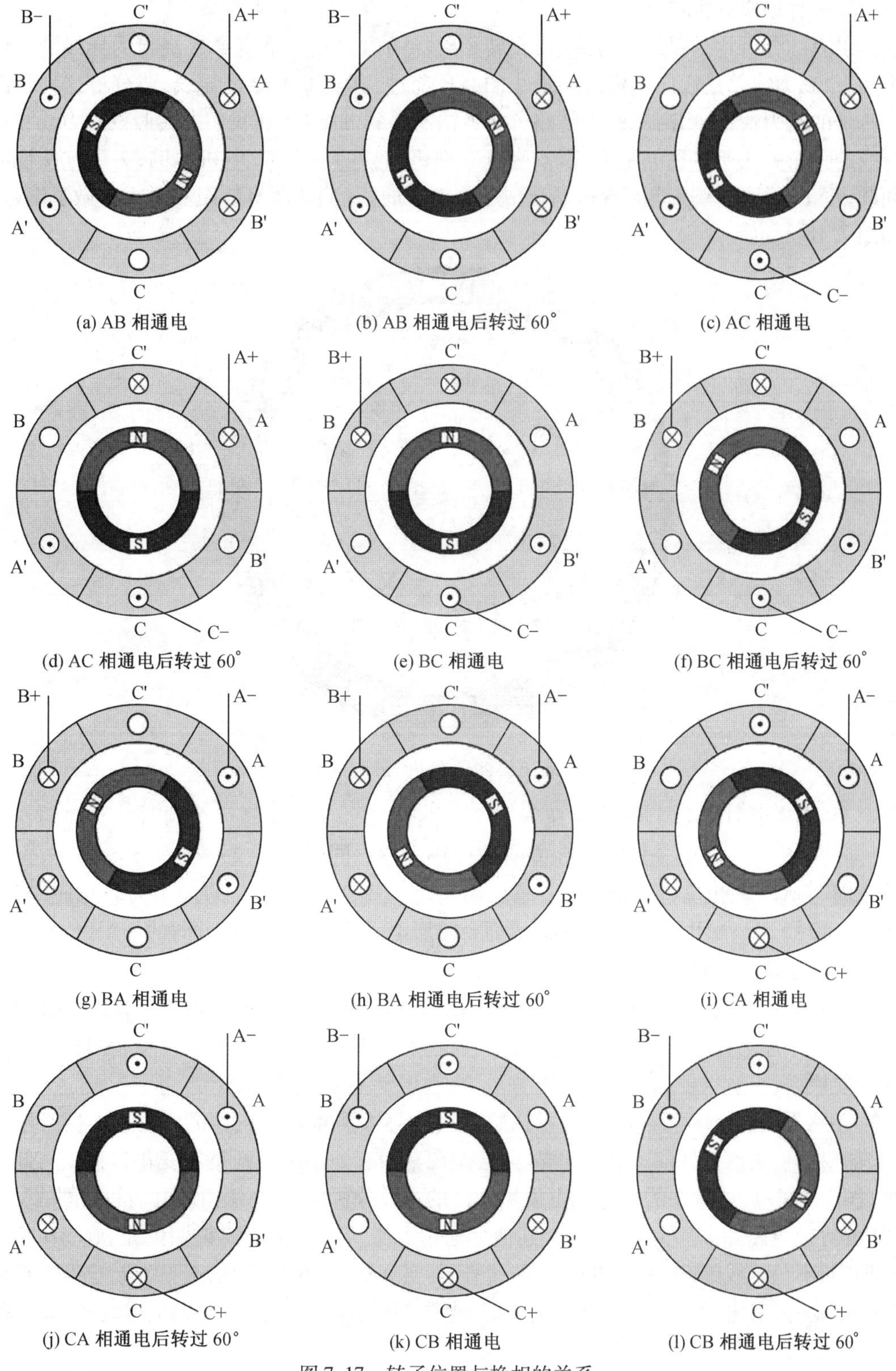

(a) AB 相通电　(b) AB 相通电后转过 60°　(c) AC 相通电

(d) AC 相通电后转过 60°　(e) BC 相通电　(f) BC 相通电后转过 60°

(g) BA 相通电　(h) BA 相通电后转过 60°　(i) CA 相通电

(j) CA 相通电后转过 60°　(k) CB 相通电　(l) CB 相通电后转过 60°

图 7.17　转子位置与换相的关系

3. 一种近似分析模型

以上的分析均是以理论方式分析,转子磁场的磁力线是垂直穿过绕组的导线的。但事实上,磁力线总是倾向于沿磁阻最小的路径前进,其实并不穿过导线,要分析这种情况下转子的受力情况,用高深的磁链路分析方法所得到的结果,和我们上面假设磁力线穿过导线的分析方法所得到的结果,基本吻合。现仍以新西达 2212 电机为例,为了方便说明问题,每个绕组的 N 匝线圈现都简化成了 1 个,而且我们对所有绕组和磁极都做了编号,如图 7.18 所示。

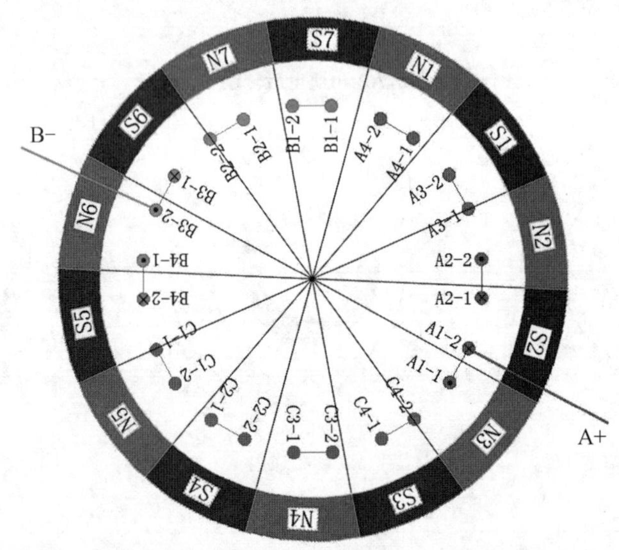

图 7.18　新西达 2212 电机 AB 相通电时情形

AB 相通电时,A1-1 导线处在 N 极下,根据左手定则,受到一个顺时针方向的作用力,即同时施加给转子一个逆时针方向的反作用力。同时,A1-2 导线处于 S 极下,但电流方向与 A1-1 相反,所以还是会施加给转子一个逆时针方向的作用力。与此类似,A2-1,A2-2,B3-1,B3-2,B4-1,B4-2 都会施加给转子一个逆时针方向的作用力。

4. 转子位置与过零检测

无感驱动方式的优点在于省略了三个霍尔传感器,整套系统分量更轻,结构更简单。其缺点在于起动比较麻烦,起动的时候可控性较差,要达到一定转速后才变得可控。但是对于航模来说,航空发动机一旦转起来后,在空中是不需要停车的。

无感无刷直流电机利用第三相的感生电动势去测量转子的位置。在 AB 相通电期间,如果我们去测量线圈 CC′上的电压,会发现其间有一个从正到负的变化过程。与此类似,图 7.17(c) ~ (l) 中的情况也可以用相同的方法分析出来, AB 相通电期间线圈 AA′和 BB′的等效电路如图 7.19(a)所示,其他导通情况类似。这里需要说明的是,在 AB 相通电期间,不只是线圈 CC′上产生感生电动势,其实 AA′和 BB′也在切割磁力线,也都会产生感生电动势,其电动势方向与外加的 12 V 电源相反,所以称为“反向感生电动势”。其等效电路如图 7.19(b)所示。

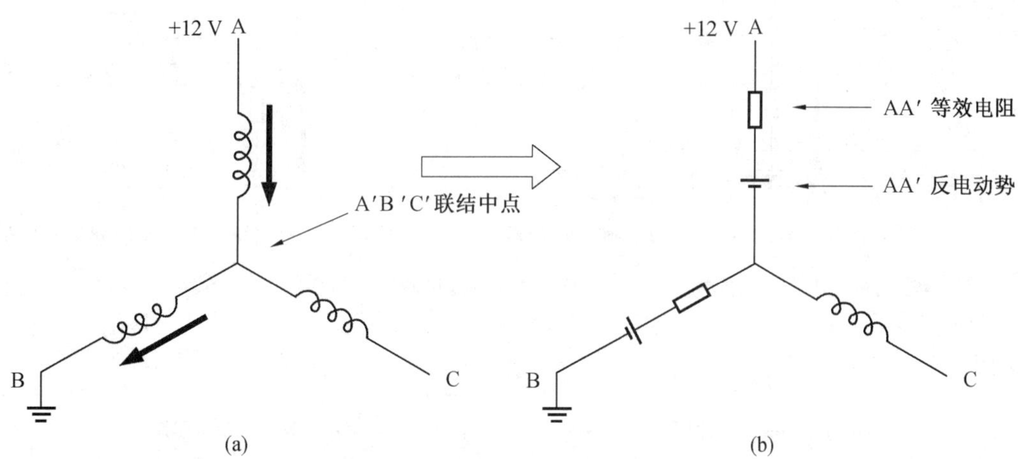

图 7.19　AB 相通电期间线圈 AA′和 BB′的等效电路

由于各绕组的结构是相同的，切割磁力线的速度也是相同的，所以线圈 CC′也应该会产生一个大小约为 5.7 V 的感生电动势；不同的是，在 AB 相通电期间，CC′的感生电动势会整个换一个方向，也即所谓的“过零点”。

在图 7.20 的 t_0 时刻，为 AB 相通电刚开始时的情况，CC′产生的感生电动势的等效电路图如图 7.21(a)所示；而在图 7.20 的 t_1 时刻，为 AB 相通电快结束时的情况，CC′产生的感生电动势的等效电路图如图 7.21(b)所示。

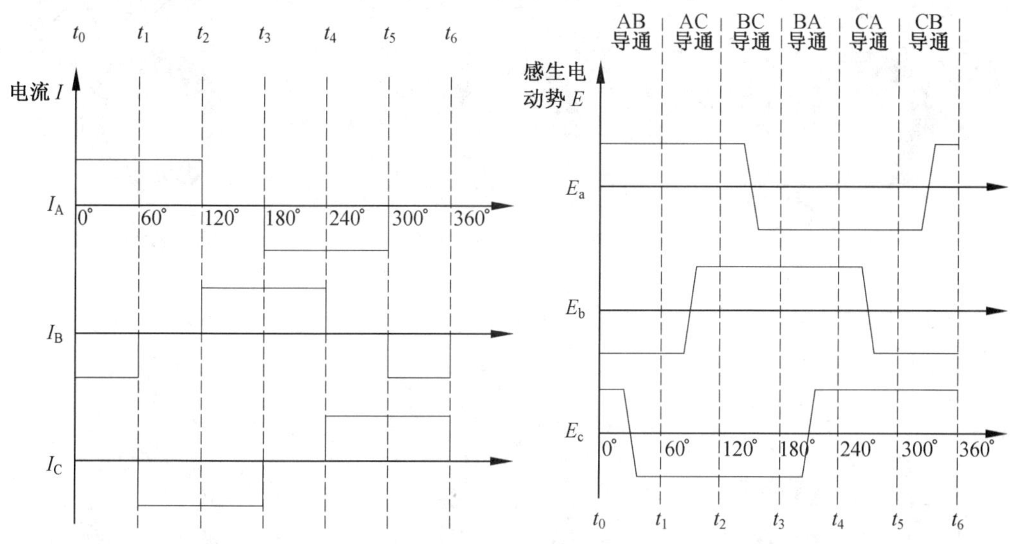

图 7.20　六种通电情形下各绕组的电流和感生电动势

AB 相开始通电的时候，PHASE_A = 12 V，PHASE_B = 0 V，C 线圈此时产生 6 V 的反向感生电动势，叠加在绕组中点上后，PHASE_C = 12 V。

此时可以算得：MITTEL = 4 V，NULL_C = 5.3 V 则 AC0 为 0。

接着转子继续向前转动，C 线圈的感生电动势逐渐减小，当减小到零时，PHASE_C = 6V。

此时可以算得：MITTLE = 3V，NULL_C = 3V 为零界点。

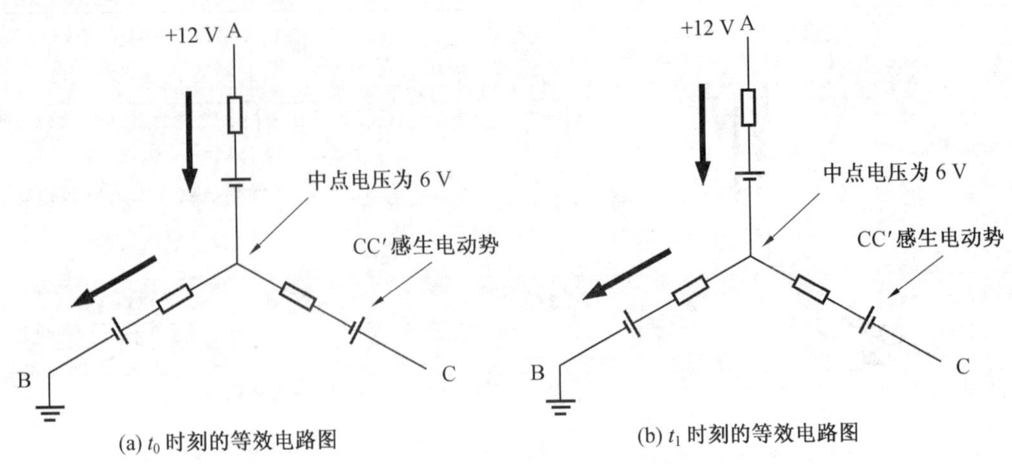

图 7.21　AB 相通电期间 CC′的感生电动势

5. 换相策略

本项目采用的方法是检测到过零事件后，立即就换相，图 7.22(a)为 AB 刚开始通电时的情况。转过 60°后，到达图 7.22(b)的位置时，检测到 C 相过零，如果此时立刻换相为 AC 导通，将成为图 7.22(c)的状态。这时，CC′线圈还处于 NS 极的交界处，此时穿过 CC′的磁感应强度为零，CC′上将不产生电磁力，此时只有线圈 AA′在出力。不过这个情况

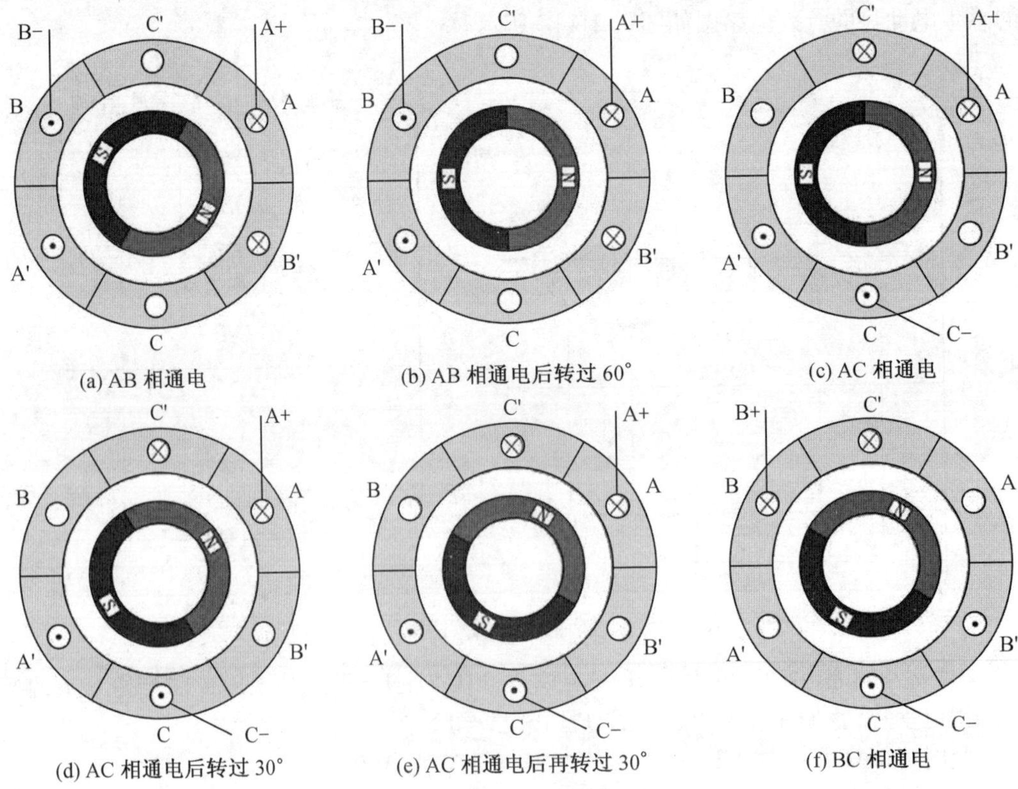

图 7.22　换相时各情景的分析

只是瞬时的，只要转子稍微向前再转一点，穿过 C′和 C 的磁感应强度就会开始增加，CC′就会开始出力。当转子继续转过 30°到达图 7.22(d)的位置时，正常运行。当转子再转过 30°到达图 7.22(e)位置时，会检测到 B 相的过零事件，此时若立刻换相成 BC 相通电，将成为图 7.22(f)状态，此时效率很低，要再过一会儿才能进入最佳工作状态。

综上所述，此换相的方法是可以用的，只不过会损失一点效率。除了首次换相是间隔 30°外，以后的每次的换相间隔都是 60°，转子旋转一周也是换 6 次相。

6. 调速策略

无刷电机的调速本质还是用直流电压来控制。电压越高，转得越快；电压越低，转得越慢。不过遗憾的是，单片机并不能输出可调的直流电压，于是只好变通一下，用脉宽调制(PWM)方式来控制电机的输入电压。PWM 占空比越高，等效电压就越高，占空比越低，等效电压就越低。

单片机给出的 PWM 波形只是控制信号，而且最高电压也只有 5 V，其能量并不足以驱动无刷直流电机，所以必须要再接一个功率管来驱动电机。功率管可以是 MOSFET(场效应管)，也可以是 IGBT(绝缘栅双极晶体管)。

主要输入为：

(1) NULL_A、NULL_B、NULL_C、Average 四路模拟输入，以供单片机进行电压过零检测，并做出相应动作。

(2) 一路 PPM 信号输入控制。

(3) Current 输入电流检测信号。

主要输出：

(1) A_H、B_H、C_H、A_L、B_L、C_L，用来控制 3 个 PMOS 和个 NMOS 管的通断，以实现电机的换相及调速。芯片采用外部时钟信号作为系统时钟，接入一个 8.000 MHz 的晶振作为时钟源。

(2) 模拟参考电压 AREF 接到 5 V ，通过一个 10 μH 的电感和 0.1 μF 的电容进行滤波，如图 7.23 所示，复位电路如图 7.24 所示。

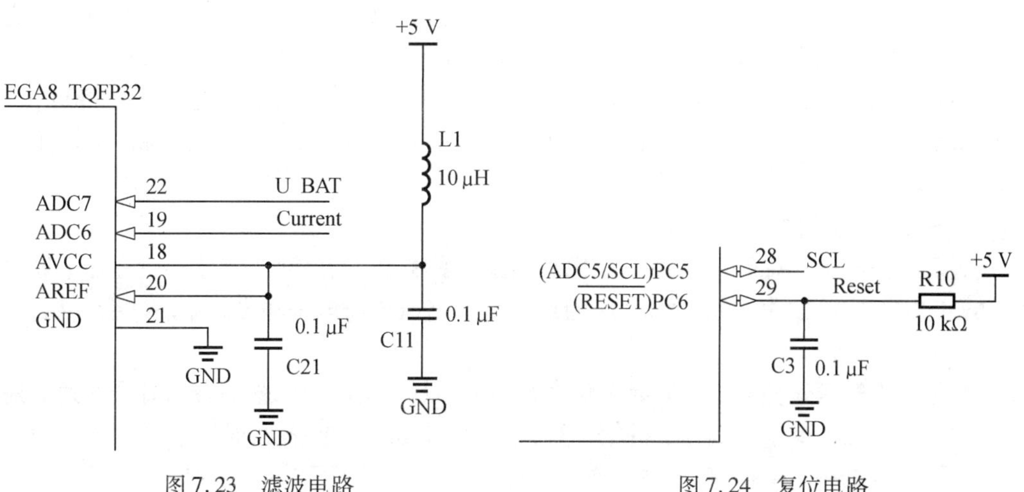

图 7.23　滤波电路　　　　图 7.24　复位电路

7.1.5 PPM 信号

我们知道 PPM 信号可以控制舵机，一般信号周期是 20 ms，脉宽在 500 ~ 2 500 μs 之间。实际上这种 PWM 信号不仅可以控制舵机，航模中使用的电调（有刷和无刷）也是用这种信号控制，只不过它们的脉宽范围一般限制在 1 000 ~ 2 000 μs。而航模接收机输出的正是上述周期 20 ms，脉宽 1 000 ~ 2 000 μs 之间的 PWM 信号。可以理解为，接收机通过 PWM 信号来反映遥控器的操作。航模遥控器有多路通道，可以传输多个操作（油门、方向等），而无线信道只有一路，怎么把多路通道的 PWM 信息传输到接收机呢？这就是所谓的 PPM 调制。PPM 信号把多路 PWM 信号调制到一路通道上，发送到接收机再由接收机还原成多路 PWM 从各个通道输出。上述说的 PPM 信号和控制电机的 PWM 信号不同。控制电机的 PWM 信号对周期没有严格要求，占空比变化范围为 0 ~ 100%；而航模遥控器接收机输出的 PWM 信号（也是控制舵机、电调的 PWM 信号），周期一般是 20 ms，也有 16 ms 的，正脉宽范围一般是 1 000 ~ 2 000 μs。

1. 电平

航模遥控器的接收机的工作电压是 5 V，即标准电平是 5 V。

2. 工作方式

信息以高电平脉冲宽度表示，以固定的频率不断地刷新信号；在每个周期内，携带信息的是高电平脉冲，高电平信息结束后是持续的低电平。

3. 刷新率

标准刷新率是 50 Hz（周期 20 ms），但也存在 60 Hz（周期约 16 ms）的接收机，如 GR3E3 通道接收机。7 通道接收机 WFR07 的周期是 21.2 ms。

4. 脉宽和数值

脉宽变化范围是 1 000 ~ 2 000 μs。一般航模遥控器中，方向、油门之类的双向控制一般都会有中间值调节旋钮，中间值是 1 500 μs，两个方向的极值分别是 1 000 μs 和 2 000 μs。如果调节了中间值不是 1 500 μs，那么另外两个方向的极值也会随着变化。总之输出范围是围绕着中间值±500 的范围。模式切换按钮分别在 1 000 μs 和 2 000 μs 之间切换。无刷电调没有方向，在 1 000 μs 时油门为 0，2 000 μs 时油门最大。

接收机输出的 PWM 信号可直接接到舵机，而一般舵机的脉宽范围是 500 ~ 2 500 μs，对应角度为 0° ~ 180°。所以一般由接收机输出的 PWM 信号直接控制的舵机，旋转角度范围在 45° ~ 135°。

5. 多路 PPM 信号

航模遥控器中常说的“几路通道”代表接收机能输出几路 PWM 信号。注意各个通道的 PWM 高电平不是同时输出的，一路通道在前一路通道高电平输出结束后才会开始，类似于如图 7.25 所示。

这是因为航模遥控器不能同时传输多路通道，只能单路传输，然后分给各个通道。遥控器的无线信号类似于上面信号的第一行，解调后变成了下面各路通道信号。各个通道的高电平信号是一个紧挨着一个的，而不是每个通道固定分配 2 ms 的时间。

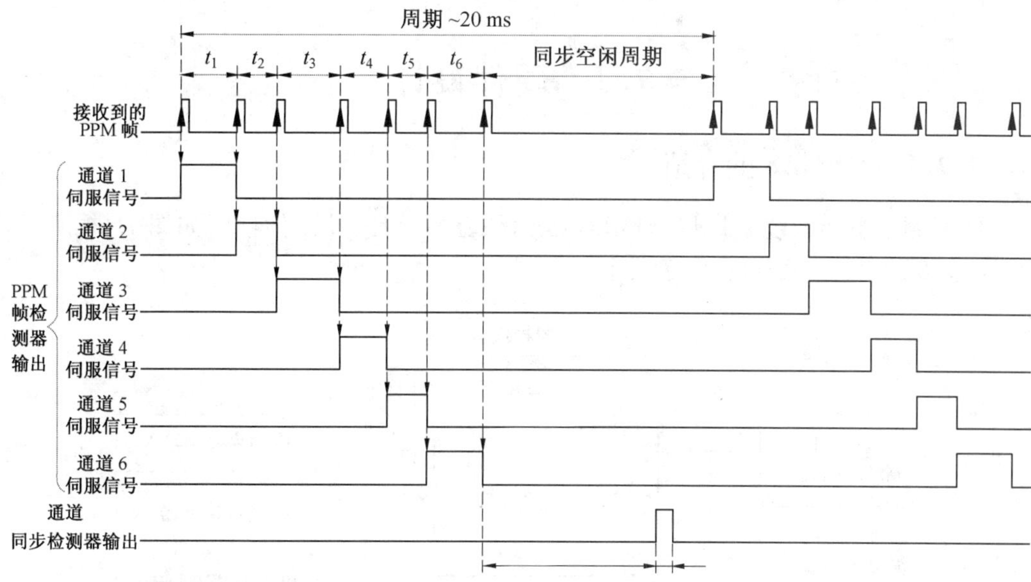

图7.25　PPM信号

在对接收机解码时发现,实际各个通道的正脉冲并不是一个紧挨着一个出现。有的接收机各个通道输出的高电平连接比较近,而有的接收机在上一个通道正脉冲结束后要等较长的时间下一个通道的高电平才出现,在此期间所有的通道都是低电平。

由于单路信号最长是2 000 μs,周期为20 ms,所以理论上可以容纳10路。而由于需要进行同步,实际上遥控器最多只能容纳7路信号。接收机输出的每帧信号(20 ms)中,理论上最后必然有至少2 ms的时间里,所有的通道都输出低电平,单片机解码时就是利用这一点来判断一帧信号结束的。

6. PWM信号和电调

接收机输出的PWM信号可直接输出给舵机,而在航模中经常会用这种PWM信号控制电机(有刷和无刷),接收机输出的PWM信号是不能直接控制电机的,虽然最终控制电机的信号也称为PWM,但两种信号是不同的,此时需要电调。

电调具有接收接收机输出的PWM信号和驱动电机的功能,不同的电机驱动方式不同(有刷和无刷,有感和无感)。简单地说,电调的作用是接收接收机输出的PWM信号,转换成我们希望的电机驱动信号,并通过内部的电机驱动电路实现对电机的控制。

7. 单片机提取接收机输出的PWM信号

我们想要用单片机提取并解释PPM信号可以有两种方法:一是获取图7.25最上面一行的PPM信号,并解释;二是获取接收机输出的各路通道的PWM信号,并解释。

对于成品的接收机,获取各路的输出信号要容易得多,所以采用第二种方法,直接把各路通道的输出信号接到单片机。

7.2　硬件设计

7.2.1　MEGA8 的介绍

本项目的电调系统采用以 ATMEGA8 为核心的设计，其硬件框图如图 7.26 所示。ATMEGA8 的引脚连接如图 7.27 所示。

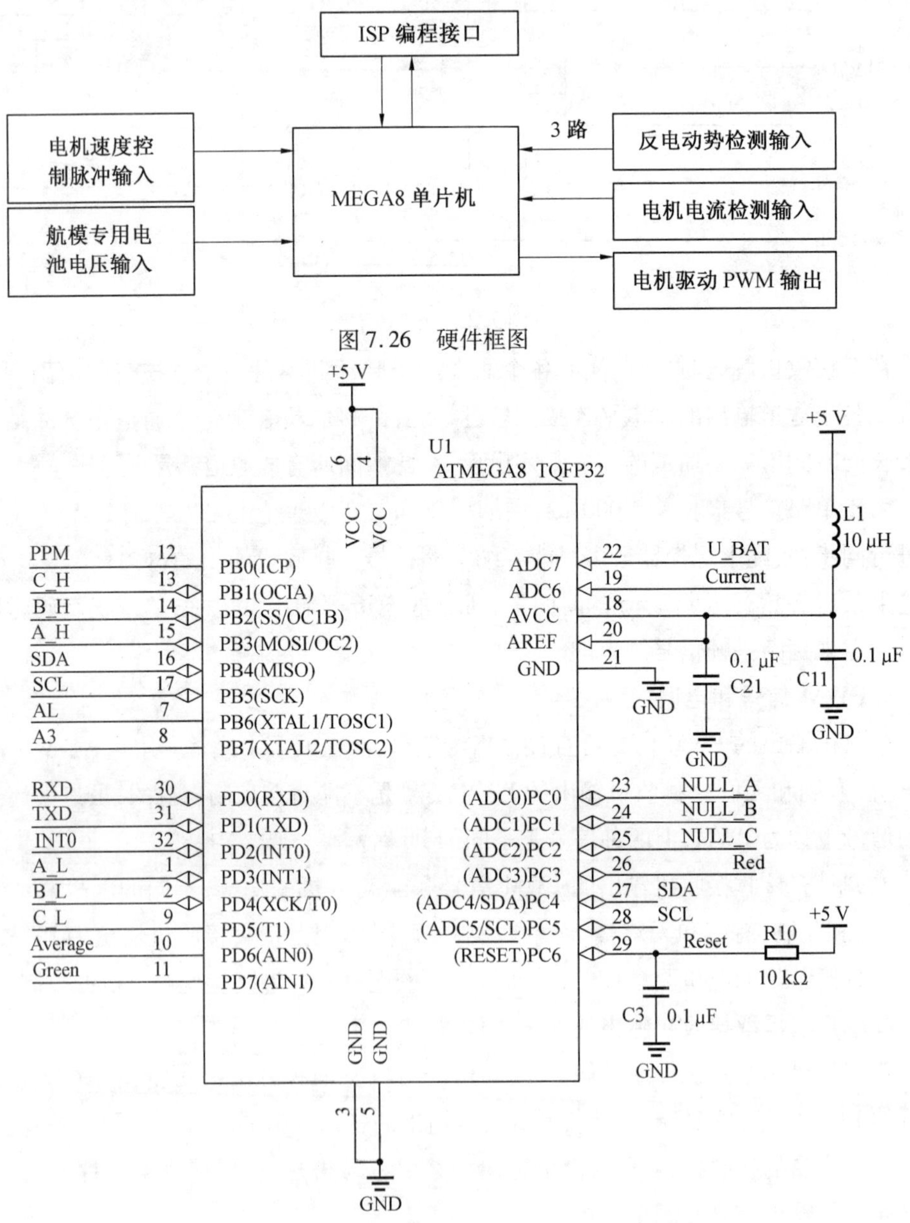

图 7.26　硬件框图

图 7.27　ATMEGA8 引脚连接

AVR 内核具有丰富的指令集和 32 个通用工作寄存器。所有的寄存器都直接与算数逻辑单元(ALU)相连接,使得一条指令可以在一个时钟周期内同时访问两个独立的寄存器。这种结构大大提高了代码效率,并且与普通的 CISC 微控制器相比,具有最高至 10 倍的数据吞吐率。

ATMEGA8 有如下特点:8 K 字节的系统内可编程 FLASH(具有同时读写的能力,即 RWW),512 字节 EEPROM,1 K 字节 SRAM,32 个通用 I/O 口线,32 个通用工作寄存器,三个具有比较模式的灵活的定时器/计数器(T/C),片内/外中断,可编程串行 USRAT,面向字节的两线串行接口,10 位 6 路(8 路为 TQFP 与 MLF 封装)ADC,具有片内振荡器的可编程看门狗定时器,一个 SPI 串行端口,以及五种可以通过软件进行选择的省电模式。工作于空闲模式时 CPU 停止工作,而 SRAM、T/C、SPI 端口以及中断系统继续工作;掉电模式时晶体振荡器停止振荡,所有功能除了中断和硬件复位之外都停止工作;在省电模式下,异步定时器继续运行,允许用户保持一个时间基准,而其余功能模块处于休眠状态;ADC 噪声抑制模式时终止 CPU 和除了异步定时器与 ADC 以外所有 I/O 模块的工作,以降低 ADC 转换时的开关噪声;Standby 模式下只有晶体或谐振振荡器运行,其余功能模块处于休眠状态,使得器件只消耗极少的电流,同时具有快速启动能力。

本芯片是以 Atmel 高密度非易失性存储器技术生产的。片内 ISP Flash 允许程序存储器通过 ISP 串行接口,或者通用编程器进行编程,也可以通过运行于 AVR 内核之中的引导程序进行编程。引导程序可以使用任意接口将应用程序下载到应用 Flash 存储区(Application Flash Memory)。在更新应用 Flash 存储区时引导 Flash 区(Boot Flash Memory)的程序继续运行,实现了 RWW 操作。通过将 8 位 RISC CPU 与系统内可编程的 Flash 集成在一个芯片内,ATmega8 成为一个功能强大的单片机,为许多嵌入式控制应用提供了灵活而低成本的解决方案。ATmega8 具有一整套的编程与系统开发工具,包括:C 语言编译器、宏汇编、程序调试、软件仿真器、仿真器及评估板。

ATMEGA8 是基于增强的 AVR RISC 结构的低功耗 8 位 CMOS 微控制器。由于其先进的指令集以及单时钟周期指令执行时间,ATMEGA8 的数据吞吐率高达 1 MIPS/ MHz,从而可以缓减系统在功耗和处理速度之间的矛盾。整个设计运用了三个定时器计数器,T0 作为系统时钟定时器用,T0 为 clk 的 8 分频(也即定时计数器的计数频率为 1 MHz,T1 和 T2 都用作 PWM 的发生器用,其中 T18 分频,T2 不分频)。系统时钟为 8 MHz,而定时器的计数方式为从 0 自加 1 计到 0xFF 再从 0xFF 自减 1 慢慢回到 0。

7.2.2　换相控制电路

为了清楚地说明问题,我们先将原图做一些简化,如图 7.28 所示,Q1 到 Q6 为功率场效应管,当需要 AB 相导通时,只需要打开 Q1、Q4 管,而使其他管保持截止。此时,电流的流经途径为:正极→Q1→线圈 A→绕组 B→Q4→负极。这样,六种相位导通模式:AB、AC、BC、BA、CA 和 CB 分别对应的场效应管打开顺序为 Q1Q4、Q2Q4、Q3Q2、Q3Q6、Q5Q6 和 Q5Q4。我们将电路进行改进,改进后电路如图 7.29 所示。

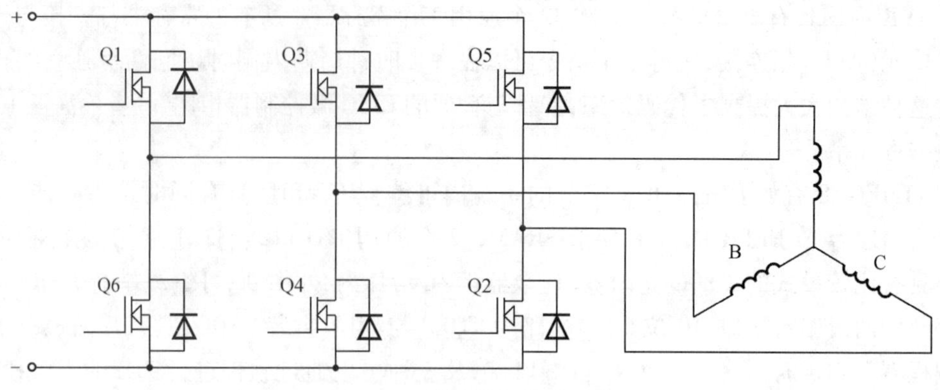

图 7.28　简易换相控制电路

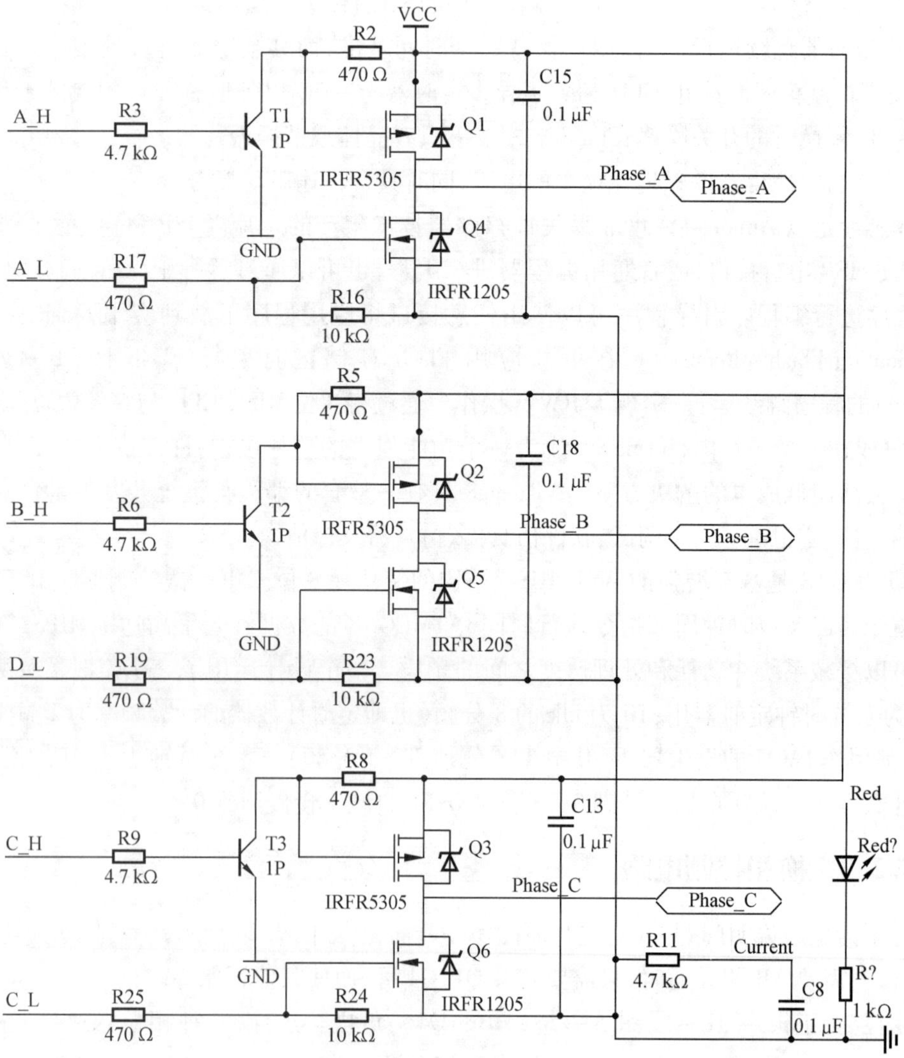

图 7.29　改进的简易换相控制电路

通过 6 个功率场效应管、一些外围电阻和三极管构成了系统的三相六臂全桥电路，其中 6 个场效应管中有 3 个是 P 型管，型号为 IR 公司的 IRFR5305，3 个是 N 型管，使用的型号是 IR 公司的 IRFR1205。ATMEGA8 的 PWM 信号控制三相全桥上桥臂栅极的通断，从而形成了一个方波进行无刷电机的三相供电。ATMEGA8 的 I/O 口直接控制下桥臂栅极驱动信号，具有导通与截止两种状态。通过对于场效应管额定参数的判断可知，当栅极电压为 5 V 时，场效应管允许的导通电流为 25 A 左右，能够满足系统需求。

7.2.3　电流检测电路

电流检测部分应用一段阻值大小为 0.01 Ω 的导线，经过 MOSFET 和电机的电流全都经过该导线流向 GND，通过导线的电流和电阻的阻值相乘可得到产生的电压值大小，经过电阻和电容器进行一阶低通滤波，最后接入 ATMEGA8 的 ADC6 通道，通过对于电流值大小的判断实现了对于电流值检测功能。电流检测电路如图 7.30 所示。

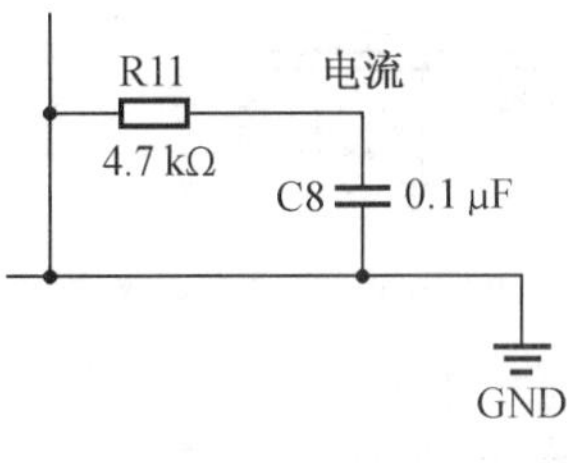

图 7.30　电流检测电路

7.2.4　反电势过零检测电路

反电势过零检测电路如图 7.31 所示。反电动势检测电路设计中，选择 4 个点的电压值进行判断，首先选择 A、B、C 三相中间 N 点，其余点分别为 A、B、C 三个点的电压，其中为了简化电路的设计，打开 ATMEGA8 的复用功能，将 A、B、C 点通过一个分压网络输入到 ATMEGA8 的 AIN0 引脚，其电压的大小就是中间点电压值，然后 A、B、C 三个点形成的负向输入端可以根据 ATMEGA8 的 ADC 多工选择寄存器的配置而选择单片机的 ADC0、ADC1 和 ADC2 三个引脚。只要在 AB 通电期间开通 NULL_C 和 MITTEL 的比较，AC 通电期间开通 NULL_B 和 MITTLE 的比较，BC 通电期间开通 NULL_A 和 MITTLE 的比较，

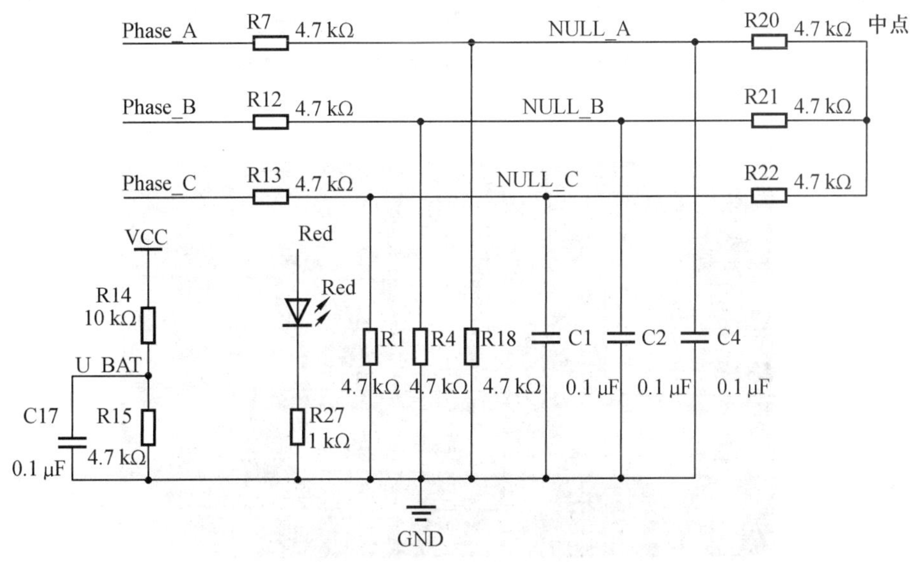

图 7.31　反电势过零检测电路

就可以成功检测出各相的过零事件。图 7.31 中的几个电容的基本作用是滤除 NULL_A、NULL_B、NULL_C 三点的高频分量的。

7.2.5　电调的制作

根据电调控制系统原理运用 Altium Designer 软件,绘制设计的电调控制系统原理图和 PCB 分别如图 7.32 和图 7.33 所示。由原理图和对应 PCB 得到的对应系统各个引脚的连接框图如图 7.34 所示。

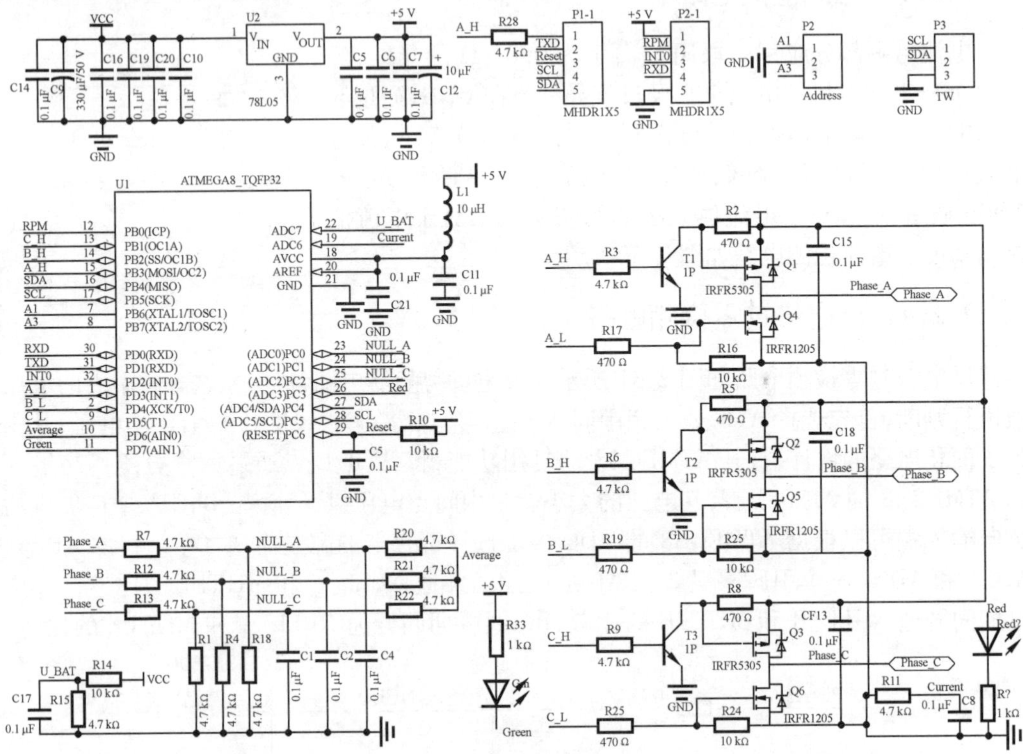

图 7.32　原理图

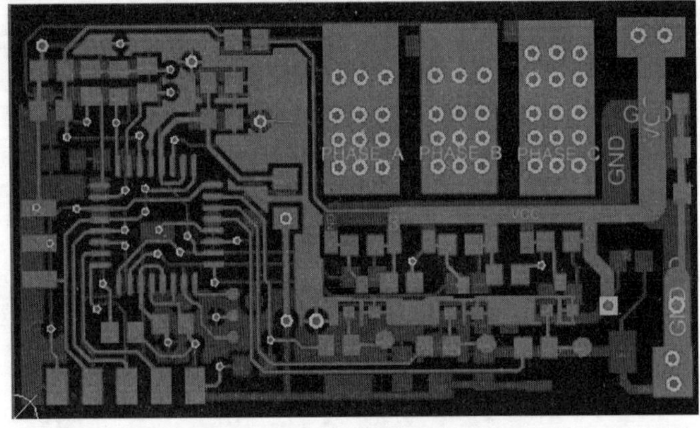

图 7.33　PCB 图

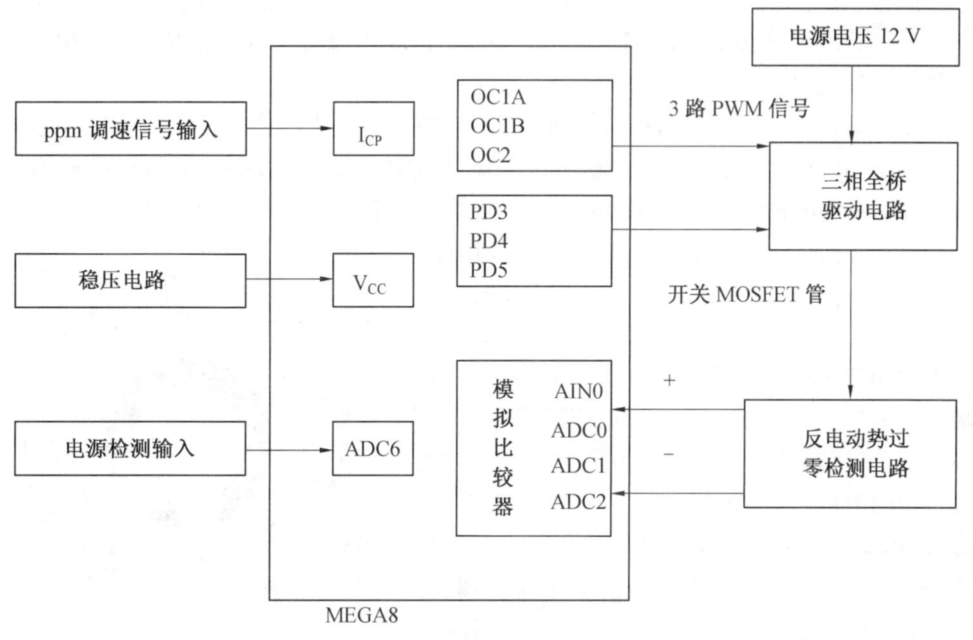

图 7.34　系统各个引脚的连接框图

经过电调的原理学习，绘制整个硬件部分合适的原理图和 PCB，经过 PCB 打样制出空板，然后进行贴片器件的焊接，接着进行硬件调试，制成的实物如图 7.35 所示。

图 7.35　电调实物图

7.3　软件设计

7.3.1　启动算法

1. 算法概述

无感无刷直流电机的启动比较麻烦，其原因在于反电动势检测法只有在电机转起来之后才能正常工作，在电机静止状态，无法知道电机转子当前的实际位置，从而也无法判断到底该给哪两相通电进行驱动。而且在低速状态下，反电动势输出极低，波形也比较乱,从而也无法用反电动势过零检测法进行换相。必须确保在这种情况下,使电机运行到一个比较快的速度,在反电动势波形输出正常后,再利用前面介绍的过零检测换相法使电机正常工作和换相。

通过 voidAnwerfen(unsignedcharpwm)函数实现启动算法功能。在启动算法中还调用了 voidManuell(void)函数,Manuell 函数的功能是根据全局变量 Phase 的值对电机通以不同的相位,0 ~5 分别代表 AB、AC、BC、BA、CA 和 CB 相通电。

Anwerfen 在德语中就是“启动”的意思,输入参数为启动时打算施加的电压 PWM 占空比,取值范围为0 ~255,按比例折合,0 表示占空比 0% ,255 表示占空比 100% 。在主程序中,使用 Anwerfen(10)来调用本函数。AB 相通电示意图如图 7.36 所示。

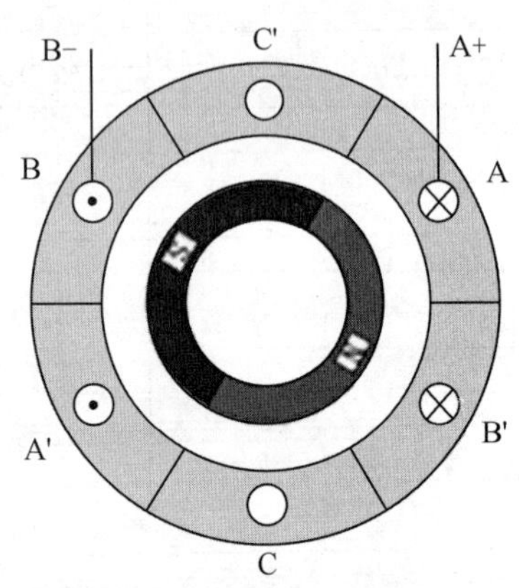

图 7.36　AB 相通电示意图

在整个启动算法中,其核心就是先让 AB 相通电足够长的时间,以使转子在这个位置固定下来。然后换 AC 相、BC 相等,每步通电时间都为上步时间的 14/15,换句话说,就是随着转子速度的加快,每步的通电时间越来越少,换相若干次后(实测为 32 次),则视为启动成功,退出启动函数。

2. 启动算法流程图

启动算法流程图如图 7.37 所示。

3. 启动算法代码及注释

启动算法代码如下:

```
voidAnwerfen(unsignedchar pwm)//启动马达,参数为启动时打算施加的电压 PWM 占空比
//取值范围为 0 ~255,按比例折合,0 表示占空比 0% ,255 表示占空比 100%
//在主程序中,使用 Anwerfen(10)来调用本函数运行
{
unsignedlongtimer=300,i;
DISABLE_SENSE_INT;          //关闭模拟比较器中断
PWM=5;                      //先给一个较小的 PWM 值(PWM=5)来试运行
SetPWM();                   //SetPWM 函数的功能是将这个全局变量“PWM”设到
                              OCR1A,OCR1B 和 OCR2 中去
Manuell();                  //换相
Delay_ms(200);
PWM=pwm;                    //将 PWM 值设成函数代入参数 10
while(1)                    //主循环
{
for(i=0;i<timer;i++)//循环 300 次
{                           //给串口输出一些调试信息
```

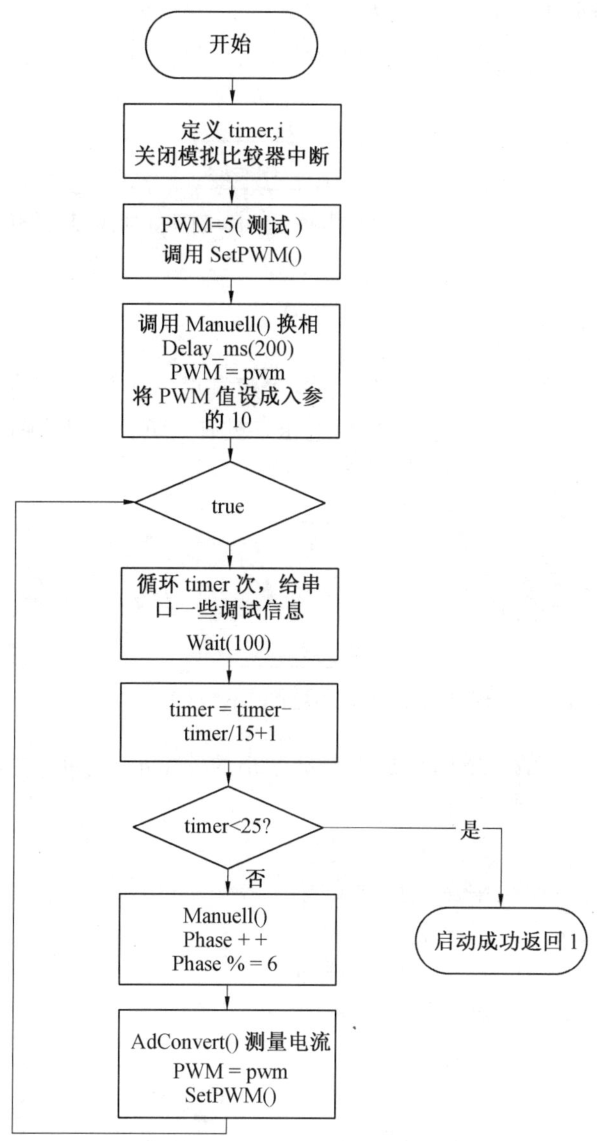

图 7.37　启动算法流程图

```
if(! UebertragungAbgeschlossen)SendUart();
elseDatenUebertragung();
Wait(100);
}
timer-=timer/15+1;              //timer 值减小为原来的 14/15,使 timer 的收敛更快
//在这个 while(1)的主循环内,每循环一次,timer 值都会减小为原来的 14/15
//直到 timer 减小到小于 25,退出启动函数,返回值为 1,说明启动成功
if(timer<25)
{
```

```
if(TEST_MANUELL)
timer=25;
elsereturn;
}
Manuell();                //AB 相通电不变
Phase++;                  //使 Phase 的值每次自加 1,并在 0~5 之间轮回
Phase% =6;
AdConvert();              //测量电流
PWM=pwm;
SetPWM();                 //把 10 这个值真正设到 Ocxx 寄存器中
if(SENSE)                 //C 相电压有没有变负,变负则绿灯亮
{
PORTD^=GRUEN;
}
}
}
```

7.3.2　过零事件检测与电机换相软件设计

无感无刷电机控制的主要内容是检测悬浮相的感生电动势的过零点,当模拟比较器中断时说明过零事件产生,然后准备换相。

过零事件检测与电机换相软件设计部分代码的主要思路为:比较中点电压值和悬浮相电压值(如 C 端),如果检测到过零事件(假设目前电机正处于 AB 相通电状态,转到一半时 C 相的感生电动势会过零,此时 NULL_C 端的电压会低于 MITTEL 中点电压,模拟比较器的输出端产生一个上跳沿而触发中断),则触发中断服务程序,进行换相操作。过零事件检测图如图 7.38 所示。

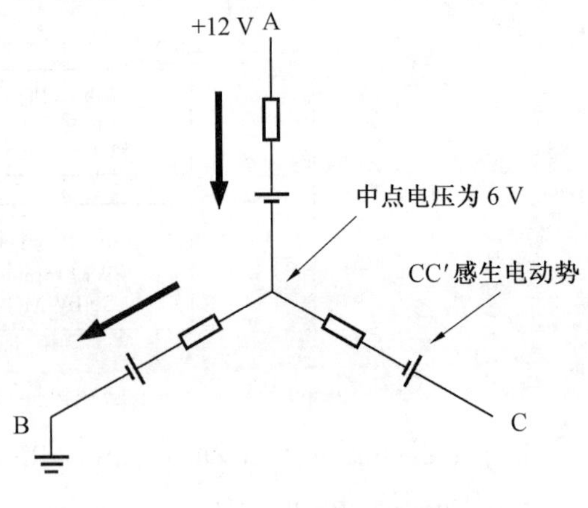

图 7.38　过零事件检测图

换相操作的主要内容为:首先判断本次通电相位(如 AB 相处于通电状态),再将本次通电相位转换为下次通电相位(如 AC 相处于通电状态)。其通电相位可通过变量(如 Phase)标志,即 Phase 是一个全局变量,表示当前通电相位,0~5 分别表示 AB、AC、BC、BA、CA、CB 相通电。每次相位转换都顺序执行,如 Phase=0 时,AB 相通电,换相后,Phase=1,AC 相通电。程序具体流程图如图 7.39所示(为了说明内容,以 Phase=0,1,2 举例)。

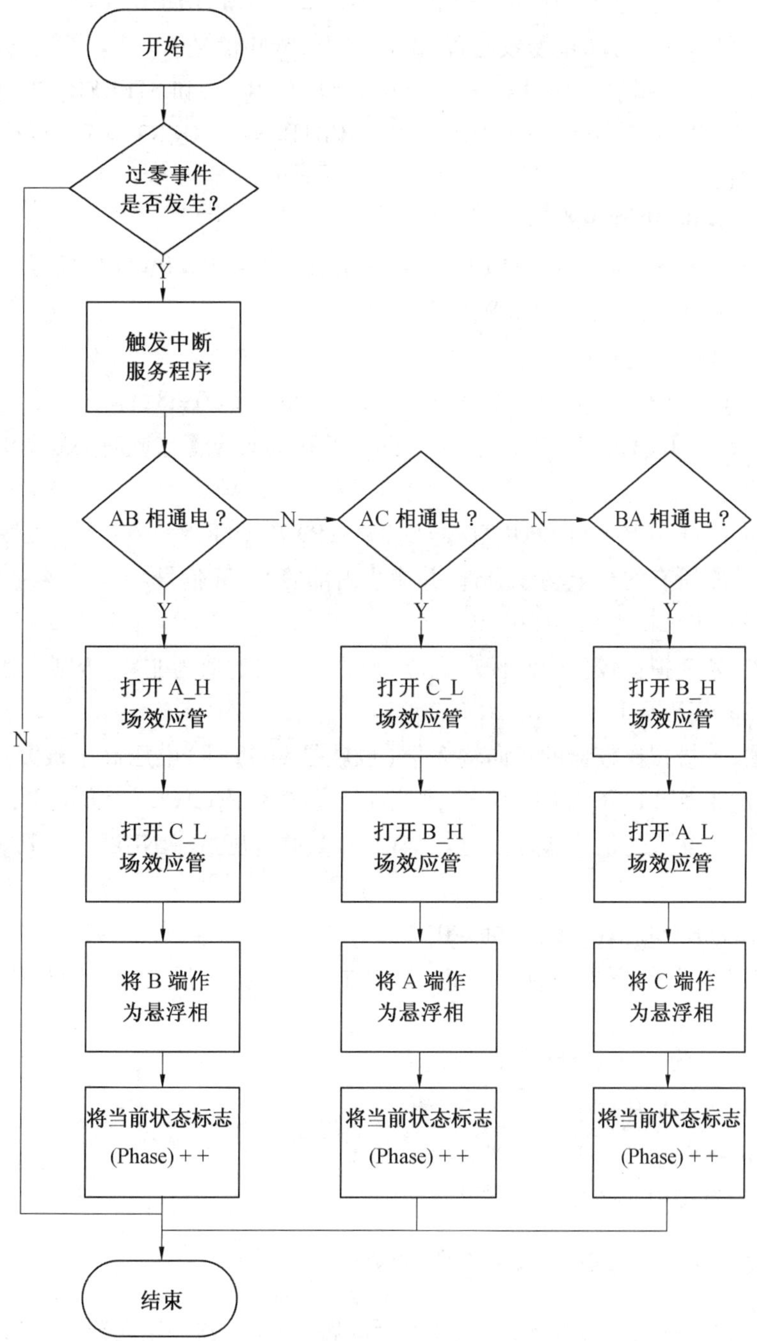

图 7.39　过零检测及换相流程图

7.3.3　BLMC. h 中定义的宏

关于过零检测和换相的代码都在 BLMC. c 文件中,其中用到了大量的宏,这些宏都定义在 BLMC. h 文件中。部分重要相关宏定义及其解释如下:

①#definePWM_C_ON{TCCR1A=0xA1;TCCR2=0x61;DDRB=0x02;}

功能:使 OC1A 引脚(接场效应管 NC+)输出 PWM 信号。

注:STEUER_C+输出 PWM 信号的同时将 STEUER_A+和 STEUER_B+全部关闭。

②# definePWM _ OFF { OCR1A = 0; OCR1B = 0; OCR2 = 0; TCCR1A = 0x01; TCCR2=0x41;

DDRB=0x0E;PORTB&= ~0x0E;}

功能:关掉 STEUER_A+,STEUER_B+,STEUER_C+三路 PWM 信号。

③#defineSTEUER_A_H{PWM_A_ON}

功能与 STEUER_A_H 相同。

④#defineSTEUER_A_L{PORTD&= ~0x30;PORTD|=0x08;}

功能:STEUER_A-路输出高电平(即打开 NA-场效应管),同时关断 NB-和 NC-场效应管。

⑤#defineSTEUER_OFF{PORTD&= ~0x38;PWM_OFF;}

功能:关断所有的 6 个场效应管,并终止内部的 PWM 信号。

⑥#defineSENSE((ACSR&0x10))

判断宏,若模拟比较器中断标志置位,则此表达式的值为非零,否则表达式的值为零。

⑦#defineSENSE_L(! (ACSR&0x20))

判断宏,若模拟比较器的正向输入端(也就是 MITTEL)电压高于被复用的负向输入端(NULL_A 或 NULL_B 或 NULL_C),则模拟比较器输出(ACO)为高电平,这个表达式再行取非,整个表达式的值为零。反之,当 MITTEL 的电压低于 NULL_X 时,整个表达式的值为真。

⑧#defineSENSE_H((ACSR&0x20))

当 MITTEL 电压高于 NULL_X 时,表达式的值为真;反之,当 MITTEL 的电压低于 NULL_X 时,表达式的值为零。

⑨#defineSENSE_FALLING_INTACSR&= ~0x01

功能:设置模拟比较器为下降沿产生中断。

⑩#defineSENSE_RISING_INTACSR|=0x03

功能:设置模拟比较器为上升沿产生中断。

7.3.4 过零检测与换相代码分析

过零事件检测主要通过 SENSE_H 判断,若模拟比较器的正向输入端(MITTEL 中点)电压高于被复用的负向输入端(如 C 端),则模拟比较器输出为高电平,这个表达式再行取非,整个表达式的值为零。

当过零事件发生后,进入中断服务程序,此时 SENSE_H 为 1,将 sense 变量置为 1。

if(SENSE_H)sense=1;elsesense=0;

判断此时通电相位,并进入到相应的 case 语句中。以 AB 相通电并检测到过零事件为例。

```
if(SENSE_H) sense=1;elsesense=0;
switch(Phase)
{
case0://AB 相通电
STEUER_A_H;//A_H 场效应管打开
if(sense)
{
STEUER_C_L;//C_L 场效应管打开
TCNT2=1;
if(ZeitZumAdWandeln)
AdConvert();
//检测电流,达到定期监控电流的目的
SENSE_FALLING_INT;
//下跳沿产生中断
SENSE_B;
//将 B 接在比较器的负端
Phase++;
//转变为下一个通电相位状态
CntKommutierungen++;
//换相次数加一
}
else
STEUER_B_L;
break;
}
```

7.3.5　通信模块

PPM 原理是通过检测给定频率的 PWM 信号的占空比来获取指令信号,占空比与油门指令关系,如图 7.40 所示。利用定时器 T1 的输入捕捉功能来实现 PPM 的解码功能。脉宽为 1 ms 表示停转,脉宽为 2 ms 表示满油门运转,其间的各点按比例换算,如脉宽为 1.5 ms 表示 50% 油门等。

本部分代码的主要思路为:利用定时器 T1 的输入捕捉功能来实现 PPM 的解码功能,并不断改变输入捕捉模式,计算脉冲宽度。PPM 流程图如图 7.41 所示。

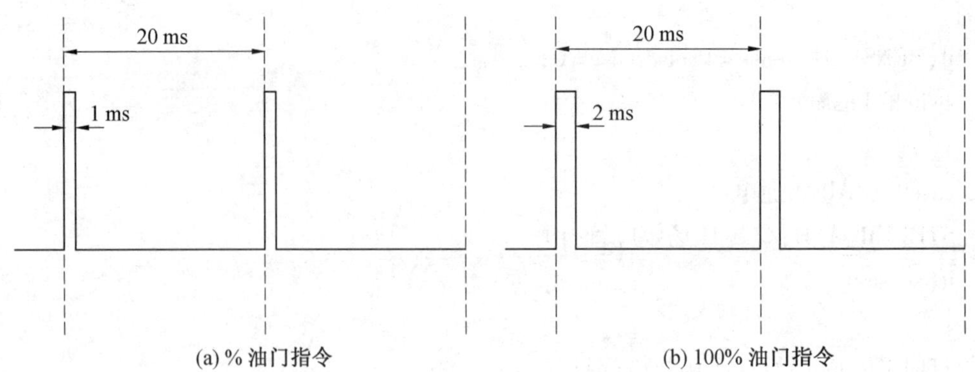

图 7.40　占空比与油门指令关系

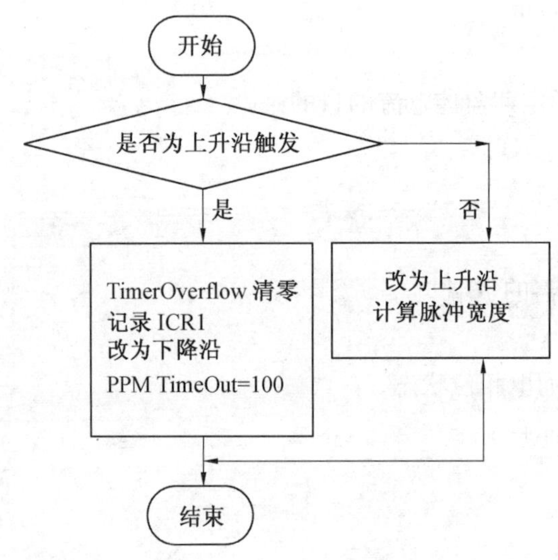

图 7.41　PPM 流程图

1. PPM 解码

```
SIGNAL(SIG_INPUT_CAPTURE1)
{
staticunsignedinttim_alt;
staticunsignedintppm;
if(TCCR1B&(1<<ICES1))           //上升沿触发
{
Timer1Overflow=0;
tim_alt=ICR1;                    //记录一下当前的 ICR1
ICP_NEG_FLANKE;                  //改为下降沿触发后退出中断服务程序
PPM_Timeout=100;
}                                //当之后的下降沿来到后,再次进入中断服务程序
                                   后会进入 else 分支。
else                             //下降沿触发
```

```
{
ICP_POS_FLANKE;                    //改为上升沿
#ifdef_32KHZ                       //计算脉冲宽度
ppm=(ICR1-tim_alt+(int)Timer1Overflow*256)/32;
#endif                             //一上一下两次中断时记录的不同的 ICP1 的差
                                     值,就可算出其间的时间差
#ifdef_16KHZ                       //T1 工作于 8 位相位修正 PWM 模式,其计数方式
                                     为从 0 自加 1 计到 0xFF,再从 0xFF 自减 1 记回
                                     到 0,其每次的溢出时累计会计数 256×2=512 次
ppm=(ICR1-tim_alt+(int)Timer1Overflow*512)/32;
//T1 的计数频率为 8 M,ppm 大约会等于 2 m×8 m=1,分辨率中除以 32 后,ppm 变
量内数值的单位为 4 μs
#endif
if(ppm<280)ppm=280;
ppm-=280;
if(PPM_Signal<ppm)PPM_Signal++;
//由于 PPM 为周期性信号,会源源不断地收到新的脉冲,ppm 会突变,但 PPM_Signal
只会平缓地上下变动
elseif(PPM_Signal>ppm)PPM_Signal--;//让 PPM_Signal 的值与 ppm 的值相等
//Filtern 数字滤波,由于 PPM 为周期性信号,会源源不断地收到新的脉冲,ppm 会突
变,但 PPM_Signal 只会平缓地上下变动权重分配,平缓稳重的 PPM_Signal 会占 7/8 权重,
每次新来的 ppm 只占 1/8 权重,综合后的值再放入 PPM_Signal
if(FILTER_PPM)ppm=(PPM_Signal*FILTER_PPM+ppm)/(FILTER_PPM+1);
PPM_Signal=ppm;
ZeitZumAdWandeln=1;//它置 1 的作用是通知换相中断服务程序检测电流
}
}
```

2. 指令的收入

PPM 指令输入流程图如图 7.42 所示。

指令的收入函数为 SollwertErmittlung。

功能:查明外部给电调的 PWM 值,查看的优先级为 I²C>串口>PPM 信号。

```
if(I2C_Timeout)                //I2C 收到数据
{
sollwert=I2C_RXBuffer;         //将 I2C_RXBuffer 中的值取出,放入本地变量 sollwert
PORTC&=~ROT;                   //将红灯关掉
}
if(SIO_Timeout)                //串口接收到 PWM 指令
{
sollwert=(MAX_PWM*(unsignedint)SIO_Sollwert)/200;
}
if(PPM_Timeout)                //PPM 接收到脉冲
```

```
{
ppm=PPM_Signal
if(ppm>300)ppm=0;              //规范 PPM_Signal 值
if(ppm>200)ppm=200;
if(ppm<=MIN_PPM)sollwert=0;
else
//将当前 ppm 的值按区间[10,170]的范围,按比例折算成区间[3,255]中的对应位置,算出的值就是当前要设定的 PWM 值
sollwert=(int)MIN_PWM+((MAX_PWM-MIN_PWM)*(ppm-MIN_PPM))/(170-MIN_PPM);
PORTC&=~ROT;                   //关闭红灯,并在最后返回算出的 PWM 值
}
```

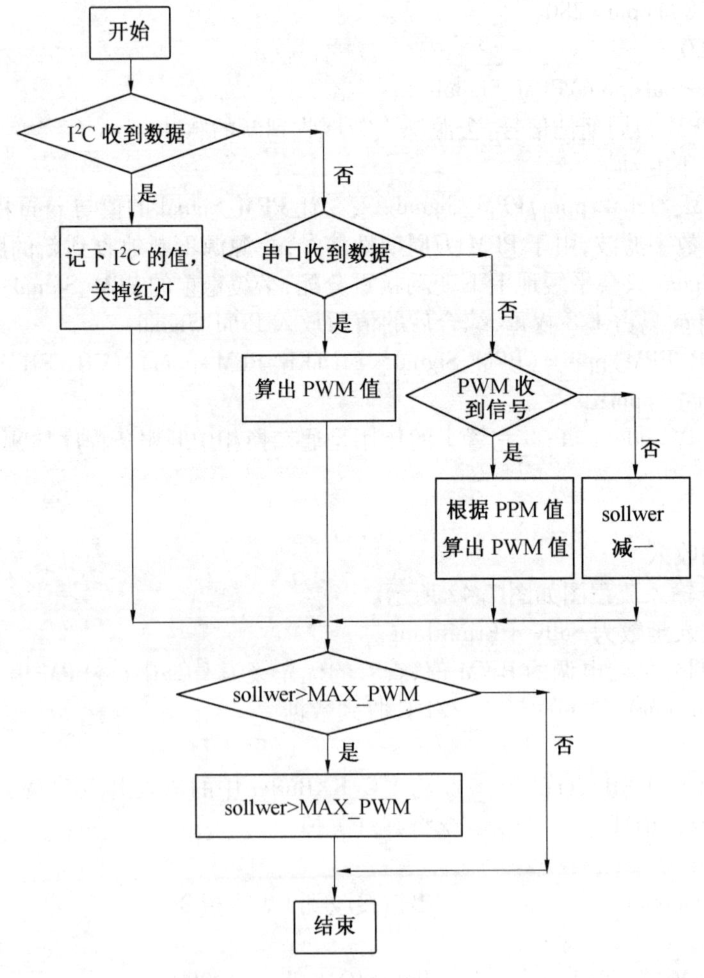

图 7.42　PPM 指令输入流程图

7.3.6　主函数分析

1. 主函数变量列表

Main. c 中的全局变量和 main 函数内部变量以及其参考翻译和用途见表 7.1。

表 7.1　Main. c 变量列表

变量名	参考翻译及用途
PWM	当前 PWM 值
Strom	当前电流值
EuheStrom	场效应管全关时的漏电流
Strom_max	最大电流
Mittlestrom	平均电流
Drehzahl	转速
KommutierDelay	换向器时延
I^2C_Timeout	I^2C 到点时间用于指示是否收到数据
SIO_Timeout	串口到点时间用于指示是否收到数据
SollDrehzahl	定额转速
IstDrehzahl	实际转速
DrehZahlTAbelle[256]	转速数组表
ZeitFuerBerechnungen	优先级判断参数
MotorAnwerfen	电机启动参数
MotorGestopptTimer	电机停止参数
MaxPWM	最大 PWM 值
CntKommutierungen	换相计数值
SIO_Drehzahl	当前转速
ZeitZumAdWandeln	指示电流测量标志
MotorAdresse	电机地址
PPM_Betrieb	指示当前是否为 PPM 控制
HwVersion	硬件版本电路板版本号
IntREf	ADC 参考电压寄存器掩码
MinUpmPulse	作为延时定时器
MittelstromTimer	作为延时计时器
DrehzahlMessTimer	作为延时计时器
MotorGestopptTimer	电机停止计时器

2. 主函数 main( )流程分析

首先我们要了解的是电调需要干些什么？电调主要有两个任务：一是需要将输入的直流电信号输出为不断换相的交流电，使无刷直流电机能够顺利地转起来；二是接收 PPM 信号并调整 PWM 信号的占空比来调节电机的转速。

我们看到 main 主函数主要包括两个部分,即 while(1)循环之前和 while(1)循环内容分析。

(1)While(1)循环之前。

Main 函数 while 循环前流程图如图 7.43 所示。首先在 533 ~ 538 行初始化 I/O 端口,在 560 ~ 577 行设置电调地址,在设置电调地址的过程中,该程序还利用电调程序地址是否可变和绿色 LED 引脚输出或是吸收电流来判断电路版本是 1.0、1.1,还是 1.2。

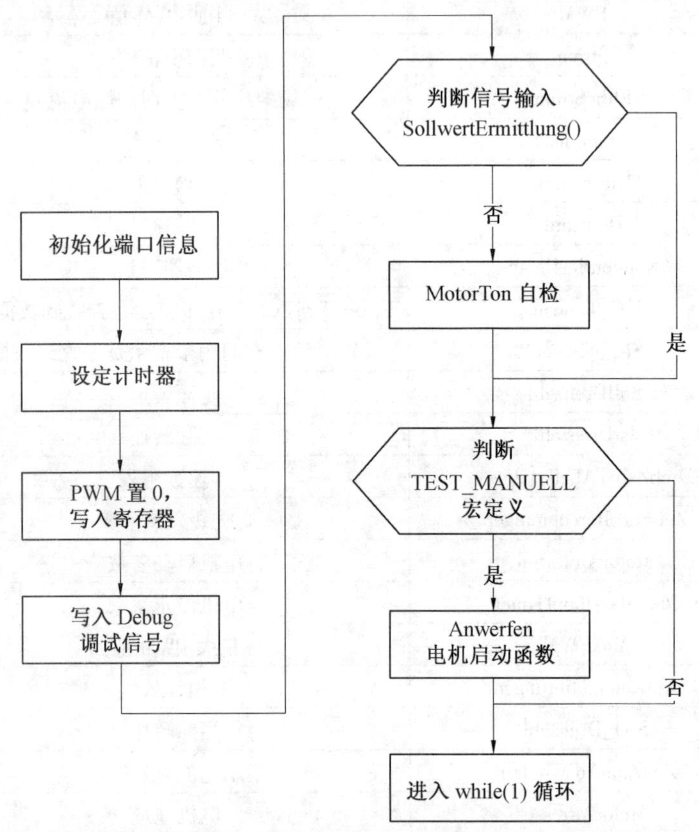

图 7.43　Main 函数 while 循环前流程图

代码 577 ~ 600 行是模块的一些初始化,包括 Timer0 计时器初始化、UART 串口通信初始化、PWM 信号初始化等。并在 582 行使用 sei 函数打开全局中断。

代码 602 ~ 607 行设定六个计时器。Blink 计时 101 ms, Blink2 计时 102 ms, MinUpmPulsw 计时 103 ms, MittelstromTimer 计时 254 ms, DrehzahlMessTimer 计时 1 005 ms, TestschubTimer 计时1 006 ms。

代码 608 ~ 611 行进行延时 103 ms,在延迟循环中每次 checkMinUpmPulsw 的时候调用 SollwertErmittlung( )函数,检测是否有信号的输入,若有信号则 break 立即退出延时循环,如果无信号则延时 103 ms 后跳出循环。

代码 613 行打开 GRN 绿灯。代码 614 ~ 616 行将 PWM 信号置 0,并写入寄存器中。代码 618 ~ 617 行中断模拟比较器,并将负极输入通道置 1。代码 621 行将 MinUpmPulsw 和设定为未来10 ms。代码622行写入Debug调试信号。代码623行将PPM_Signal信号置0。

代码625行调用SollwertErmittlung()函数,检测信号输入,若在此时还未收到主机的信号,则调用MotorTon函数,并启动MOSFET自检程序。代码627行在自检之后需要对PORB进行重新设定置数。

代码630行判断TEST_MANUELL宏定义的值,若存在定义,则立即调用Anwerfen,点击启动函数启动电机(以定义的TEST_MANUELL宏的值)。这一步只在测试中运行,在正式程序中TEST_MANUELL的宏定义值为0,因此调用Anwerfen电机启动函数。

(2)While(1)循环内容分析。

While(1)循环内流程如图7.44所示。观察while(1)循环内部结构可以分析得,循环内部结构其实也分为两部分,且两部分有优先级的顺序区别。代码640~670行为第一部分,代码672~747行为第二部分(if(! ZeitFuerBerechnungen++)结构内部)。其中第一部分的优先级较高,每次while循环都需要运行第一部分的代码,运行频率高;而第二部分的运行条件是ZeitFuerBerechnungen为0,只有当ZeitFuerBerechnungen++从1到255再翻转为0时才会运行第二部分的代码。但是到出现第二部分代码的情况是,第一部分中有条件判断可以直接将ZeitFuerBerechnungen置0,进入第二部分进行执行,而不必等256个while循环之后。

由于主程序中if判断分支较多,下文将在四种情况下分别分析main主函数的while循环。下列单一情况流程图中已将未进入的判断语句块省略。

(1)首次进入while循环时主控板静默,不发送任何信号。

情况一讨论的是不发送信号的当前状态,持续静默或是静默后接收到主控发来信号将在后面的情况中讨论。首先,主控板为发送信号,SollwertErmittlung()函数返回0,此时代码643行Phase和altPhase也为0。此时代码643~647行中if判断都不成立,跳过if语句块中的代码。代码651~667行中的if判断成立,执行if语句块中的代码,将MotorAnwerfen和ZeitFuerBerechnungen置0,因此结束第一部分代码后会直接进入第二部分代码。此时代码656行中MotorGestopptTimer未知,if语句是否运行都有可能,但是运行与否的两种情况下效果一样。代码658行关闭模拟比较器中断,代码657行MotorGestoopt为1,代码660行MOSFET晶闸管关闭,代码670行PWM为0的信号写入单片机寄存器。

ZeitFuerBerechnungen置0后,进入第二部分的代码。代码674~678行打开GRN绿色LED,调用FastADConvert();测定电流。此时代码686~710行两个延时判断if都为否,第一次进入循环两个计时器254 ms和1 005 ms都还未到时间,跳过if语句块中代码。代码730~767行if语句块判定条件为if((CheckDelay (MinUpmPulse) &&SIO_Drehzahl = =0) ||MotorAnwerfen),进入此语句块代码需要满足两个条件中的一个。第一个条件,计时器MinUpmPulse到时间并且SIO_Drehzahl当前电机转速为0。从当前情况来分析,计时器MinUpmPulse还没有到时间,电机还未启动,SIO_Drehzahl当前转速为0,因此第一个条件不满足。第二个条件,MotorAnswerfen电机启动参数非0。在第一次进入while循环的情况下,电机启动参数一定为0,因此,此时不会进入if语句块。再次进入while循环。在第一轮循环中假设所有计时器都未到期。情况一流程如图7.45所示。

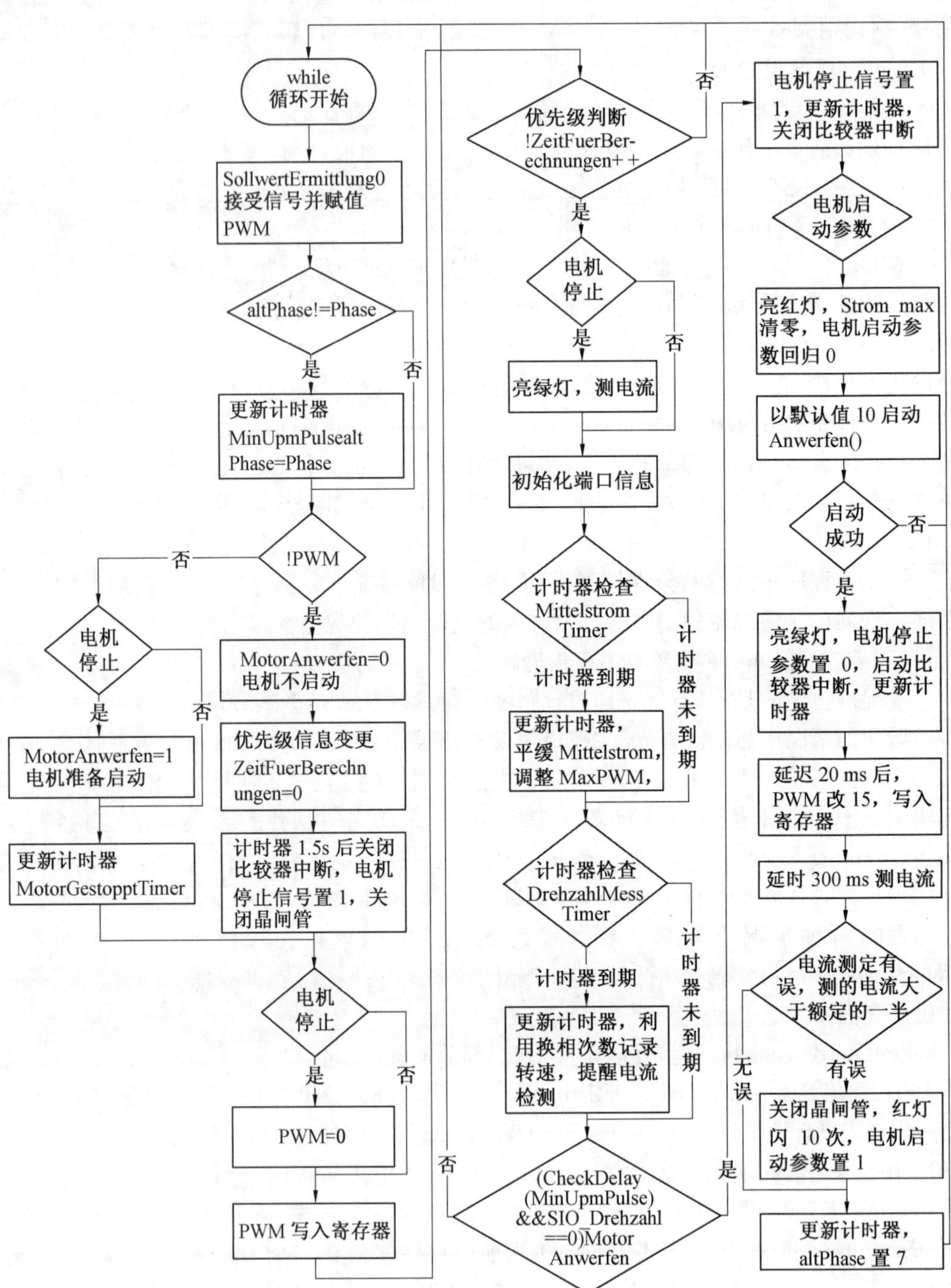

图 7.44　While(1)循环内流程图

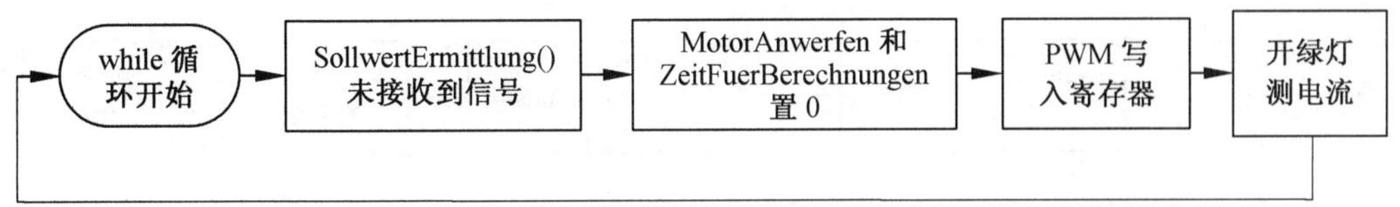

图 7.45　情况一流程图

(2)主控板持续保持静默不发送信号。

在情况二中我们都考虑计时器未到时间，但是在保持静默经过若干次 while 循环之后，计时器将依次到时间。首先，第一个到时间的计时器为 MinUpmPulse，在某次循环的 if 判断句 if((CheckDelay(MinUpmPulse)&&SIO_Drehzahl = =0)||MotorAnwerfen)第一个条件成立，进入该语句块，因为静默无信号输入，MotorAnwerfen 电机启动信号始终为 0，代码 740 ~ 767 之间的 if 判断 MotorAnwerfen 为否，跳过 if 语句块，在代码 730 ~ 767 的语句块中只执行 732 ~ 734 行代码。这三行代码中前两行 MotorGestoppt 本就是 1，模拟比较器中断本就是关闭状态，因此不起作用。第三行代码将 MinUpmPulse 更新为未来 100 ms。因此在此过程中没有其他操作，而是 MinUpmPulse 计时器一直更新和到时间。

MotorAnwerfen 计时器一直更新和到时间，直到第二个计时器 MittelstromTimer 在 254 ms 后到时间，在代码 686 ~ 701 行中 if 判断成功进入语句块。首先将 MittelstromTimer 计时器更新为未来 50 ms。代码 688 ~ 670 行。Mittelstrom 和测得的 Strom 进行比较，调整 Mittelstrom 使其平稳平缓。代码 671 行，当测得的 Storm 大于全局变量 MaxPWM 时，下调 MaxPWM 为原来的 31/32。代码 672 ~ 701 行，根据 Mittelstrom 的情况，不断修正 MaxPWM 的值。

在不同的循环下，第三个计时器 DrehzahlMessTimer 也到时间，代码 703 ~ 710 行的语句块 if 判断成功，进入语句块。代码 705 行，将 DrehzahlMessTimer 更新为未来 10 ms。代码 706 行，将 CntKommutierungen 电流换相计数值复制给 SIO_Drehzahl 当前转速值，用一段时间内的 CntKommutierungen 换相计数值变相地代替转速值。在获取 SIO_Drehzahl 转速之后，代码 707 行又将 CntKommutierungen 清零，在下一个时间周期内进行计数。代码 708 行将 ZeitZumAdWandeln 置 1，提醒换相程序进行电流检测。但是在情况三下，因为电机为启动，因此此段代码没有起到实际作用。

再次进 while 循环，不断进入 MinUpmPulse，MittelstromTimer，DrehzahlMessTimer 三个计时器到时间的语句块中运行。情况二流程如图 7.46 所示。

(3)主控板发送信号，通过 I^2C 发送字节“100”。

主控板发送信号期望值 PWM = 100 在驱动电机，即以占空比为 100/255 = 38% 的 PWM 信号。进入 while 循环后，主控板发送的信号为被 SollwertErmittlung()函数接收，返回 100 给 PWM。代码 651 ~ 667 行语句块中，if 判断为否，执行 else 语句块中的代码。代码 665 行，在电机未启动(MotorGestoppt 为 1)的情况下，MotorAnwerfen 电机启动参数置 1，电机即将启动，代码 666 行将 MotorGestopptTimer 计时器更新为未来 1 500 ms。代码 660 ~ 670 行，因为此时电机尚为启动，MotorGestoppt 仍为 1，因此 if 判断成功，将 PWM 置 0，SetPWM 写入寄存器中。因为已经将 MotorAnwerfen 电机启动参数置 1，此时 PWM 已经起作用，可以被置 0。

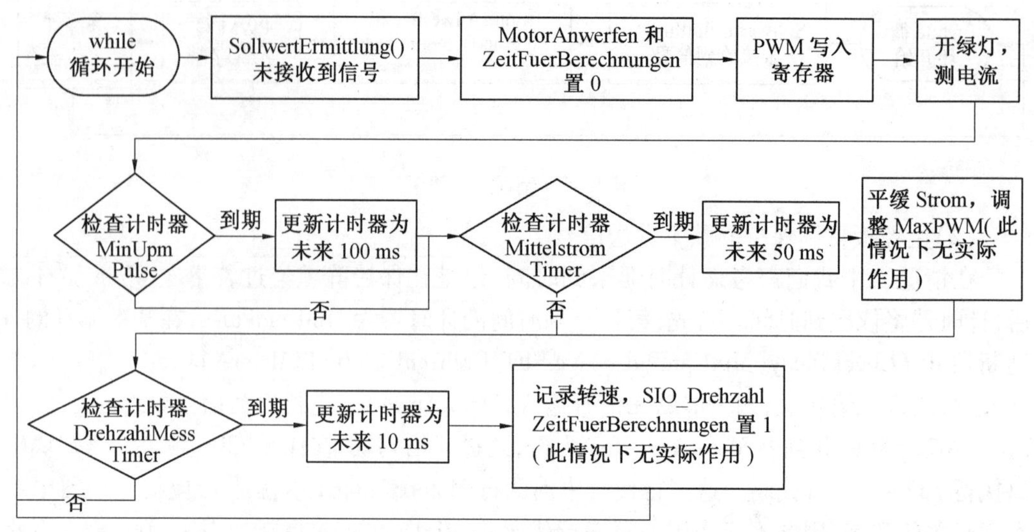

图 7.46　情况二流程图

进入第二部分代码后，和情况三相比，此时代码 730 ~ 767 行语句块因为 MotorAnwerfen 被置 1，if 判断一定成功，进入语句块，并且能够进入内部 if 语句块。在代码 730 ~ 768 行中，首先代码 738 行 Strom_max 清零，MotorAnwerfen 电机启动参数回归 0。在代码 740 行 if 判断句中已默认参数 10 调用 Anwerfen( ) 电机启动函数。如果启动成功，函数返回 1，进入语句内部，如果启动时板，函数返回 0，跳转至代码 767 行，MotorAnwerfen 电机启动参数置 1，等待下次循环重新启动。若启动成功，代码 742 ~ 746 行打开 GRN 绿的 LED，电机不再停止，MotorGestoppt 置 0，换相参数 Phase--，给 PWM 置 1，写入寄存器，在此情况下电机处于无激励的自由旋转状态。代码 748 ~ 747 行打开模拟比较器中断，开换相工作。代码 747 ~ 750 行更新计时器 MinUpmPulse 为未来 20 ms，此时电机转动和换相步入正轨。代码 751 ~ 752 行给电机 15 的 PWM 激励。代码 753 行更新计时器 MinUpmPulse 为未来 300 ms。在延迟 300 ms 过程中进入内部 while 循环，每次循环测试电流，如果测得的 Strom 大于额定值的一半，说明出现问题，代码 758 ~ 760 行关闭 MOSFET 晶闸管，红色 LED 闪烁 10 下，MotorAnwerfen 电机启动函数重新置 1，重新启动。若未测得非正常的 Storm，则跳过循环内容。结束循环后，代码 764 ~ 765 行将 DrehzahlMessTimer 计时器更新为未来 50 ms，altPhase 设为 7。

在此之后又重新进入下一轮 while 循环，代码 636 行，SollwertErmittlung( ) 检测到信号认为 100，并返回给 PWM。因为 Phase 的取值在 0 ~ 5 之间，不可能于上一轮循环结束时的 altPhase 值为 7，因此进入代码 643 ~ 647 语句块，此时电机肯定已经在转动，MotorGestoppt 已经为 0，指示换相参数 ZeitZumAdWandeln 置 0，MinUpmPulse 计时器更新为未来 250 ms。代码 648 行，altPhase = Phase，使程序在下个循环时不会在此进入此 if 语句块。因为电机已经启动开始转动，MotorGestoppt 参数为 0，所以代码 667 行不会被执行，值为 100 PWM 将被直接写入寄存器中，然后经过循环使其按 100/255 = 37% 占空比开始转动。

若是在已经正常转动的情况下接收到主控板发送的新的信号,则程序的实现没有一开始的电机启动过程,后面的分析过程和上述过程一致。情况三流程如图 7.47 所示。

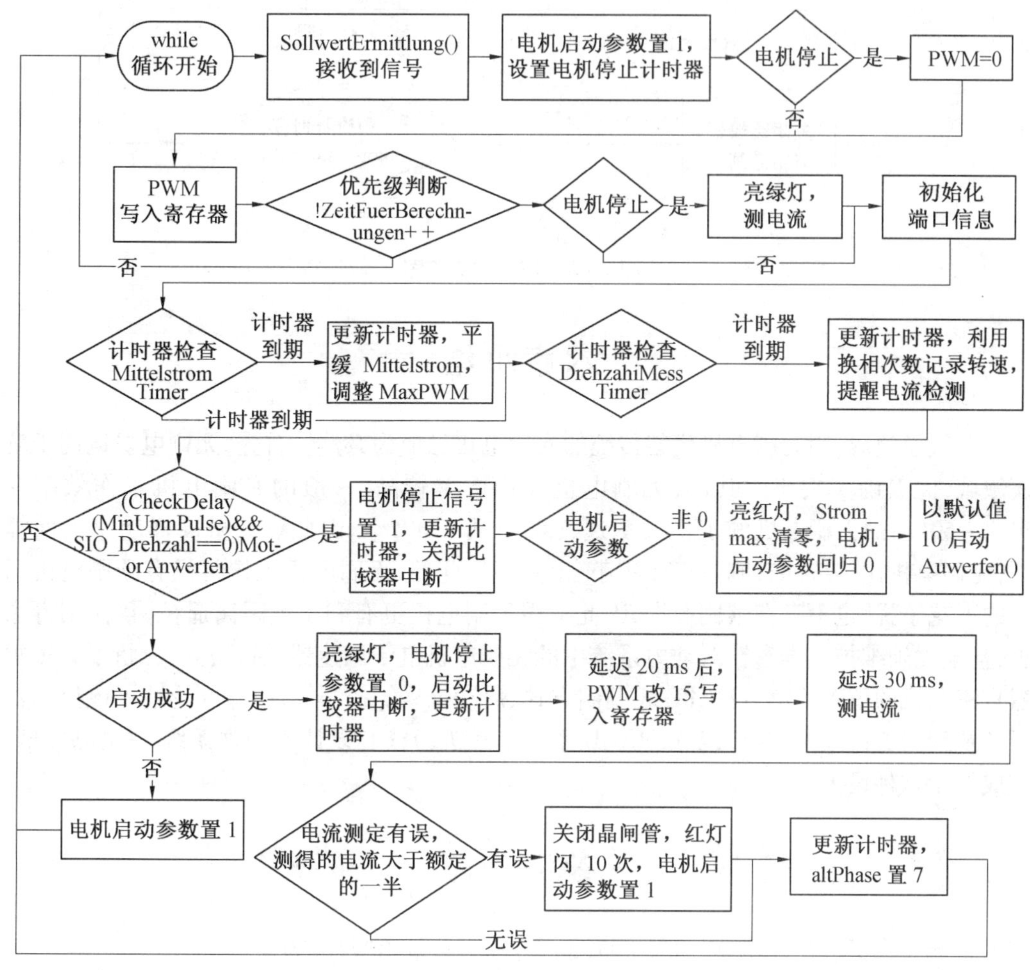

图 7.47　情况三流程图

(4)进入 while 循环时电机正在正常运转,且主控板给出停止信号。

当主控板给出停止信号后,被 SollwertErmittlung( )函数接收到,在代码 636 行传递给 PWM 信号,并且在代码 670 行 SetPWM( )函数写入寄存器,单片机输出 0% 占空比的 PWM 信号。在代码 643 ~667 行的 if 判断中执行 else 语句块中的代码,if 判断不成立,并且将 MotorGestopptTimer 设置为未来 1 500 ms。在 0% 占空比的 PWM 信号下,电机失去驱动,慢下来。然后不断 while 循环直到 1500 ms 后,在代码 656 行,if 延迟判断成功,关闭模拟比较器,挂壁 6 个 MOSFET 晶闸管,将 MotorGestoppt 标志为 1。之后进入无尽循环。情况四流程如图 7.48 所示。

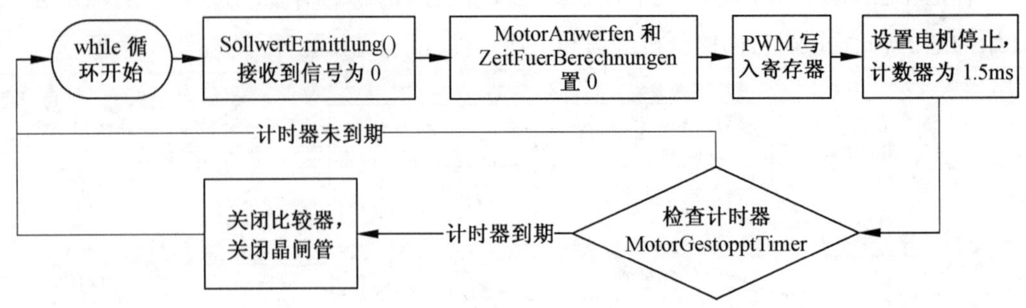

图 7.48　情况四流程图

本章小结

在航模领域,用无刷电机代替传统的有刷电机已成为必然。首先,无刷电机运用于航模领域,优点确实突出。其次,无刷电机工作效率较高,一般的有刷电机工作效率在 50% ~60%;而无刷电机的工作效率通常都不低于 80%。因此在获得同样功率的前提下,无刷电机比传统的有刷电机体积小、重量轻。此外,无刷电机工作时没有碳刷电机那样的火花干扰,也不存在碳刷磨损,因此采用无刷电机更有利于远距离遥控,且使用寿命长,基本无须维护。本章针对动力系统中的无刷电机电子调速器进行研究,分析了无传感器直流电机的位置检测方法、PWM 调制方式、启动策略等控制原理,详细论述了该控制器所涉及到的关键技术,接着以 ATMAGE 系列单片机为核心设计了硬件系统,采用 C 语言完成控制软件设计。

参考文献

[1] 蒋焕文,孙续. 电子测量[M]. 3 版. 北京:中国计量出版社,2012.

[2] 杨吉祥,詹宏英. 电子测量技术基础[M]. 南京:东南大学出版社,1999.

[3] 张永瑞,刘振起. 电子测量技术基础[M]. 西安:西安电子科技大学出版社,2000.

[4] 郑家祥,陆玉新. 电子测量原理[M]. 北京:国防工业出版社,1980.

[5] 周美兰,高肇明. 五种 PWM 方式对直流无刷电机系统换相转矩脉动的影响[J]. 电机与控制学报,2013,17(07):15-21.

[6] 董敏,李旭红,王守华. 数字电子技术[M]. 西安:西安电子科技大学出版社,2010.

[7] 戴敏,曹杰. 史金飞. 航模直流无刷无感电机调速控制系统设计[D]. 南京:东南大学, 2005.

[8] 李志鹏,杨凤英,方玉良. 无刷直流电机的控制及其建模仿真[J]. 森林工程,2013, 27(03):83-87.

[9] 张俊贺,殳国华,李永鹏. 基于 STM8S 的直流无刷电机控制系统的设计[J]. 实验室研究与探索,2014,33(06):122-125.

[10] 戴敏,曹杰,史金飞. 航模直流无刷无感电机调速控制系统设计[J]. 测控技术,2006,7:30-33.

[11] 徐渺,唐厚君,左冀青. 基于51 单片机的低价型远程多用途无线遥控模块[J]. 工业控制计算机. 2006,5:69-70+72.

[12] YASUHIRO K, AMARSANAA T A, ARAKI Y, et al. Design of the unidirectional current type coreless DC brushless motor for electrical vehicle with low cost and high efficiency [J]. IEEE,2010:1036-1037.

[13] SHARKB S M, LAI S H. Slotless PM brushless motor with helical edge-wound laminations[J]. IEEE,2007,24(03):574-578.

第8章　车牌字符识别设计及实现

8.1　背景分析

人工智能(Artificial Intelligence,AI),是研究、开发用于模拟、延伸和扩展人的智能的理论、方法、技术及应用系统的一门新的技术科学,自1956年首次提出以来,在计算机领域内得到了愈加广泛的重视,并在机器人、经济政治决策、控制系统,以及仿真系统中得到应用。人工智能是计算机学科的一个分支,20世纪70年代以来被称为世界三大尖端技术之一。

人工神经网络(Artificial Neural Network,ANN),是20世纪80年代以来人工智能领域兴起的研究热点。它从信息处理角度对人脑神经元网络进行抽象,建立某种简单模型,按不同的连接方式组成不同的网络。近年来,人工神经网络的研究工作不断深入,已经取得了很大进展,其在模式识别、智能机器人、自动控制、预测估计、生物、医学、经济等领域已成功地解决了许多现代计算机难以解决的实际问题,表现出了良好的智能特性。

Python是一种跨平台的计算机程序设计语言。它是一种面向对象的动态类型语言,是一种解释型脚本语言,可应用于Web和Internet开发、人工智能、桌面界面开发、软件开发等众多领域。Python完全免费,众多开源的科学计算库都提供了Python的调用接口。用户可以在任何计算机上免费安装Python及其绝大多数扩展库。Python是一门更易学、更严谨的程序设计语言。它能让用户编写出更易读、易维护的代码。

车牌识别是计算机视觉在实际工程中一个非常成功的应用,虽然现在的技术相对来说已经成熟,但是围绕着车牌定位、车牌二值化、车牌字符识别等方向,还不时有新算法出现。通过学习车牌识别来提升自己在图像识别方面的工程经验是非常好的方式,因为它非常好地说明了计算机视觉的一般过程:图像→预处理→图像分析→目标提取→目标识别,而整个车牌识别过程实际上相当于包含了车牌的识别和车牌字符的识别。

本项目主要涉及使用易学易懂的Python语言利用神经网络技术来进行车牌字符的识别,将非常有助于提高学生的学习能力、动手实践能力和创新能力。

8.2　项目设计要求

本项目设计的主要要求有如下几项。

1. 软件要求

熟悉 Anaconda 3 集成环境，熟悉 Python3. X 编程语言、熟练掌握编写代码，实现车牌图像处理、构建神经网络并进行车牌字符识别等相关功能，并能进行程序调试，保证程序正常运行。

2. 人工神经网络要求

熟悉人工神经网络的结构和学习策略，重点掌握 BP 神经网络的工作原理和运行机制，在软件平台建立 BP 神经网络并进行车牌字符识别。

3. 车牌字符识别要求

(1)能识别车牌中“京”“沪”“广”“鲁”等我国 34 个省、自治区、直辖市和特别行政区的简称。

(2)能识别除“O”和“I”外的 24 个英文大写字母。

(3)能识别 0 ~9 共计 10 个阿拉伯数字。

(4)正确识别率不应低于 85%。

(5)识别速度应该满足一般使用场合要求。

8.3　人工神经网络简介

人工神经网络是现代人工智能的重要分支，它是一个为人工智能提供动力，可以模仿动物神经网络行为特征，进行分布式并行信息处理的系统。在工程与学术界也常直接简称为神经网络或类神经网络。神经网络是一种运算模型，由大量的节点(或称神经元)之间相互连接构成。每个节点代表一种特定的输出函数，称为激励函数(activation function)。每两个节点间的连接都代表一个对于通过该连接信号的加权值，称之为权重，这相当于人工神经网络的记忆。网络的输出则依网络的连接方式、权重值和激励函数的不同而不同。而网络自身通常都是对自然界某种算法或者函数的逼近，也可能是对一种逻辑策略的表达。

8.3.1　神经元

神经元是大脑处理信息的基本单元，人脑由数十亿(至少)神经细胞(也称神经元)组成，这些神经元与人体内的每一个细胞通过树突和轴突相连接。这些神经元通过突触互相交换信息，树突用来接收神经冲动，轴突分化出的神经末梢则可传出神经冲动，它们之间以动态的方式相互通信，从而使人的身体正常运作。生物神经元的基本结构如图 8.1 所示。

相比人类大脑，人工神经网络运行环境简单很多。与人脑数十亿的神经元相比，人工神经网络的一个系统只包含数千或数万个连接，处理能力远远低于人脑。按照生物神经元的结构和工作原理，1943 年心理学家 W. McCulloch 和数学家 W. Pitts 合作提出了一个抽象和简化的模型，即以二人名字命名的 M-P 模型，如图 8.2 所示。此处为了使建模更加简单，以便于进行形式化表达，忽略了时间整合作用、不应期等复杂因素，并把神经元的突触时延和强度当成常数。

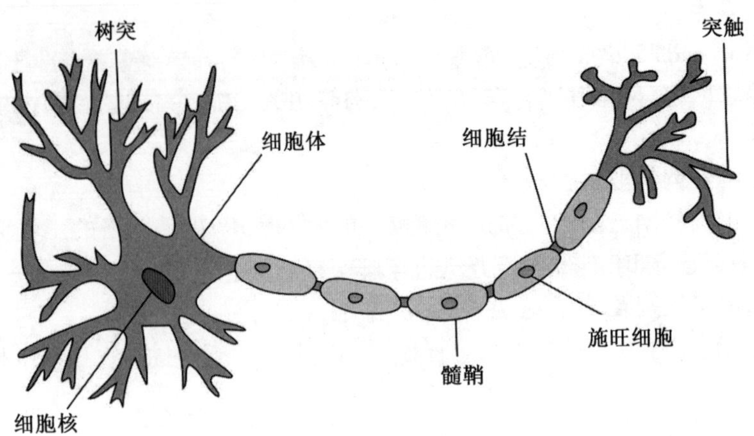

图 8.1　生物神经元的基本结构

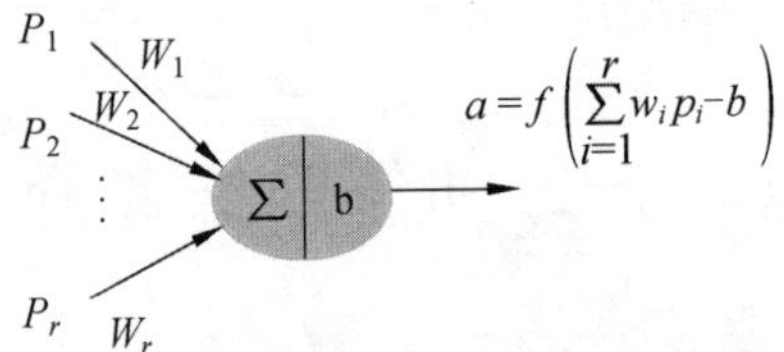

图 8.2　神经元 M-P 模型

$p_1,p_2,\cdots,p_n$ 表示神经元的 n 个输入;w_i 表示神经元的突触连接强度,其值称为权值;n 表示神经元的输入总和,$f(n)$即为激活函数;a 表示神经元的输出,b 表示神经元的阈值(threshold)或偏置(bias),即

$$\begin{cases} a = f(n) \\ n = \sum_{i=1}^{r} w_i p_i - b \end{cases} \tag{8.1}$$

神经元激活与否取决于某一阈值电平,即只有当其输入总和超过阈值 b 时,神经元才被激活而发放脉冲,否则神经元不会发生输出信号。即 M-P 模型神经元是二值型神经元,其输出状态值为 1 或 0,分别代表神经元的兴奋和抑制状态。如果 $n>0$,即神经元输入加权总和超过某个阈值,那么该神经元兴奋,状态为 1;如果 $n\leqslant 0$,那么该神经元受到抑制,状态为 0。通常,将这个规定称为 M-P 模型神经元的点火规则。用数学表达式表示为

$$A=f(n)=\begin{cases} 1 & n>0 \\ 0 & n\leqslant 0 \end{cases} \tag{8.2}$$

对于 M-P 模型神经元,权值 w 在(-1,+1)区间连续取值。取负值表示抑制两神经元间的连接强度,正值表示加强。

8.3.2　常用激活函数

激活函数的作用包括控制输入对输出的激活作用,对输入/输出进行函数转换,将可

能无限域的输入变换成指定的有限范围内的输出等。激活函数的选择是构建神经网络过程中的重要环节，常用的激活函数有以下几种。

(1)阈值型(硬限制型)。

具有此激活函数的神经元的输入/输出关系为：

$$A=f(W*P+b)=\begin{cases}1 & W\times P+b\geqslant 0\\0 & W\times P+b<0\end{cases}\tag{8.3}$$

阈值型激活函数图形如图 8.3 所示。

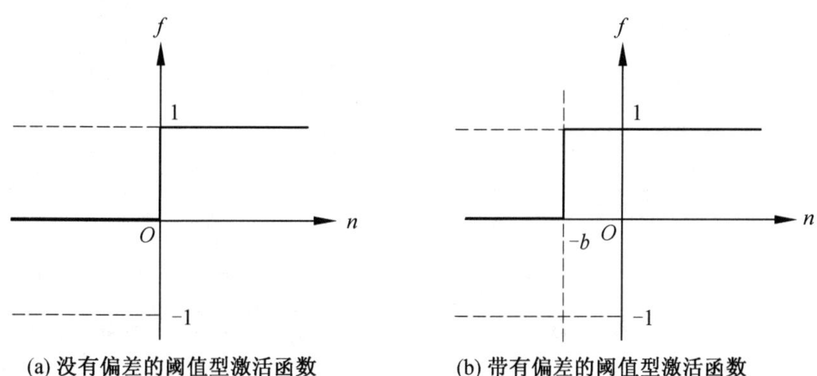

(a) 没有偏差的阈值型激活函数　(b) 带有偏差的阈值型激活函数

图 8.3　阈值型激活函数

(2)线性型。

具有此激活函数的神经元的输入/输出关系为

$$A=f(W\times P+b)=W\times P+b\tag{8.4}$$

线性型激活函数图形如图 8.4 所示。

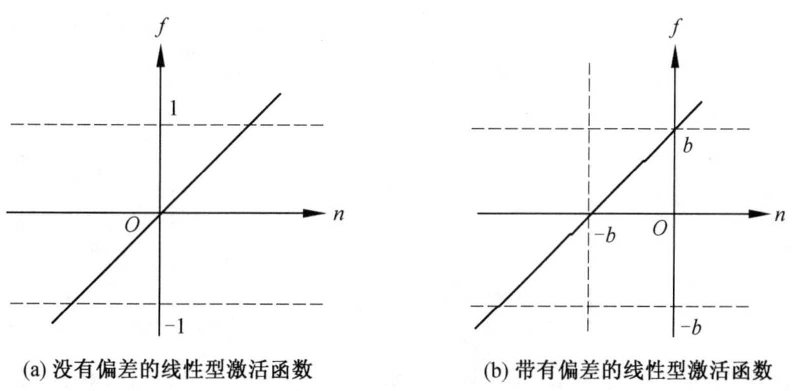

(a) 没有偏差的线性型激活函数　(b) 带有偏差的线性型激活函数

图 8.4　线性型激活函数

(3)S 型(Sigmoid)。

有两种 S 型激活函数，分别是对数 S 型和双正切 S 型。对数 S 型激活函数的神经元输入/输出关系为

$$f(n)=\frac{1}{1+\exp[-(n+b)]} \tag{8.5}$$

双正切 S 型激活函数的神经元输入/输出关系为

$$f(n)=\frac{1-\exp[-2(n+b)]}{1+\exp[-(n+b)]} \tag{8.6}$$

以上两式中，$n=W\times P+b$。

二者的图形如图 8.5 所示。

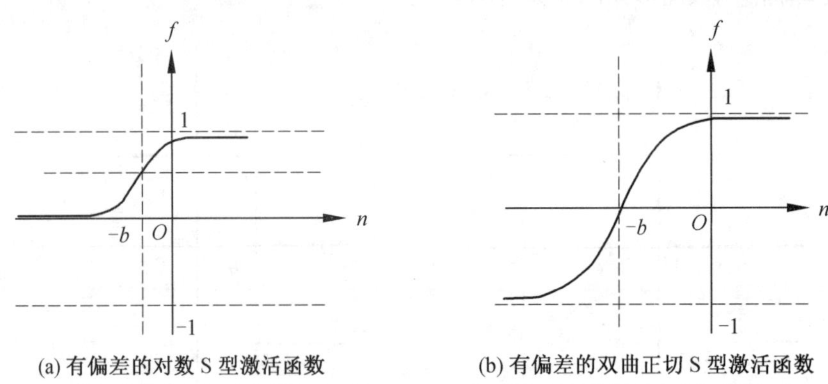

(a) 有偏差的对数 S 型激活函数　　(b) 有偏差的双曲正切 S 型激活函数

图 8.5　线性型激活函数

一般地，称一个神经网络是线性或非线性是由网络神经元中所具有的激活函数的线性或非线性来决定的。

8.3.3　人工神经网络的结构

如果将大量功能简单的形式神经元通过一定的拓扑结构组织起来，构成群体并行分布式处理的计算结构，那么这种结构就是人工神经网络，在不引起混淆的情况下，统称为神经网络。根据神经元之间连接的拓扑结构的不同，可将神经网络结构分为两大类：分层网络和相互连接型网络。

(1) 分层网络。

分层网络将一个神经网络模型中的所有神经元按功能分成若干层，一般有输入层、中间层（隐层）和输出层，各层顺序连接，如图 8.6 所示。

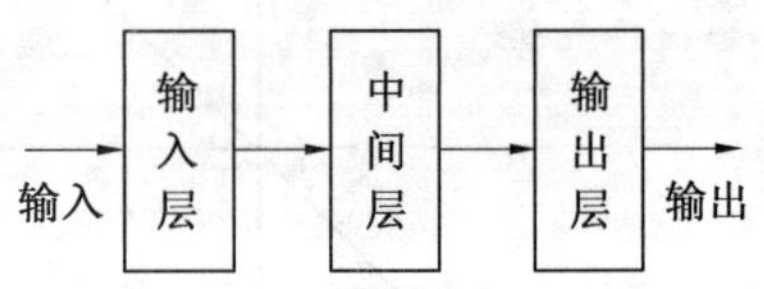

图 8.6　分层网络的功能层次

分层网络可分为 3 种，即简单的前向网络（图 8.7(a)）、输出层到输入层具有反馈的前向网络（图 8.7(b)）和层内有相互连接的前向网络（图 8.7(c)）。

(2) 相互连接型网络。

所谓相互连接型网络是指网络中任意两个神经元之间是可达的，即存在连接路径，如图 8.7(d) 所示。

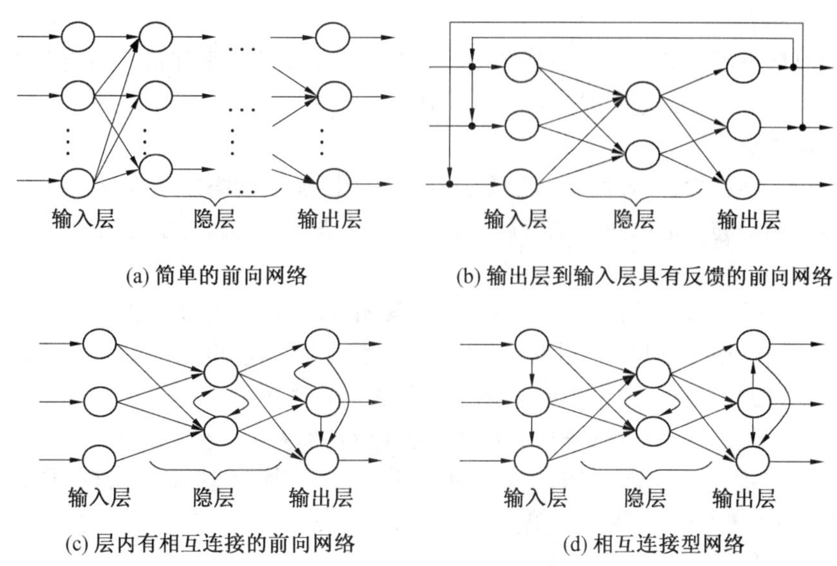

图 8.7　神经网络拓扑结构形式

8.3.4　神经网络的训练与学习

1. 学习类型

学习是神经网络研究的一个重要内容,它的适应性是通过学习实现的。根据环境的变化,对权值进行调整,改善系统的行为。

根据学习环境不同,神经网络的学习方式可分为监督学习(有导师学习)、非监督学习(无导师学习)和强化学习。

(1)监督学习(有导师学习)。

在此方式中,将训练样本的数据加到网络输入端,同时将相应的期望输出与网络输出相比较,得到误差信号,以此控制权值连接强度的调整,经多次训练后收敛到一个确定的权值。当样本情况发生变化时,经学习可以修改权值以适应新的环境。使用监督学习的神经网络模型有反传网络、感知器等。

(2)非监督学习(无导师学习)。

非监督学习时,不事先给定标准样本,直接将网络置于环境之中,学习阶段与工作阶段成为一体。此时,学习规律的变化服从连接权值的演变方程。非监督学习最简单的例子是 Hebb 学习规则(即:如果处理单元从另一个处理单元接收到一个输入,并且两个单元都处于高度活动状态,这时两单元间的连接权重就要被加强)。竞争学习规则是一个更复杂的非监督学习的例子,它是根据已建立的聚类进行权值调整,利用不同层间或同一层内很近的神经元发生兴奋性连接,而距离较远的神经元产生抑制性连接。自组织映射、适应谐振理论网络等都是与竞争学习有关的典型模型。随机连接学习规则则从统计力学、分子热力学和概率论中关于系统稳态能量的标准出发,进行神经网络学习,该方式也称概率式学习,如基于模拟退火统计优化方法的玻尔兹曼机学习规则。

(3)强化学习。

强化学习指不需要老师给出目标输出,采用一个“评论员”来评价与给定输入相对应的神经网络输出的优度。遗传算法就是一个例子。

2. 权值修正法

权值修正学派认为:神经网络的学习过程就是不断调整网络的连接权,以获得期望的输出的过程。典型的权值修正方法有两类:相关学习法和误差修正学习法。

(1)相关学习法。

如果神经网络中某一神经元与另一直接与其相连的神经元同时处于兴奋状态,那么这两个神经元间的连接强度应该加强。相关学习法是根据连接间的激活水平改变权值的,相关学习法也称 Hebb 学习规则,可用一数学表达式表示为

$$w_{ji}(t+1)=w_{ji}(t)+\eta[x_i(t),x_j(t)] \tag{8.7}$$

式中,$w_{ji}(t+1)$表示修正一次后的某一权值;η 称为学习因子,决定每次权值的修正量;$x_i(t)$、$x_j(t)$分别表示 t 时刻第 i 个、第 j 个神经元的状态。

(2)误差修正学习法。

误差修正学习法是指根据期望输出与实际输出之间的误差大小来修正权值。误差修正学习法也称 δ 学习规则,可由如下四步来描述:

①选择一组初始权值和偏差值。

②计算某一输入模式对应的实际输出与期望输出的误差。

③更新权值(偏差值可视为输入恒为-1 的一个权值)

$$w_{ji}(t+1)=w_{ji}(t)+\eta[y_j^e(t)-y_j(t)]x_i(t) \tag{8.8}$$

式中,η 为学习因子;$y_j^e(t)$、$y_j(t)$分别表示第 j 个神经元的期望输出与实际输出;x_i 为第 i 个神经元的输入。

④返回步骤②,直至对所有训练模式网络输出均能满足要求。

神经网络的训练次数也称为神经网络的学习时间。在一定范围内,训练次数的增加可以提高神经网络的泛化能力,然而,在神经网络的训练过程中经常出现一种过拟合现象,即在网络训练过程中,随着网络训练次数的增加,网络对训练样本的误差逐渐减少,并很容易达到中止训练的最小误差的要求,从而停止训练。然而,在训练样本的误差逐渐减少并达到某个定值以后,往往会出现网络对训练样本以外的测试样本的误差反而开始增加的情况。

8.3.5　BP 网络

BP(Back Propagation)神经网络是 1986 年由以 Rumelhart 和 McClelland 为首的科学家提出的,是一种按照误差逆向传播算法训练的多层前馈神经网络,是应用最广泛的神经网络。

一个具有单隐层前馈(也称三层前馈)BP 网络的结构如图 8.8 所示。

其基本原理是:学习过程由信号的正向传播和误差的反向传播两个过程组成。利用输出层的误差来估计输出层的直接前导层的误差,再用这个误差估计更前一层的误差。如此下去,就获得了所有其他各层的误差估计。这样就形成了将输出端表现出的误差沿

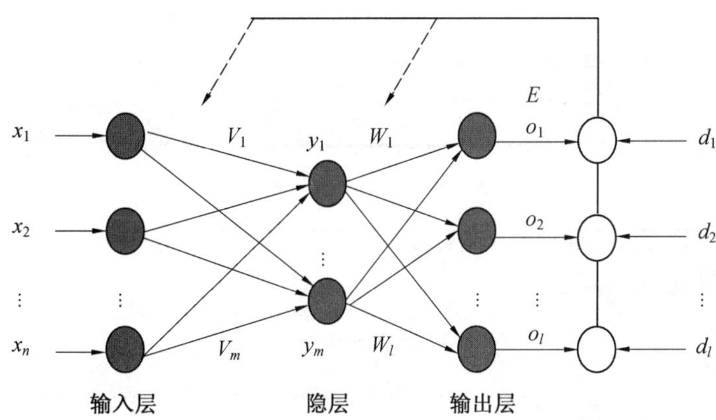

图 8.8　单隐层前馈 BP 网络

着与输入信号传送相反的方向逐级向网络的输入端传递的过程。

8.4　Anaconda

对于初学者来说,原版的 Python 在使用时非常麻烦,特别是在添加库、升级库时总是会报错。但是自从有了 Anaconda 以后,Python 的使用方便了许多。

Anaconda 相当于一个 Python 的整合包,是一个开源的 Python 发行版本,里面有各种科学包和依赖项,使用起来非常简单。

8.4.1　Anaconda 安装

下面以 Anaconda 2019.10 for Windows Installer Python 3.7 version 为例进行说明。

(1)下载。

登录 https://www.anaconda.com/distribution/,下载软件最新版本,如图 8.9 所示。

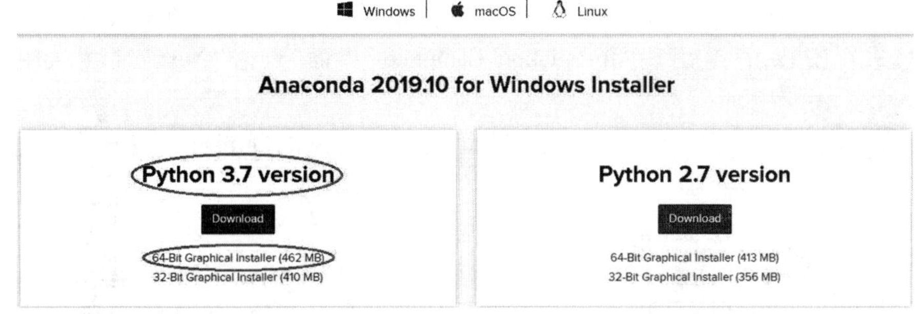

图 8.9　Anaconda Python 下载页面

(2)双击下载的安装文件启动安装,如图 8.10 所示。

(3)在出现的“Welcome to Anaconda3 2019.10(64-bit)Setup”界面中点击“Next”继续安装,如图 8.11 所示。

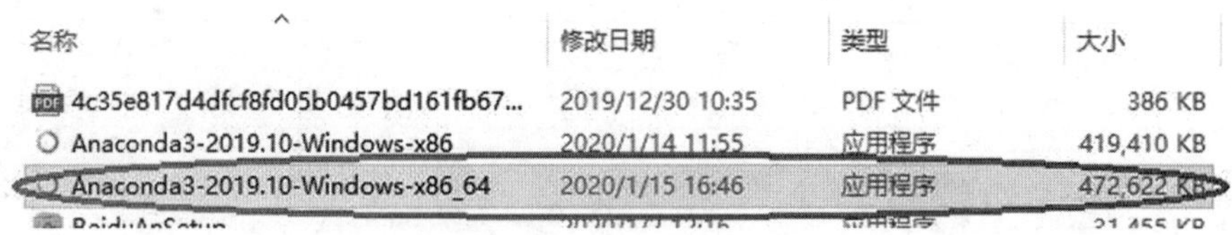

图 8.10　选择安装程序

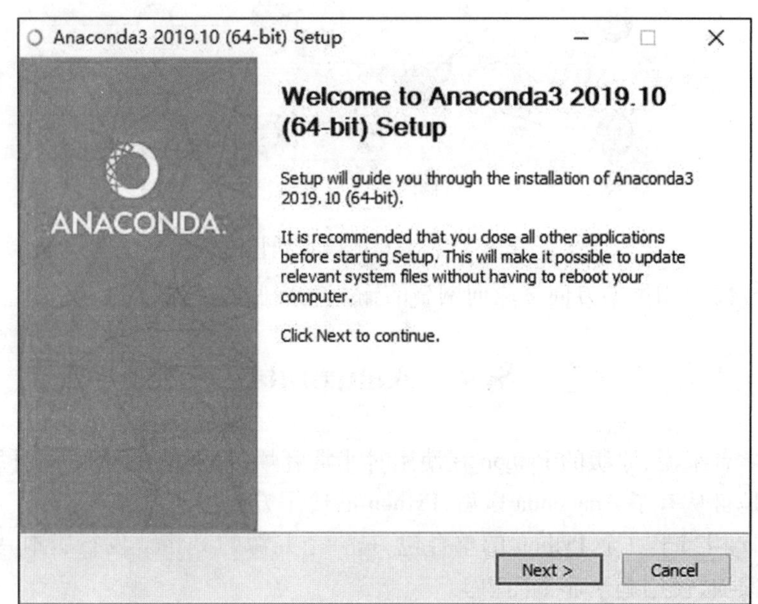

图 8.11　Welcome 安装界面

(4)在出现的"License Agreement"界面中选择"I Agree"继续,如图 8.12 所示。

(5)根据电脑使用人数情况,选择安装类型,然后点击"Next",如图 8.13 所示。

(6)在选择安装位置界面,选择默认文件夹,然后点击"Next",如图 8.14 所示。

(7)选择高级安装选项,两项都勾选,然后点击"Install"继续,如图 8.15 所示。

(8)进行安装,直至出现"Installation Complete"界面,点击"Next"继续,如图 8.16 所示。

(9)根据个人意愿在"Finish"界面中进行勾选,然后点击"Finish"结束安装,如图8.17 所示。

8.4.2　Spyder 编辑器

Python 集成开发环境(IDE)有多种,如 Jupyter、PyCharm、Spyder 和 Visual Studio Code 等,使用者可根据个人喜好进行选择使用。

Spyder 是一个用于科学计算的使用 Python 编程语言的集成开发环境(IDE)。它结合了综合开发工具的高级编辑、分析、调试功能以及数据探索、交互式执行、深度检查和科学包的可视化功能,为用户带来了很大的便利。

Spyder 在设计上参考了 MATLAB,变量查看器模仿了 MATLAB 里"工作空间"的功

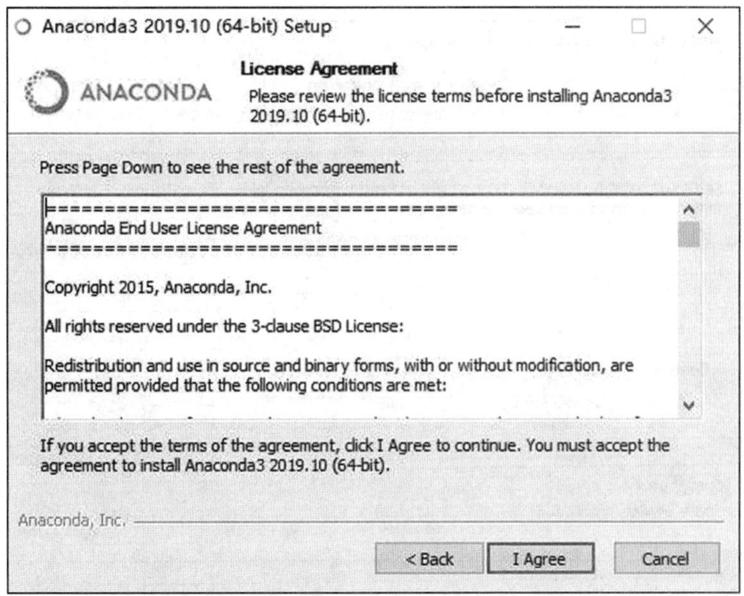

图 8.12　License Agreement 界面

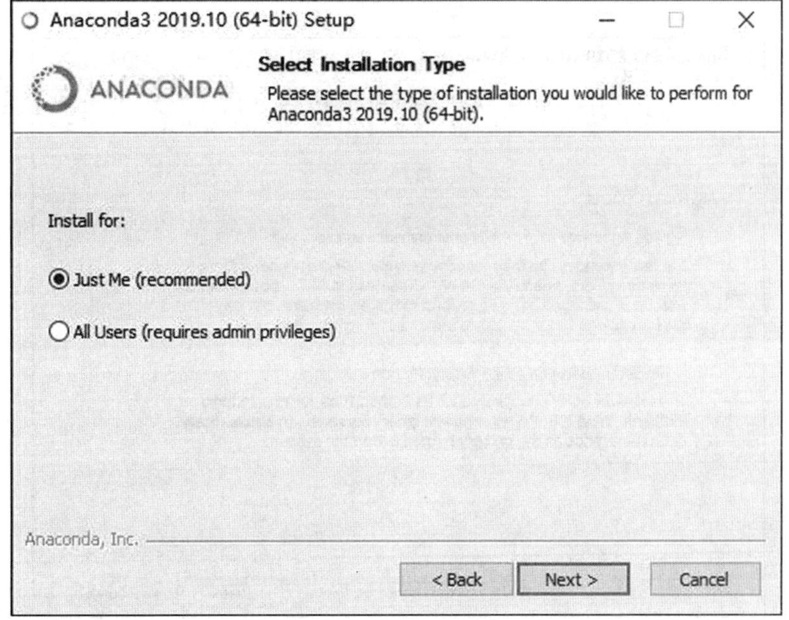

图 8.13　选择用户安装类型

能,并且有类似 MATLAB 的 PYTHONPATH 管理对话框,对熟悉 MATLAB 的 Python 初学者非常友好。

Spyder 拥有变量自动完成、函数调用提示以及随时随地访问文档帮助的功能,并且其能够访问的资源及文档链接包括了 Python、Matplotlib、NumPy、Scipy、Qt、IPython 等多种工

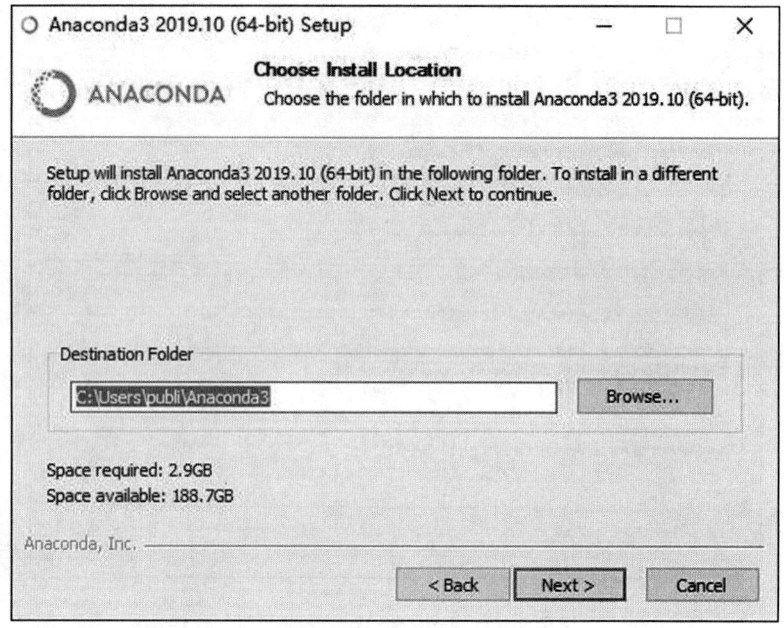

图 8.14　选择安装位置界面

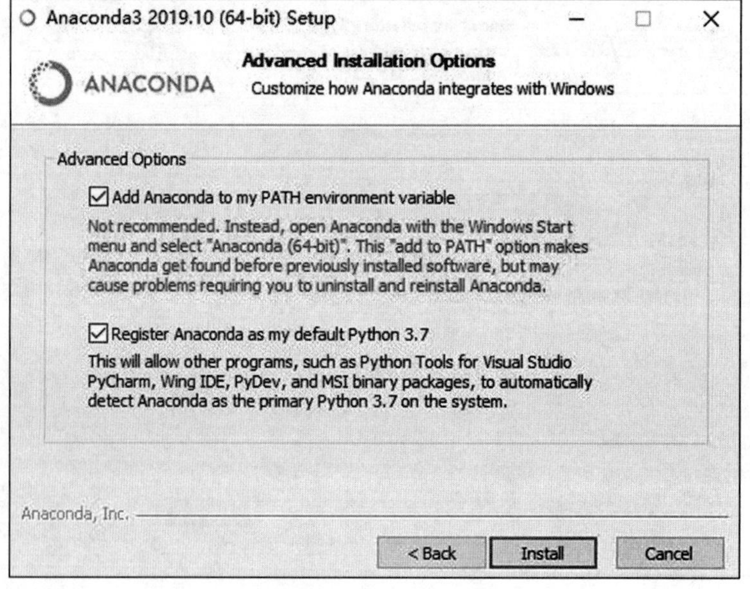

图 8.15　选择安装选项界面

具及工具包的使用手册。

Spyder 在其菜单栏中的“Help”里给新用户提供了交互式的使用教程以及快捷方式的备忘单，能够帮助新用户快速、直观地了解 Spyder 的用户界面及使用方式。

Spyder 除了拥有一般 IDE 普遍具有的编辑器、调试器、用户图形界面等组件外，还具

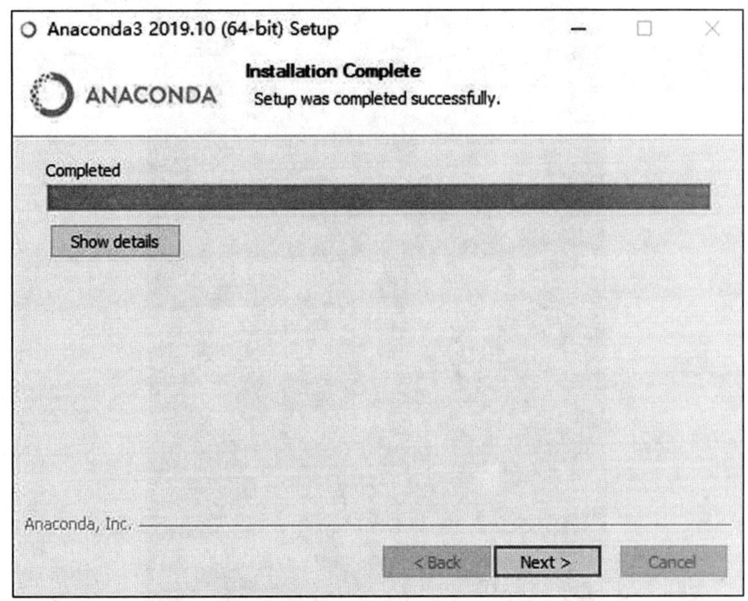

图 8.16　安装完成界面

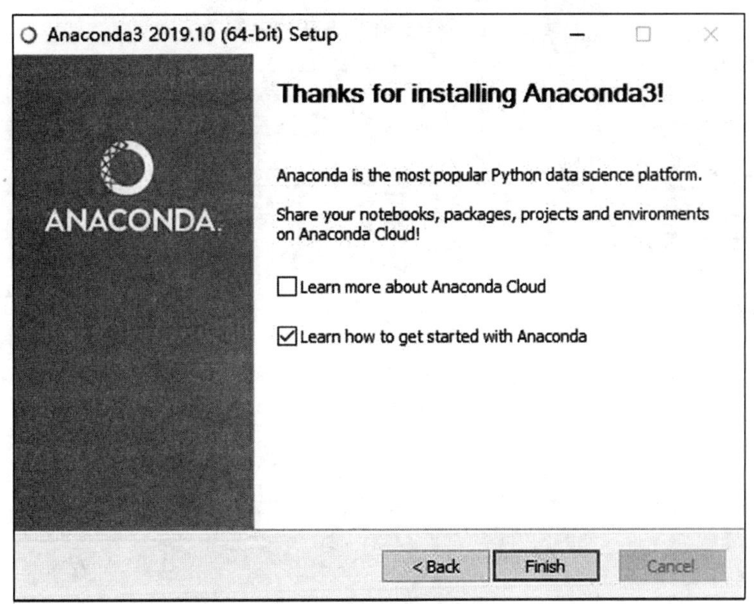

图 8.17　Finish 界面

有对象查看器、变量查看器、交互式命令窗口、历史命令窗口等组件，除此之外还拥有数组编辑以及个性定制等多种功能。

(1)启动 Spyder 编辑器，如图 8.18 所示，也可通过快捷方式启动。

Spyder 编辑器启动后，界面如图 8.19 所示。

Spyder 的核心构建块共有代码编辑器、控制台、变量浏览器、探查器、调试器以及帮助等。

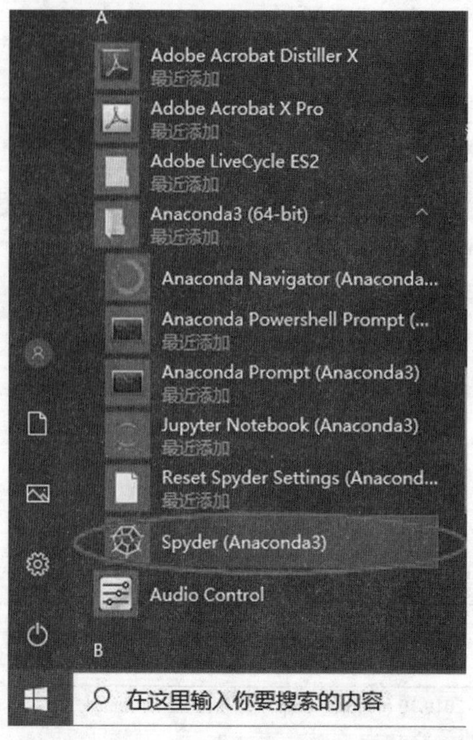

图 8.18　启动 Spyder 编辑器

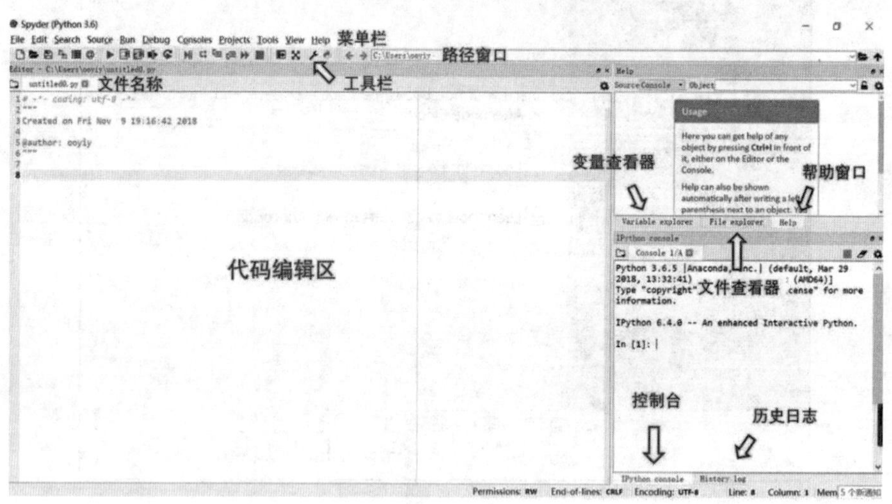

图 8.19　Spyder 编辑器界面

①编辑器(Editor)。

编辑器是编写 Python 代码的窗口,通过在给定文本旁边按【tab】,可以在编写时获得自动建议并进行自动补全。编辑器的行号区域可以用来提示警告和语法错误,帮助用户在运行代码前检测潜在问题。另外,在行号区域中的非空行旁边双击可以设置调试断点。

②控制台(IPython console)。

控制台可以有任意数量个,每个控制台都在一个独立的过程中执行,每个控制台都使用完整的 IPython 内核作为后端,且具有轻量级的 GUI 前段。IPython 控制台支持所有的 IPython 魔术命令和功能,并且还具有语法高亮、内联 Matplotlib 图形显示等特性,极大地改进了编程的工作流程。

③变量浏览器(Variable explorer)。

在变量浏览器中我们可以查看所有全局变量、函数、类和其他对象,或者可以按几个条件对其进行过滤。变量浏览器基于 GUI,适用于多种数据类型,包括数字、字符串、集合、NumPy 数组、Pandas DataFrame、日期/时间、图像等。并且可以实现多种格式文件之间数据的导入和导出,还可以使用 Matplotlib 的交互式数据可视化选项。

④探查器(Profiler)。

探查器以递归的方式确定文件中调用的每个函数和方法的运行时间和调用次数,并且将每一个过程都分解为最小的单个单元。这使我们可以轻松地识别代码中的瓶颈,指出对优化最关键的确切语句,并在后续更改后测量性能增量。

⑤调试器(Debug)。

Spyder 中的调试是通过与 IPython 控制台中的增强型 ipdb 调试器集成来实现的,而这允许从 Spyder GUI 以及所有熟悉的 IPython 控制台命令直接查看和控制断点并且执行流程,给编程工作带来了很大的便利。

⑥帮助(Help)。

帮助中可以提供任何 Python 对象(包括类、函数、模块等)的使用文档或源代码。并且可以有手动触发和自动触发两种模式,随时随地可以实现文档的查询。

(2)第三方包安装。

Python 为用户提供了非常完善的基础代码库,覆盖了网络、文件、GUI、数据库、文本等大量内容。世界各地的开发者基于 Python 编写的各种软件也是以一种标准的包形式进行分享的,称为“第三方包”。官方专门建立了“Python 包索引”(PyPI) https://pypi.python.org/ 用来统一发布第三方包,相当于是 Python 软件的免费应用市场。于是在 Python 标准库之上又积累起浩如烟海的“第三方库”,形成了充满活力的开源软件生态系统。如果想利用 Python 进行真正的编程工作,用户应当根据不同的任务选择安装适合的第三方包。

官方推荐使用 pip 命令来管理 Python 包,Anaconda3 集成了绝大部分的第三方包,Python 在使用某第三方包时,可先在 Spyder 的 Console 中使用“import 第三方包名”检测是否已安装,不报错即为已安装成功,如图 8.20 所示。如果报错则说明该第三方包还未安装,如图 8.21 所示。

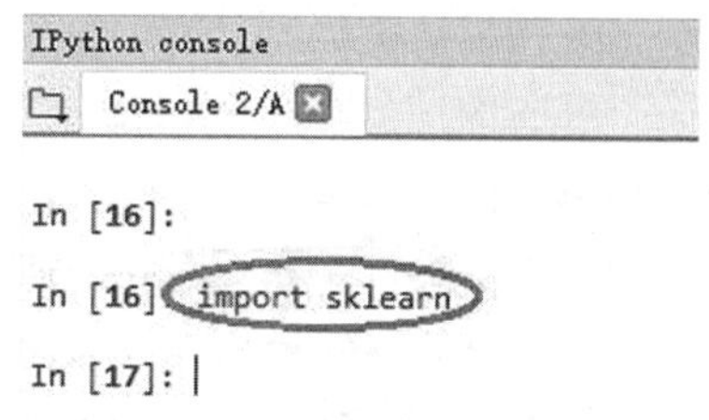

图 8.20　第三方包已成功安装

若要安装第三方包,可在 Spyder 的 Console 中使用“pip install 第三方包名”来安装,如图 8.22 所示。

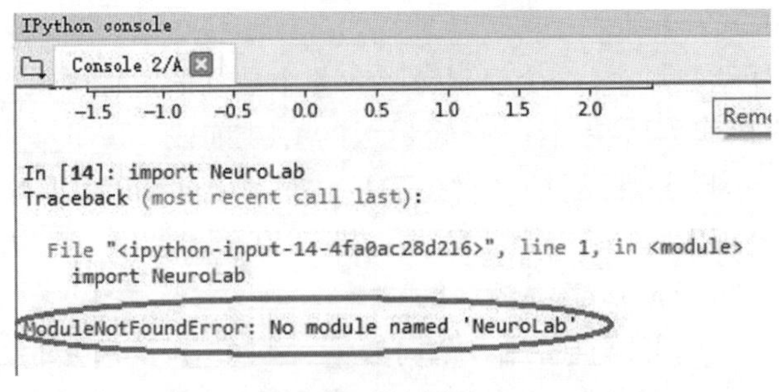

图 8.21　第三方包未成功安装

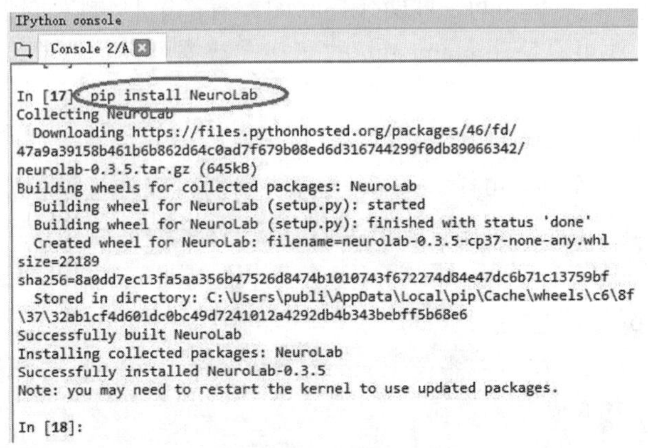

图 8.22　安装第三方包

8.5　车牌图像处理

8.5.1　车牌图像预处理

在汽车车牌自动识别系统中，天气或拍摄角度等原因可能会造成车牌图像模糊、倾斜或光照不均匀等现象，同时车牌还可能存在一定污染或破坏，这些都会对后续处理造成困难，车牌图像预处理可消除图像中的无关信息，恢复有用的真实信息，增强有关信息的可检测性和最大限度地简化数据，是车牌识别中的一个必不可少的环节，预处理效果的好坏直接影响到最后的识别环节。

车牌图像预处理一般包括：图像灰度化、图像去噪、二值化等过程。

1. 车牌图像灰度化

预处理前的图像都是彩色图像，真彩色图像又称 RGB 图像，是利用 R（红色）、G（绿色）、B（蓝色）3 个分量表示一个像素的颜色。颜色本身非常容易受到光照等因素的影响，同类的物体颜色有很多变化，所以颜色本身难以提供关键信息。同时，由于图像的每个像素都有三种不同的颜色分量，存在许多与识别无关的信息，不但在存储上开销很大，而且在处理上也会降低系统的执行速度，不便于进一步的识别工作，因此在图像识别处理中通常先将彩色图像变为灰度图像。

彩色图像灰度化的处理方法主要有3种。

(1)最大值法。

使 R、G、B 的值等于3值中最大的一个，即：$R=G=B=\max(R,G,B)$。

(2)平均值法。

使 R、G、B 的值等于3值和的平均值，即：$R=G=B=(R+G+B)/3$。

(3)加权平均值法。

根据重要性或其他指标给 R、G、B 赋予不同的权值，并使 R、G、B 等于它们的值的加权和平均，即：$R=G=B=(W_R+W_G+W_B)/3$。其中 W_R、W_G、W_B 分别是 R、G、B 的权值。由于人眼对绿色的敏感度最高，对红色的敏感度次之，对蓝色的敏感度最低，当 $W_R=0.229$，$W_G=0.587$，$W_B=0.114$ 时，能得到最合理的灰度图像。

按照此方式进行车牌灰度处理的部分源码如图8.23所示，相应的处理效果如图8.24所示。

```
import matplotlib.pyplot as plt
img=data.hubble_deep_field()
img_name="cp1.png"
img=io.imread(img_name,as_grey=False)
img_gray=color.rgb2gray(img)
plt.figure('cph')
plt.subplot(121)
plt.title('yuantu')
plt.imshow(img,plt.cm.gray)
plt.subplot(122)
plt.title('huiduhua')
plt.imshow(img_gray,plt.cm.gray)
plt.show()
```

图8.23　灰度处理部分源码

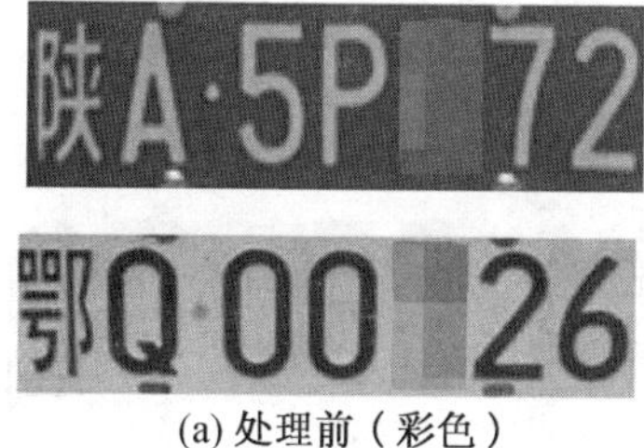

(a) 处理前（彩色）

(b) 处理后（灰度）

图8.24　车牌灰度处理后效果图

2. 二值化

在数字图像处理中，二值图像处理占有非常重要的地位，在实际的车牌处理中，进行图像二值化的关键是确定合适的阈值，使得字符与背景能够分割开来，而且二值变换结果图像必须具备良好的保形性，不丢掉任何形状信息，不会产生额外的空缺等。同时，采用二值图像处理,可大幅提高处理效率,适应当前车牌处理系统的要求。

二值化处理就是利用图形中要提取的目标物体与背景间灰度上的差异计算出一个阈值或一个阈值范围,用计算出来的阈值或阈值范围把原灰度图像分为对象物体和背景两部分。二值化就是让图像的像素点矩阵中的每个像素点的灰度值为 0(黑色)或者 255(白色),即让整个图像呈现只有黑和白的效果。在灰度化的图像中灰度值的范围是 0 ~ 255,在二值化后的图像中灰度值只有 0 或者 255。

二值化的部分源码如图 8.25 所示,相应的处理效果如图 8.26 所示。

```
from skimage import io,data,color
import matplotlib.pyplot as plt
img_name = "cphd2.png"
img = io.imread(img_name, as_grey=False)
img_gray=color.rgb2gray(img)
rows,cols=img_gray.shape
for i in range(rows):
    for j in range(cols):
        if (img_gray[i,j]<=0.5):
            img_gray[i,j]=0
        else:
            img_gray[i,j]=1
plt.figure('cph')
plt.subplot(121)
plt.title('yuantu')
plt.imshow(img,plt.cm.gray)
plt.subplot(122)
plt.title('erzhihua')
plt.imshow(img_gray,plt.cm.gray)
plt.show()
```

图 8.25　二值化处理部分源码

图 8.26　二值化处理前后对比图

8.5.2　字符分割

车牌经过预处理后，由于整个图形识别起来比较麻烦，所以需要将图像分割开来，对每个字符进行单独识别。

我国对车牌尺寸有统一规定，如图 8.27 所示。

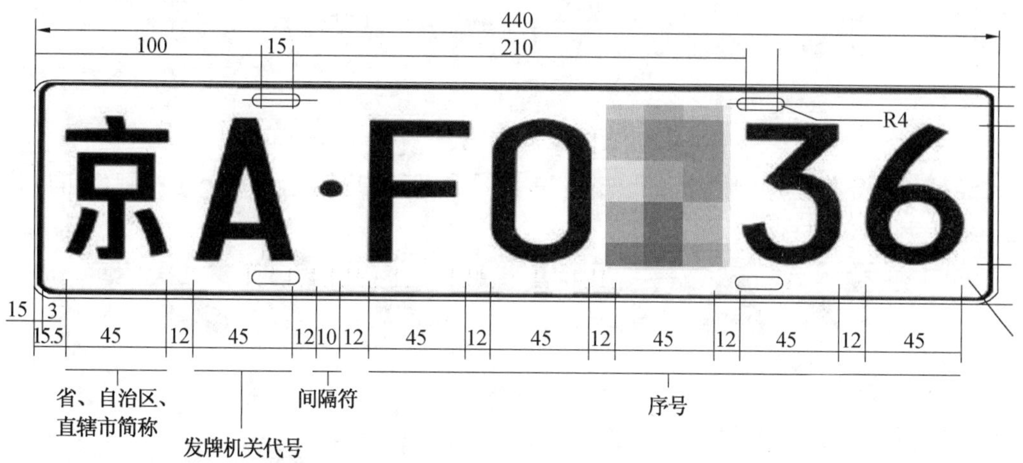

图 8.27　车牌统一尺寸规定

所以，在进行车牌字符分割时可采取水平扫描与垂直扫描交叉的方式。

根据车牌特征，可先将车牌图像进行水平扫描跳跃点，即扫描水平相邻的两个像素，如果不同则认为有一个跳跃点，记录次数加 1，由于车牌上下各有两个白点（固定车牌的螺丝），所以通过判断跳跃点的个数，可以将上下的两个白点去掉。针对某车牌水平扫描跳跃点的个数统计如图 8.28 所示。

(a)　(b)

图 8.28　车牌水平扫描跳跃点个数统计

图 8.28（a）的水平扫描跳跃点结果统计如图 8.28（b）所示，统计的结果从上到下依次为：4 4 4 0 0 14 14 16 20 24 24 24 24 22 20 24 26 28 28 30 26 26 24 20 20 22 22 22 26 20 20 22 24 20 20 20 20 2 0 4 4 6 4。根据实验结果，从上往下查找，设置当水平跳跃点超过 10 个时作为车牌字符截取的上限；从下往上查找，当跳跃点超过 8 个时可作为车牌字符截取的下限。通过上面的过程，基本可以确定车牌的上部和下部。

同理，分割车牌字符左右边界时，可通过垂直扫描过程，由于数字和字母具有连通性，所以分割数字和字母比较容易。通过垂直扫描过程，统计黑色像素点个数，由于两个字符间没有黑像素,所以可以作为字符分割的界限。某车牌垂直扫描字符黑像素个数统计如图 8. 29 所示。

图 8.29　垂直扫描车牌字符黑像素个数统计

经过字符分割后,得到分离的单个车牌字符,如图 8. 30 所示。每个字符图像可以作为一个样本文件进行存储。

图 8.30　分离的车牌字符

8.5.3　字符分块处理

二值化分割后的车牌字符图像像素数量一般还比较大,不可能也没必要把每个像素都输入神经网络进行识别,这就需要对图像做进一步简化,如对图像进行分块。例如,把每个字符图像分成 16×16 个小块,并使其对应一个 16×16 的矩阵。然后对每个小块的各个像素值做加法运算,由于像素灰度值现在已经非 0 即 1,所以如果相加的结果大于小块中像素值总量的一半,就认为此小块含有数字的有效信息,要把这个小块对应的矩阵元素置 1。如果相加的结果小于小块中像素值总量的一半,就认为此小块不含数字的有效信息并把对应的矩阵元素置 0。不可否认,在置零的过程中很有可能把数字的小部分信息滤除,但在合理选取阈值的条件下,这样做既可以保证精度,又可以节省大量的内存空间,加快运算速度,更重要的是为后续工作减轻了相当大的运算量。正是基于以上考虑,本项目采取了“分块—求亮度平均—按某一阈值二值化”的方法,既保证了数字图像轮廓的精度,又不使数据过于庞大。图 8. 31 所示为按上述方式把两个样本字符“1”进行 16×16 分块处理后的结果。

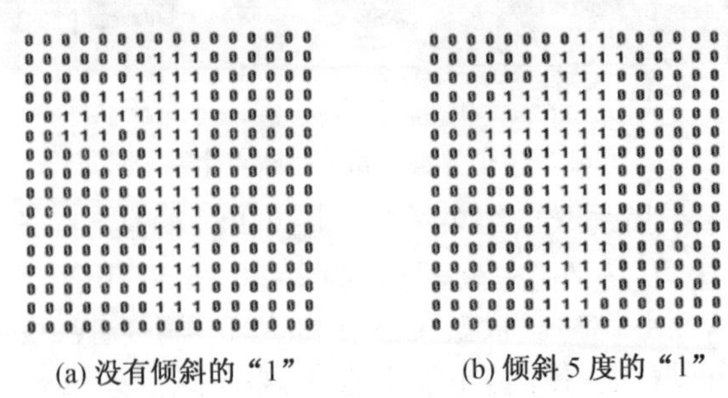

(a) 没有倾斜的“1”　　(b) 倾斜 5 度的“1”

图 8. 31　两个字符“1”经过 16×16 分块处理后的结果

8.6　利用 BP 神经网络识别车牌字符

8.6.1　BP 神经网络学习

BP 算法是非循环多级网络的训练算法。权值的调整采用反向传播的学习算法,它是一种多层前向反馈神经网络,其神经元的变换函数是 S 型函数(也可以采用其他处处可导的激活函数)。输出量为 0 到 1 之间的连续量,它可实现从输入到输出的任意的非线性映射。

反向传播采用的是 Delta 规则,按照梯度下降的方向修正各连接权的权值。

本项目采用了一个包括输入层、隐含层和输出层的三层 BP 神经网络,为讨论方便,先设输入层有 n 个神经元,隐含层有 m 个神经元,,输出层有 l 个神经元。并定义相关变量如下:

输入向量:

$$\boldsymbol{X}=(x_1,x_2,\cdots,x_i,\cdots,x_n)^{\mathrm{T}} \tag{8.9}$$

隐含层各神经元输入:

$$\mathrm{net}_j = v_{0j}\cdot x_0 + v_{1j}\cdot x_i + \cdots + v_{nj}\cdot x_n = \sum_{i=1}^{n} v_{ij}x_i \tag{8.10}$$

隐含层各神经元输出:

$$y_j=f(\mathrm{net}_j) \tag{8.11}$$

隐含层输出向量:

$$\boldsymbol{Y}=(y_1,y_2,\cdots,y_j,\cdots,y_m)^{\mathrm{T}} \tag{8.12}$$

输出层各神经元输入:

$$\mathrm{net}_k = w_{0k}\cdot y_0 + w_{1k}\cdot y_1 + \cdots + w_{mk}\cdot y_m = \sum_{j=0}^{m} w_{jk}y_j \tag{8.13}$$

输出层各神经元输出:

$$o_k=f(\mathrm{net}_k) \tag{8.14}$$

输出层输出向量:

$$\boldsymbol{O}=(o_1,o_2,\cdots,o_k,\cdots,o_l)^{\mathrm{T}} \tag{8.15}$$

期望输出向量:

$$\boldsymbol{d}=(d_1,d_2,\cdots,d_k,\cdots,d_l)^{\mathrm{T}} \tag{8.16}$$

当网络输出与期望输出不等时,存在输出误差 E,定义如下:

$$\begin{aligned} E &= \frac{1}{2}\sum_{k=1}^{l}(d_k-o_k)^2 = \frac{1}{2}\sum_{k=1}^{l}(d_k-f(\mathrm{net}_k))^2 \\ &= \frac{1}{2}\sum_{k=1}^{l}\Big[d_k-f\Big(\sum_{j=0}^{m}w_{jk}y_j\Big)\Big]^2 \\ &= \frac{1}{2}\sum_{k=1}^{l}\Big[d_k-f\Big(\sum_{j=0}^{m}w_{jk}f(\mathrm{net}_j)\Big)\Big]^2 \end{aligned}$$

$$=\frac{1}{2}\sum_{k=1}^{l}[d_k-f(\sum_{j=0}^{m}w_{jk}f(\sum_{j=0}^{m}v_{ij}x_i))]^2 \tag{8.17}$$

所以,网络输出误差是各层权值的函数,通过调整各层权值可以达到减少误差的目的。显然,误差调整的原则是使误差越来越小,可以通过梯度下降法(负梯度方向即是减少最快的方向),即各层权值的调整量应该与误差的负梯度成正比。

经推导,隐含层到输出层的权值变化量为

$$\begin{aligned}\Delta w_{jk}&=-\eta\frac{\partial E}{\partial w_{jk}}-\eta\frac{\partial E}{\partial \mathrm{net}_k}\cdot\frac{\partial \mathrm{net}_k}{\partial w_{jk}}=-\eta\frac{\partial E}{\partial o_k}\cdot\frac{\partial o_k}{\partial \mathrm{net}_k}\cdot\frac{\partial \mathrm{net}_k}{\partial w_{jk}}\\&=-\eta\cdot(-(d_k-o_k))\cdot f'(\mathrm{net}_k)\cdot y_j\\&=-\eta\cdot(-(d_k-o_k))\cdot(f(\mathrm{net}_k)\cdot(1-f(\mathrm{net}_k)))\cdot y_j\\&=\eta(d_k-o_k)o_k(1-o_k)y_j\end{aligned} \tag{8.18}$$

输入层到隐含层的权值变换量为

$$\begin{aligned}\Delta w_{ij}&=-\eta\frac{\partial E}{\partial v_{ij}}-\eta\frac{\partial E}{\partial \mathrm{net}_j}\cdot\frac{\partial \mathrm{net}_j}{\partial v_{ij}}=-\eta\frac{\partial E}{\partial y_j}\cdot\frac{\partial y_j}{\partial \mathrm{net}_j}\cdot\frac{\partial \mathrm{net}_j}{\partial v_{ij}}\\&=-\eta\cdot(\sum_{k=1}^{l}(d_k-o_k)\cdot-f'(\mathrm{net}_k)\cdot w_{jk})\cdot f'(\mathrm{net}_j)\cdot x_i\\&=\eta\cdot(\sum_{k=1}^{l}(d_k-o_k)o_k(1-o_k)w_{jk})y_j(1-y_j)x_i\end{aligned} \tag{8.19}$$

经过上面两个公式,可以得到每层权值的改变量,从而更新整个网络的所有权值。

$$\begin{aligned}w_{jk}&:=w_{jk}+\Delta w_{jk}\\v_{ij}&:=v_{ij}+\Delta_{ij}\end{aligned} \tag{8.20}$$

再由输入层重新向后传播,得到实际输出,再与期望输出相比较。若已达到误差函数要求的精度,则停止迭代;若没达到,则继续计算各层权值的改变量,更新权值,反复进行,直到满足要求。

8.6.2 车牌字符识别代码实现

此处,仅以正确识别 0 ~9 共计 10 个阿拉伯数字为例进行说明。

首先,将前述 8.5.2 节得到的每个数字字符图片变为 28×28 大小,并转换成“. idx3-ubyte”格式。

其次,构建神经网络,输入层设置 28×28 = 784 个节点,输出层设置 10 个节点。隐含层的层数以及节点数的设定是一个“技术活”,隐含层层数越多、节点越多,理论上识别效果会更好,但计算难度肯定越大,需要综合考虑。隐含层节点的数目确定有几个参考公式,如下所示:

$$\begin{aligned}m&=\sqrt{n+l}+\alpha\\m&=\log_2 n\\m&=\sqrt{nl}\end{aligned} \tag{8.21}$$

式中,m 为隐含层节点数;n 为输入层节点数;l 为输出层节点数;α 为 1 ~10 之间的常数。

本次实验中,设置一层隐含层,且隐含层节点个数为 300 个。

本实验中编写了 getImage. py 和 netWork. py 两个文件。参考代码如下：

(1) getImage. py

```
import struct
from bp import *
from datetime import datetime
import matplotlib.pyplot as plt
#数据加载器基类
class Loader(object):
    def __init__(self, path, count):
        '''
初始化加载器
            path:数据文件路径
            count:文件中的样本个数
            '''
            self.path = path
            self.count = count
    def get_file_content(self):
            '''
读取文件内容
            '''
f = open(self.path, 'rb')
            content = f.read()
            f.close()
            return content
    def to_int(self, byte):
            '''
将 unsigned byte 字符转换为整数
            '''
            return struct.unpack('B', byte)[0]
#图像数据加载器
class ImageLoader(Loader):
    def get_picture(self, content, index):
            '''
内部函数,从文件中获取图像
            '''
            ##从偏移量位置开始读取有效数据
            start = index * 28 * 28 + 16
            picture = []
```

```
        for i in range(28):
            picture.append([])
            for j in range(28):
                picture[i].append(
                    self.to_int(content[start + i * 28 + j]))
        #picture 结构 二位数组 28 * 28
        return picture
    def get_one_sample(self, picture):
        '''
内部函数,将图像转化为样本的输入向量
        '''
  sample = []
        for i in range(28):
            for j in range(28):
                sample.append(picture[i][j])
        #将样本
        return sample
    def load(self):
        '''
加载数据文件,获得全部样本的输入向量
        '''
        #读取所有的图片样本
        content = self.get_file_content()
        data_set = []
        for index in range(self.count):
            data_set.append(
                self.get_one_sample(
                    self.get_picture(content, index)))
        return data_set
#标签数据加载器
class LabelLoader(Loader):
    def load(self):
        '''
加载数据文件,获得全部样本的标签向量
        '''
        content = self.get_file_content()
        labels = []
        for index in range(self.count):
```

```
                labels. append( self. norm( content[ index + 8] ) )
    return labels
        def norm( self, label) :
            '''
    内部函数,将一个值转换为 10 维标签向量
            '''
            label_vec = [ ]
            label_value = self. to_int( label)
            for i in range( 10) :
                if i = = label_value:
                    label_vec. append( 0. 9)
                else:
                    label_vec. append( 0. 1)
            return label_vec
def get_training_data_set( ) :
        '''
获得训练数据集
        '''
        image_loader = ImageLoader( 'trainimages. idx3-ubyte', 600)
        label_loader = LabelLoader( 'trainlabels. idx1-ubyte', 600)
        return image_loader. load( ) , label_loader. load( )
def get_test_data_set( ) :
        '''
获得测试数据集
        '''
        image_loader = ImageLoader( 'testimages. idx3-ubyte', 100)
        label_loader = LabelLoader( 'testlabels. idx1-ubyte', 100)
        return image_loader. load( ) , label_loader. load( )
```

(2) netWork. py

```
# coding=utf-8
import numpy as np
import getImage as gim
#全连接神经网络层类
class BPLayer( object) :
        def __init__( self, input_size, output_size, activator) :
            '''
            input_siez:本层输入向量维度
            output_size:本层输出向量维度
```

```
        activator:本层激活函数
        '''
        self. input_size = input_size;
        self. output_size = output_size;
        self. activator = activator;
        #权值数组(范围-0.1 ~0.1)
        self. W =(np. random. rand(output_size, input_size)-0.5) * 2;
      #偏执项
        self. B = np. zeros((output_size, 1));
        #输出向量
        self. output = np. zeros((output_size, 1));
        return;
    def forward(self, input_array):
        '''
向前运算
        '''
        self. input = input_array;
        self. output = self. activator. forward(np. dot(self. W, self. input)+self. B);
        return;
    def backward(self, detal_array):
        '''
向后运算
        '''
        self. detal = self. activator. backward(self. input) * np. dot(self. W. T, detal_
array);
self. W_grad = np. dot(detal_array, self. input. T);
        self. B_grad = detal_array;
        return;
    def update(self, learning_rate):
        '''
更新权重
        '''
        self. W +=learning_rate * self. W_grad;
        self. B +=learning_rate * self. B_grad;
        return;
#激活函数类
class SigmoidActivator(object):
    def forward(self, x):
```

```
            return 1/(1+np.exp(-x));
        def backward(self, x):
            return x * (1-x);
    #BP 神经网络类
    class BPNetWork(object):
        def __init__(self, layers):
            self.layers = [];
            for i in range(len(layers)-1):
                self.layers.append(BPLayer(layers[i], layers[i+1], SigmoidActivator
()));
        def predict(self, sample):
            '''
    预测实现
            '''
            output = sample;
            for layer in self.layers:
                layer.forward(output);
                output = layer.output;
            return output;
        def train(self, labels, data_set, rate, epoch):
            '''
    训练网络
            '''
            for i in range(epoch):
                for d in range(len(data_set)):
                    #按照矩阵乘的结构具状数据 W [300 行 * 784 列]  input[1 行 *
784 列]
                    self.train_one_sample(np.array([labels[d]]).T, np.array([data_
set[d]]).T, rate);
    ##              self.train_one_sample(labels[d], data_set[d], rate);
            return;
        def train_one_sample(self, label, date, rate):
            self.predict(date);
            self.calc_gradient(label);
            self.update_w(rate);
            return;
        def calc_gradient(self, label):
            detal = self.layers[-1].activator.backward(self.layers[-1].output) * (label
```

```
- self. layers[ -1 ]. output) ;
            for layer in self. layers[ : :-1 ]:
                layer. backward( detal) ;
                detal  =  layer. detal;
            return;
        def update_w( self,  rate) :
            for layer in self. layers:
                layer. update( rate) ;
            return;
    def get_result( vec) :
        max_value_index  =  0;
        max_value  =  0;
        for i in range( len( vec) ) :
            if vec[ i ]  >  max_value:
                max_value  =  vec[ i ] ;
                max_value_index  =  i;
        return max_value_index;
    def evaluate( network,  test_data_set,  test_labels) :
        error  =  0;
        total  =  len( test_data_set) ;
        for index in range( total) :
            label  =  get_result( test_labels[ index ] ) ;
            predict  =  get_result ( network. predict ( np. array ( [ test_data _set [ index ] ] ).
T) ) ;
      if label  !  =  predict:
                error  +=  1 ;
        return float( error) / float( total) ;
    def   train_and_evaluate( ) :
        last_error_ratio  =  1. 0;
        epoch  =  0;
        x_train , y_train  =  gim. get_training_data_set( ) ;
        x_test , y_test  =  gim. get_test_data_set( ) ;
        layers = [ 784 ,300 ,10 ] ;
        bpNet  =  BPNetWork( layers) ;
        while True:
            epoch  +=  1 ;
            bpNet. train( y_train ,  x_train ,  0. 3 ,  1 ) ;
    #           print 'epoch % d finished' % ( epoch) ;
```

```
        if epoch % 3 == 0:
            error_ratio = evaluate(bpNet, x_test, y_test);
#             print 'after epoch %d , error ratio is %f' % (epoch, error_ratio);
            if error_ratio > last_error_ratio:
                break;
            else:
                last_error_ratio = error_ratio;
if__name__ == '__main__':
    train_and_evaluate();
```

本章小结

此次车牌字符的识别主要采用了 Anaconda 3 集成环境，采用 Python 语言，借助 BP 神经网络实现了对车牌图片处理后的部分字符的识别。具有一定的实用性和创新性。现在已可识别 0 ~9 十个数字，后续可在此基础上，进行网络修改，以实现对 34 个汉字、24 个英文大写字母和 10 个阿拉伯数字的全部识别。

在车牌图像处理及程序设计、运行、调试过程中遇到了很多问题，如参数选择不合适，变量定义、使用不合理，程序书写不规范等等，经多次调试问题最终基本得到了解决。

当然本设计还存在一些不足之处，如程序设计不够简练、BP 神经网络结构有些复杂、训练过程过长、文件格式不够方便等，针对这些问题后续将进一步改进，提高本设计的可用性。

参考文献

[1] SANSO R M, THALMANN D. A hand control and automatic grasping system for synthetic actors[J]. Computer Graphics Forum, 1994, 13(3): 167-177.

[2] LEE J, KUNII T L. Model-based analysis of hand posture[J]. Computer Graphics and Applications, 1995, 15(5): 77-86.

[3] RIJPKEMA H, GIRARD M. Computer animation of knowledge-based human grasping [J]. Computer Graphics, 1991, 5(4): 339-348.

[4] PANDYA A S, MACY R B. 神经网络模式识别及其实现[M]. 徐勇，译. 北京：电子工业出版社，1999.

[5] 张立明. 人工神经网络的模型及其应用[M]. 上海：复旦大学出版社，1993.

[6] 孙增圻，张再兴，邓志东. 智能控制理论与技术[M]. 北京：清华大学出版社，1997.

[7] 何玉彬，李新忠. 神经网络控制技术及其应用[M]. 北京：科学出版社，2000.

[8] 王万森. 人工智能原理及其应用[M]. 北京：电子工业出版社，2000.

[9] [日]谷荻隆嗣，荻原将文，山口亨. 人工神经网络与模糊信号处理[M]，北京：科学出版社，2003.

[10] 吴晓娟,常树旺,陈援非. 手识别的神经网络方法研究[J]. 机器人 ROBOT,2000,22(7):650-653.

[11] 崔荣一,洪炳熔. 关于三层前馈神经网络隐层构建问题的研究[J]. 计算机研究与发展,2004,41(4):524-530.

[12] 何兆成,佘锡伟. 字符多特征提取方法及其在车牌识别中的应用[J]. 计算机工程与应用,2011,47(23):228-231.

[13] 曹建立,赖宏慧,徐世杰. Python 可视化技术在 BP 神经网络教学中的应用[J]. 电脑知识与技术,2018,14(19):178-180.

[14] 李智超. 基于神经网络车牌图像识别系统[D]. 长春:吉林大学,2018.

[15] 鲁扬. 基于 BP 神经网络的车牌识别算法研究[D]. 大庆:东北石油大学,2018.

[16] 王恺. Python 语言程序设计[M]. 北京:机械工业出版社,2019.

[17] 杨永. Python 语言程序设计基础[M]. 武汉:华中科技大学出版社,2019.

[18] 王启明. Python 3.7 网络爬虫快速入门[M]. 北京:清华大学出版社,2019.